산 길

시인의 산사랑 이야기

이성부 지음

수 문 출 판 사

이 책은 나의 첫 산문집으로, 산행과 관련한 글들만을 모은 것이다. 20여년 동안 우리나라 곳곳의 산들을 찾아다녔는데, 그때마다 산행기록을 해둔 것도 있고, 그렇지 못한 경우도 허다하다. 대부분 신문 · 잡지사들의 청탁에 의해서 씌어진 것인데, 제2부의 <삼각산 이야기>는 1990년 한국일보에 약 8개월 동안 연재됐던 글이다. 따라서 발표 당시의 산의 상황과 지금의 상황이 달라진 경우도 적지 않으리라 생각된다. 산에 인공적인 것들이 자꾸 설치되는 것이 못마땅하지만 오늘의 현실이기 때문이다.

사람이 산에 오르는 것은 저마다 모두 까닭이 있을 터이다. 대부분의 산행인들은 산이 더없이 '좋아서' 산에 오른다고 할 수 있다. 산에서 정신의 풍요를 얻거나, 건강 · 친목 · 자연과의 친화를 도모하기도 한다. 산 속에서 공부와 수도에 열중하는 사람들도 있다. 그러나 우리의 역사에서는 산이 좋아서가 아니라, 어쩔 수 없이 세상에서 숨기 위해, 또는 그 세상과 싸우기 위해 산으로 들어간 사람들도 많았다. 삶의 수단으로 약초를 캐거나 농작물을 재배하기 위해, 산짐승을 포획하기 위해 산으로 가는 사람들도 있었다.

나는 스스로 외로워지기 위해서 산으로 갔다. 산에서 외로웠을 때에라야 나는 비로소 자유와 야성과 희망의 내음을 맡을 수가 있었다. 산에서 도시로 돌아올 때마다 그 외로움은 나에게 활기의 원천이 되어 주었다. 강한 호기심과 모험심 · 도전 · 고독은 그러므로 나의 삶과 시의 동력이라고 생각한다. 외로움과 무서움을 피해 가지 않는 생이 곧 산악정신이 아닌가. 어려운 출판계 사정 속에서 이 책을 출간해 주신 수문출판사와 이수용 사장께 깊은 고마움을 표한다. 아울러 나의 산행 친구들인 만고산악회와 일간스포츠 월악회 회원들에게도 이 기쁨을 함께 나누고 싶다.

유엔이 정한 '세계 산의 해'

2002년 5월

이 성 부

차례

1

언제나 산을 볼 수 있음의 행복

겨레의 고향이자 밥이며 물인 곳
– 천지에서

우리나라 사람들은 너나 없이 모두 백두산에 굶주려 있다. 아니 백두산에 목말라 견디기가 어려울 정도다. 비록 남의 나라 땅인 중국 대륙을 우회하여, 서럽고도 놀랍게 천지(天池)의 문턱에 이른 우리 일행들은, 지프에서 내리자마자 마치 굶주린 짐승들처럼 내닫기 시작했다. 조금 후면 백두산 천지가 온통 사라져 버리기라도 하는 듯 저만큼 보이는 정상 능선을 향해 마구 달려갔다.

단숨에 오를 것같은 느낌이었지만 그것은 착각이다. 눈짐작으로 2백여 미터쯤 되는 거리, 경사도 30도 안팎. 그러나 50미터도 채 달려 가지 못해 숨이 막히고 다리가 후들거렸다. 선 채로 숨을 할딱거릴 수밖에. 이렇게 서두르는 것이 아닌데…하면서 이번에는 천천히 발을 옮겨 놓기로 한다. 자갈도 아니고 모래도 아닌, 풀 한 포기 없는 팍팍한 오르막길이다. 이마에는 땀방울이 솟고, 가슴은 쉴새없이 두방망이질을 한다. 이렇게 10분쯤 걸어 올라갔을까? 시야가 확 트이는 곳에, 더 이상 올라갈 길이 보이지 않는 곳에, 아 그토록 사무치게 목마르고 배고팠던 백두 연봉과 천지(天池)가 화살처럼 내 두 눈에 박혀졌다. 무섭도록 장엄한 아름다움이, 이제 내 앞에 전개되어 있는 것이다.

지금까지 사진으로만 보아 왔던 것과는 얼마나 다르고 큰 감격이냐! 천지의 물 빛깔은 무어라고 형언할 수가 없다. '검푸르다'거나 '잉크빛'이라고 하기엔 어딘가 그 맑음이 사상(捨象)되는 것같아 어울리지가 않다. '서슬이 시퍼렇다'라는 말이 문득 떠오르는데, 날카로움이나 준절함은 느낄 수 있어도 저 천지의 방대한 규모와 깊이에는 가 닿지 못한다. '신비로운 푸른 빛'이라고 한다면 너무 싱겁고 관념적이다. 아무래도 나는 저 물 빛깔과 수면을 형용할 수 있는 어떤 언어도 찾아낼 수 없을 것같아 안타깝다. 천지를 감싸고 도는 16개 연봉(連峰)들의 형상과 빛깔에 대해서도 나는 자신있게 설명할 길이 없다. 그것들이 어떻게 아름답고 어떻게 장엄한가를 어떻게 내가 이 볼펜으로 다할 수 있을 것인가.

건너편 남쪽을 바라본다. 북한 땅이다. 왼쪽으로 백두산 주봉인 백두봉(일명 병사봉 또는 장군봉)이 먼발치로 바라다보이고 그 아래 북한의 기상관측소 건물이 육안으로 확인된다. 중국과 북한의 국경선을 나타내는 하얀 선이, 능선에서 천지 수면을 향해 내리 그어져 있다. 저 남쪽 북한 땅을 밟고 우리가 이 천지에 오를 수 있는 날은 언제인가. 남북 분단의 통한(痛恨)이 새삼 되새거질 때, 천지 빛깔은 더더욱 서러운 것이 된다. 그러므로 천지는 슬픔에 빛나는 우리나라의 이마이다.

천지에 오르는 사람들은 대부분 한국인이다. 더러는 중국 각지에서 사는 우리 동포들도 이 산을 찾는다. 한배달 겨레의 고향이자, 그 정신적 밥이며 물인 백두산이기 때문이다. 천지 물가에서 만난, 대구에서 왔다는 할아버지는 너무 감격한 나머지 눈물을 글썽거렸다. 평생을 교육자로 일하다 정년 퇴임한 이 할아버지는 '죽기 전에 천지를 보았으니 이제 한이 없다'고 했다.

천지에 이른 우리 일행들은 이곳저곳에서 사진촬영을 하느라 정신이 없다. 한 곳이라도 더, 조금이라도 더 넓게, 천지를 카메라에 담기 위해 이리 뛰고 저리 뛰는 모습들이다. 저 천지의 물과 이 현무암 돌들을 퍼담아 조국에 가져갈 수는 없으므로 사진으로 대신할 수밖에 없겠다. '木友會'의 화가들은 스케치북을 펴 들고 하얀 종이 위에 백

할배산 백두산 천지에서의 필자

두 연봉과 천지를 빠른 속도로 그려 넣는다. 현장의 감격을 현장에서 기록해 두기 위해서이다. 훗날 이 스케치들은 본격적인 대작 유화(油畵)의 밑그림이 될 것이다.

천지를 뒤로 하고 내려오는 길목에서 천지 폭포를 만나게 된다. 천지물이 넘쳐 흘러 내를 흐르다가, 낙차 68미터의 폭포를 만들었는데, 이것이 곧 중국 동북부를 가로지르는 송화강(松花江)의 원류다. 압록강과 두만강의 발원은 천지 건너편 남쪽(북한 쪽)에서 시작된다. 천지 폭포를 뒤에 두고 다시 5백미터쯤 내려오면 김이 무럭무럭 피어오르는 계곡에 다다른다. 섭씨 80도가 넘는 뜨거운 물이 솟아오르는 노천 온천이다. 중국 돈 3角(우리 돈 45원 정도)을 내면 허름한 돌집 속으로 들어가 온천욕을 할 수 있다. 탈의장도, 옷장도 따로 없다. 그냥 아무 곳에나 옷을 벗어 놓고 뜨거운 물속에 뛰어들어 몸을 담근다.

최근 수년내 백두산을 찾기 위한 한국인의 발걸음이 이곳 중국 대륙의 동북(東北)방 오지인 길림성(吉林省)에 줄을 잇는다고 한다. 지난 6, 7월 두달 동안엔 무려 6천여명의 한국인이 천지를 다녀갔다. 백두산으로 가는 길목인 연길(延吉)의 '白山大厦'(백산호텔)와 백두산 입구의 '天池賓館'은 여름 한철 내내 한국인으로 북적거린다. 백산대하의 경우 하루 평균 100~150여 명의 한국인이 투숙한다. 이들이 모두 홍콩 또는 동경을 경유해서, 대륙을 가로질러 연길에 이른 사람들이다. 조국의 영산(靈山)인 백두산에 목마르고 백두산에 배가 고파 남의 땅 몇만리를 돌아 찾아온 한국인들이다.

천지에 이르기까지에는 항상 날씨나 기후 조건에 신경을 곤두세워야 한다. 천지의 기상변화가 심하기 때문에 자칫 운이 나쁘면 천지도 연봉들도 볼 수가 없다. 우리 일행이 백산대하를 출발하던 아침 8시에도 연길시에는 비가 내렸다. 하늘엔 온통 검은 구름이 낮게 드리워졌다. 일행들의 표정은 한결같이 어두웠으나 오직 하늘의 '은총'을 기대하며 버스에 올랐었다. 버스가 4시간을 달려 안국현 송강진(安國縣 松江鎭)에 이르렀을 때부터 하늘이 파랗게 벗겨지기 시작했다. 일행들의 표정도 점차 밝아졌고, 누군가의 입에서는 '우리는 하늘이 선택한 여행팀'이라는 탄성이 튀어나왔다. 그로부터 1시간을 더 달려 백두산 입구에 도착했을 때 하늘에는 구름 한 점이 없었다.

백두산에 목마른 것은 곧 역사(歷史)에, 통일에 목마른 것이 된다. 티없이 맑은 천지를 마음껏 허파로 마시며 외쳐 본다. 위대한 겨레여, 결국은 하나됨의 역사여! (1990)

역사의 산 시의 산

돌아가신 조지훈선생이 어떤 젊은 시인의 추천사에서 '최소한 십 년은 미쳐야 무엇이 되든 될 수 있을 것'이라는 의미의 글을 썼던 것으로 기억한다. 아마 1950년대 말 쯤 <문학예술>지에서 였을 것이다. 한 시인이 탄생하기 위해서는 십 년은 시(詩)에 전적으로 정진해야 한다는 말일 터인데, 이 말은 지금도 옳다는 생각이 든다. 비단 시업(詩業)에서 뿐만이 아니라, 세상살이의 모든 여러 분야에서도 십 년쯤은 푹 빠져서, 한눈 팔지 않고 몰입해야만이 비로소 제 몫을 해내는 첫 단계에 접어들었다고 할 수 있다. 그러니까 십 년 적공에 겨우 시작이고, 시작한 다음에는 앞서의 십 년보다 더 길게(평생 동안) 더 험하게 각고(刻苦)를 겪어야 하는 것이 사람들의 생애가 아니던가, 시인의 길이 그렇고 시인이 아닌 다른 사람들이 옳게 가려는 길이 또한 그러하다.

산에 미치고 산에 빠져든 지 십칠년 쯤 된다. 처음에는 선배와 직장 동료들의 발뒤꿈치만 보고 산을 오르내렸다. 세상살이에 잔뜩 혐오와 절망감만 가득했던 시절에, 그 세상살이를 잠시나마 피하고 싶은 생각에서 산으로 갔었는지도 모른다. 산은 그렇게 나로 하여금 세상살이의 어려움과 비겁함을 잊어버리게 만들었다. 그래서 산은 그때나 지금이나 나에게는 크나큰 위안이다.

산에 입문한 지 4, 5년쯤 지났을까. 평범한 걷기 산행으로는 만족할 수가 없었다. 더 어렵고 위험한 곳으로, 더 크고 더 높은 곳으로,

더 길게 더 많이 걸어야 하는 곳으로 발길이 옮겨졌다. 우리나라의 저 많은 산들을 목숨 다하는 날까지 다 찾아 오르고만 싶었다. 산에 어느 정도의 자신감이 붙자 용기와 욕심(어쩌면 만용일지도 모른다)이 생긴 것이다. 혼자서 안내산악회를 따라다니며 무박 산행을 계속했다. 토요일 밤 9~10시 사이에 산악회 전세 버스를 타고 서울을 떠나, 이튿날 첫새벽 산 들머리에 도착해 3~4시 쯤부터 오르기 시작한다.

캄캄한 밤에 헤드 랜턴을 차고 올라가 대청봉(설악산)이나 천왕봉(지리산)이나 또 다른 어떤 봉우리에서도 일출을 보고 내려온다. 그리고 그날로 서울로 올라와야 한다. 그래서 무박(잠을 자지 않는)산행이라는 말이 산꾼들 사이에서 일반화되었다. 지겹기 그지없다는 지리산 종주산행도 1박2일로 해치우는 것이 보통이었으며, 덕유산 종주도 무박산행으로 충분했다. 산길 오르내리기 하루에 40킬로미터(백리)를 걸은 적도 있었다. 힘겹고 무리한 산행이었지만 나는 그것이 싫지 않았다. 자기 학대를 통해서 얻어지는 평화라고나 할까. 이렇게 몇 년을 계속하다가 바위를 배웠다.

젊은 후배들과 어울리는 바위타기는 나에게 새로운 세계의 열림을 보여 주었다. 그것은 신선한 떨림이자 팽팽한 긴장 속의 자유였다. 나는 무섭게 미쳐갔다. 사무실에서도 밥상머리에서도 그 바위들이 손짓하며 나를 불렀다. 잠자리에 들어서도 나는 바위와 한몸이 되어 뒹굴었다. 나이 오십에 인수봉을 오르내린다며 '미친 짓'이라고 말하는 친구들이 많았다. 그래 나는 미친 짓을 하고 있는지도 몰라. 이 미친 짓의 쾌락을 너희들은 모르지.

그 무렵부터 산에 관한 시가 처음으로 씌어지기 시작했다. 산을 오르내린 지 십여 년 만에, 비로소 그 산을 주제로 한 시가 만들어졌으며, 그 시들은 단순한 자연 탐닉의 세계가 아니었다. 지훈 선생의 말이 옳았음을 새삼 떠올렸다.

최근 1년여 전부터 나는 바위를 삼가고 '백두대간'을 구간 종주하고 있다. 직장에 매인 몸이라 한 달에 한 번 내지 두 번 정도 무박으로 강행하는데, 우리나라 산줄기의 중심축을 걷는다는 데서 감회가 깊고 공부도 많이 된다. '백두대간' 산행 체험은 현재 <내가 걷는 백두대간> 연작시로 여기저기 발표하고 있는데, 아직 출발 부분인 지리산 동부에서 맴돌고 있다. 지금 같은 계획이라면 모두 몇백 편은 씌어질 것 같다. '백두대간' 산행은 1999년 말까지 끝마칠 예정이다.

백두대간이란 우리의 전통적인 산줄기 개념인 「산경표」(신경준 찬)에 의해 백두산을 조산(祖山)으로 하여 두류산, 금강산, 설악산, 태백산, 소백산, 속리산, 덕유산 등 많은 큰 산들을 거쳐 지리산 천왕봉까지 이어지는 국토의 가장 형세가 큰 산줄기 이름이다. 이 산줄기를 걷는다는 것은 곧 우리의 역사와 삶의 터가 어디로부터 와서 어디에 머물고 있는가를 성찰하고 확인하는 일이다. 우리나라 국토의 칠십 퍼센트가 산이므로 우리 민족의 삶과 역사는 모두 산과 관련이 깊다는 것을 터득하게 된다. 강이나 하천도, 들판도 마을도 도회지도, 모두 산으로부터 시작되거나 열려지는 공간이 아니겠는가.

산은 그러므로 거기 그대로 있는 무기체가 아니라, 살아 숨쉬는 '유기체'이며, 엎드리거나 서 있거나, 또는 조만간 뚜벅뚜벅 걸어 세상 속으로 내려올 것이라는 생각도 든다. (1997)

산이 거기 있으니

히말라야를 다녀온 영국의 산악인 말로리는 "왜 산에 오르느냐"는 질문에 "산이 거기 있으니까" 라고 대답했다고 한다. 우문현답(愚問賢答)인지, 현문우답인지를 굳이 가릴 것은 없지만, 나로서는 그럴듯한 시적(詩的)인 대답이라고 생각한다.

산이 '좋아서' 오른다거나 '호연지기를 위해서' 혹은 '건강을 위해서' 오른다는 상투적인 이유보다 '산이 거기 있으니까' 산에 오른다는 이 담담한 이유 속에는 어딘가 인간의 영혼을 울리는 의미가 남겨져 있는 것도 같다.

큰 산이 버티고 있는 남쪽 소도시에서 태어난 나는 어린 시절부터 산에 대한 호기심과 모험심이 유달리 많았다. 어른들은 그 산을 '한울님이 계시는 산'이라고 했다. 하루에도 몇 번씩 그 거대하면서도 포근한 먼 산을 바라보며 자랐다. 그 산은 마치 나의 고향인 자그마한 도시를 그 큰 두팔로 껴안은 듯 감싸고 있었다. 중학교에 다니면서부터 나는 일요일이면 그 산을 오르내리기 시작했는데, 갔다왔다 60리(24km)나 되는 산행인데도 마냥 즐거운 추억들 뿐이다.

요즘처럼 등산 장비를 갖추고 하는 산행이 아니라, 교복에 운동화 그리고 건빵 한 두 봉지를 상의 호주머니에 찔러 넣고 집을 나서는 것이 보통이었다. 친구들과 함께 갈 때도 있었고, 마땅한 친구가 없으면 혼자서도 곧잘 떠났다. 오르다가 배가 고프면 건빵을 먹고 계곡물을 마셨다. 건빵이라는 것은 물과 혼합됨으로써 금세 배가 부르

등산은 미지와 새로움에 대한 도전정신이다

게 마련이다. 이렇게 하여 정상 바위를 기어 올라가 사위(四圍)를 바라보면 세상은 왜 그리 넓고, 산이란 산들은 왜 그리 많았는지. 정상에서 아래로 내려다보이는 고향 도시는 또 왜 그렇게 작고 보잘 것 없어 보였는지….

어른이 되고, 고향을 떠나 살게 되고, 세사(世事)에 시달리면서부터 나는 한동안 산을 잃어버리고 살아 왔다. 그러다가 1980년대에 들어 서울 근교의 산을 오르게 된 것을 계기로 산행은 이제 내 삶의 빼놓을 수 없는 부분이 되고 말았다. 우리나라 땅이 대부분 산으로 되어 있고, 그러기에 농경지가 적고 척박하다는 지리적 조건이기는 하나, 그 '산이 많음'은 오히려 우리나라 사람들의 복(福)이라는 생각을 갖게끔 되었다. 산은 물질적 풍요보다는 정신적 풍요와 그 고결함을 사람에게 가르치기 때문이다.

나는 1989년 1월 1일 일출(日出)을 설악산 대청봉에서 보았다. 모처럼 맞은 정초(正初) 연휴 사흘을 집에서 뒹굴뒹굴 낮잠이나 자고, 친지들과 술이나 마시며 지내는 것보다는 훌쩍 산으로 떠나는 것이 좋다고 생각되었다. 일출을 보기 위한 산행은 새벽 3시30분에 시작되었다. 서울에서 12월 31일 밤 9시에 출발한 관광버스가 1월1일 2시에 장수대에 도착하고, 장수대 시냇물의 얼음으로 떡국을 끓여 먹고(그러니까 초하룻날 아침식사다), 부랴부랴 장비를 챙겨 다시 버스에 올라 타고 한계령에 내려 경사가 급한 산행을 시작했다.

영하 20도의 세찬 바람이 귓전을 때릴 때, 비로소 '한계령'이라는 고유명사의 한자(漢字) 뜻을 실감했다. 랜턴 불빛에 비친 산길은 급경사인 데다 눈과 얼음이 깔려 있어 이만저만 위험한 것이 아니었다. 42명의 일행 중 누군가가 말했다. "이거 달밤에 체조하는군!" 또 누군가가 말했다. "기를 써서 올라갔다가 도로 내려올 걸 뭐하러 올라가지?" 농담 삼아 던진 말들이었으나, 이 말들 속에는 무리한 야간 산행의 불안함을 잠시나마 떨쳐 버리려는 듯한 의도가 담겨 있는 것처럼 보였다.

산행을 할 때마다 느끼는 일이지만 산이라는 이름을 가진 어떤 산도 올라가기에 쉬운 산은 없다. 여기서 '쉽다' 라는 것은 코스가 쉽다는 뜻이 아니다. 산을 오르는 일은 누구나 다 땀이 나고 숨이 차는, 육체적 고통을 수반해야 한다는 뜻이다. 그리고 이 육체적 고통은 낮은 산일수록 짧은 시간으로 그치지만 높은 산이나 연봉(連峰) 또는 종주 산행을 해야 할 경우에는 아주 긴 시간을 견디어 내지 않으면 안된다. 이러한 경우 우리는 산행을 '자기와의 끊임없는 싸움'이라는 말에 동의하게 된다. 왜 자신과 싸우는가. 이 싸움에서 과연 얻어지는 것이 있는가. 대답은 분명하다. 이 싸움에는 목적이 없고, 이 싸움에서는 전리품이 없다.

그러면서도 산(山)사람들은 이 끊임없는 고통을 걸을 수 있을 때까지 계속한다. 산이 거기에 있으니까 그냥 그 산을 올라가는 것이다. 고상돈은 그 싸움에서 이겼으나 결국 숨을 거두었고, 허영호도 그 싸움에서 이기고도 동상을 입었다. 에베레스트는 인간의 목숨이나

설악산 대청으로 가는 설국의 한계령 길

슬픔이나 고통 따위와는 상관 없이 그냥 그 자리에 장엄하게 서 있다. 그리고 산에 오르는 사람들도 개인의 목숨이나 슬픔이나 고통 따위는 아랑곳하지 않고 산을 찾는다. 놀라운 일이다. 이 일에는 분명 초자연적인 어떤 신명이 있다.

끝청을 지나고 중청봉에 이르면서부터 동녘 하늘이 희끄무레하게 밝아지기 시작했다. 일행들은 이미 훨씬 뒤에 처졌다. 대청에 이르러 동해에서 떠오르는 해를 본다. 날마다 떠오르고 날마다 지상의 누구나 다 맞이하는 해를 본다. 참으로 긴 어려움 끝에 맞이하는 새해 아침의 이 감격, '고통의 축제'인 이 법열(法悅)! (1989)

바위의 미덕

십 수년 전 쯤의 일이다.

등산 개념지도 한 장과 나침반 하나로, 안 가본 산을 무턱대고 오르내리던 일이 많았다. 산에 대한 욕심과 의욕이 대단했던 시절이라 적지 않은 시행착오와 위기를 넘기면서도, 우리는 항상 자신만만하게 산에 오르곤 하였다(물론 지금은 생각이 달라졌지만).

그해 가을에도 우리는 지도와 나침반만으로 경기 북부의 명성산을 찾았다. 일행은 월악회(일간스포츠 산악회) 회원 10여명이었는데, 그때까지 일행 중 아무도 이 산을 올라가 본 경험이 없었다. 안내 책자와 개념지도가 가르쳐 준 대로, 자인사를 거쳐 능선길로 올라섰다. 한시간 남짓 바위 능선길을 오르내렸는데, 10미터 안팎의 벽이 우리를 가로막았다. 좌우를 살펴보았으나 돌아서 올라가는 길이 보이지 않는 급경사였다. 그렇다고 오던 길로 되돌아서서 다시 길을 찾을 만큼 우리는 여유있는 사람들이 아니었다.

바위 벽에는 상단부로 곧게 뻗은 틈새(침니보다는 작은)가 두 줄기로 나 있었다. 두 줄기 사이의 거리는 3, 4미터 쯤 돼 보였다. 잡을 턱과 발디딤 자리로 보아 오른쪽 틈새로 오르면 큰 어려움 없이 상단부에 이를 것 같았다. 우리는 그때 보조 자일도 준비하지 않았으므로 맨몸으로 오를 수밖에 없었다. 오른쪽 틈새로 올라붙었다. 넉넉한 편은 아니지만 손잡이와 발디딤이 위로 이어져 있었다. 조심스럽게 위로위로 몸을 밀어 올렸다. 상단부를 1미터 정도 남겨 놓은 지

산정호반과 명성산의 중심인 자인사. 절집 뒤로 바윗길이 인상적이다

점이었다. 더 이상 머리 위로 잡을 만한 모서리나 틈새가 보이지 않았다. 아무리 더듬어 보아도 미끈한 화강암 뿐이었다. 몸을 돌려서 손잡이를 찾으려고 시도했으나 돌아가지가 않았다. 배낭이 걸려 옴싹달싹도 할 수 없었다.

이런 낭패라니! 배낭을 벗어 두고 올라왔어야 하는 건데…. 이제 후회한들 무슨 소용이 있으랴. 어떻게든 마지막 상단부 1미터를 돌파하든지, 도로 내려가든지 해야 한다. 상단부 남은 구간은 도저히 가망이 없다. 내려가기 위해 발디딤을 아래로 찾아보았으나 역시 되지 않는다. 진퇴양난이다. 벌써 다리에 힘이 빠지기 시작한다. 아래쪽을 내려다보니 나를 쳐다보는 동료들의 얼굴도 심각해져 있다.

"배낭을 벗어 모두 한 군데로 쌓아라. 뛰어내리겠다."

이렇게 소리쳤지만 뛰어내릴 자신이 없다. 자칫 잘못하다간 다리가 부러지거나 중상을 면치 못할 것이다. 이제 팔과 다리는 후들거려 내 뜻대로 되지 않는다.

동료인 H가 왼쪽 크랙으로 올라온다. H는 동료들의 무동을 타고 이 틈새에 붙었다. 그는 어느덧 상단부에 올라와서 옆으로 기어 내 위쪽으로 다가왔다. 그는 1미터 정도의 슬링을 내려뜨려 나를 구조했다.

지금도 그때 그 일을 생각하면 다리가 후들거린다. 그런 일이 있은 후 이듬해였던가. 나는 또 한차례 그 오른쪽 틈새를 올랐는데 그때는 배낭을 벗고 올라와, 쉽게 몸을 틀고 손잡이를 찾아 오를 수가 있었다. 물론 왼쪽에 나있는 크랙이 보기에는 어렵지만 훨씬 더 쉽다는 것도 알았다.

바위라는 것은 참으로 오묘하다. 쳐다보면 쉽게 오를 것 같은 바위에 막상 붙으면 곤란해지는 경우가 적지 않다. 반대로 어렵거나 불가능해 보이는 바위가 붙어 보면 의외로 쉽게 되는 경우도 있다. 전자는 바위가 사람을 거부하는 것이고 후자는 바위가 사람을 포용하는 것이라는 생각을 한다. 왜 그럴까?

쉽게 보이는 바위에서 등반자는 방심을 하거나 경솔해지는 경우가 많다. 방심과 경솔은 사고에 이르는 지름길이다. 대상을 과소평가하는 데서 사람은 실패하기 쉽다. 바위는 이것을 미리 사람에게 가르치기 위해 사람을 거부하는 것인지도 모른다. 어렵게 보이는 바위가 쉽게 오를 수 있게 되는 것은, 사람이 그만큼 몸과 마음을 예비시켰기에 가능했을 터이다. 정신은 긴장과 집중으로 몰입되며, 몸은 한 치의 오차도 없이 능력의 극대화에 기여하게 된다. 바위가 이와 같은 상태의 사람을 포근하게 받아들이는 것은 분명 하나의 미덕(美德)임에 틀림없다.

사람들의 세상살이도 이와 비슷하지 않을까. 안일과 방만함 속에 놓여진 인간은 조만간 패배의 나락으로 떨어진다는 것을 우리는 교훈처럼 배워 왔다. 그리고 이러한 일들을 우리는 도처에서 목도하고 있다. 반대로 자신의 삶을 항상 각고의 어려움 속으로 몰고 가는 인간은, 머지않아 성공의 언덕에서 웃게 되리라는 것을 우리는 알고 있다. 삶의 온갖 어려움에 대비하여 항상 자신을 훈련시키는(정신적으로 육체적으로) 사람이야말로, 승리에 값하는 인간이 아니던가.

북한산 원효 릿지나 만경대 릿지를 수없이 많이 오르내렸는데, 오를 때마다 바윗길의 새로움을 느끼게 된다. 계절의 변화나 기상변화 때문이기도 하지만, 그보다도 내 자신의 마음가짐이나 신체적 컨디션에 따라 바윗길이 다른 느낌으로 다가올 때가 많다. 지금까지 부드럽게 오르내렸던 바윗길이 어떤 때는 퉁명스럽게 나를 밀어내는 것도 같다.

어렵고 힘들게 올라와서야 자기반성에 이르게 된다. 지난 한 주일 동안의 나의 삶이 결코 건강하지 못했다는 자괴감(自愧感), 그 형벌을 지금 받고 있다는 생각에 고개가 끄덕여진다. 하늘은 스스로 돕는자를 돕는다는 말처럼 바위는 스스로 노력하는 자를 포용한다. 바위는 미덕이자 은혜다. 이 은혜와 포용을 내가 받기 위해서라면 나의 삶이 항상 바르고 건강하고 노력하는 삶이 되어야 한다. 자신을 끊임없이 향상시키기 위해 고단한 훈련을 계속하는 사람에게 바위는 따뜻한 미소를 보낼 것이다. (1996)

가까이서 몸 비비러 가자

사무실 창 밖으로 북한산 보현봉(普賢峰)이 바라다보인다. 보현봉은 햇볕을 받아 아름답게 빛을 발한다. 푸른 빛깔의 응결인 바위 봉우리는 '어서 오라 어서 오라' 고 손짓하는 것만 같다. 가슴이 설렌다. 저 바위 봉우리를 얼마나 많이 오르내렸던가. 그런데도 또다시 오르고 싶은 강렬한 욕망이 일어나는 것은 웬일인가. 먼 데 있는 산은 그러므로 바라다보이며, 나를 유혹하는 산이 된다. 내가 직접 체험하는 산이 되도록 나를 부른다.

일요일마다 산에 오르는 것은 이제 나에게는 빼놓을 수 없는 삶의 '일'이 되었다. 먼 데서 그냥 바라보는 산으로서가 아니라, 가까이에서 온몸으로 '겪는' 산이기 위해 나는 계속 산에 오른다. 산을 겪는다! 그렇다. 산과 내가 한 몸이 되어 어우르고 땀흘리고, 마침내 그 거대한 화강암 봉우리에 오르는 일은 그때마다 나에게 새로운 체험을 제공한다.

같은 산을, 같은 코스로 몇 번이고 오를 경우에도, 산은 계절과 기후에 따라, 또는 하루의 시시각각에 따라 새로운 느낌을 갖게 해준다. 이 신선한 충만감과 자기극복의 계기를 체험케 하는 산행(山行)이야말로 나에게는 삶의 어떤 일보다도 중요하다는 생각이 든다.

우리의 옛 선인들은 산을 하나의 관망의 대상으로 삼았던 것같다. 멀리서 바라보고 음미하는, 어떤 위엄의 상징으로까지 여겼다. 그래서 항상 산은 신성하고 신비스러웠다. 그러나 전국토의 70퍼센트가 산인 우리나라 땅의 지도가 그려지고, 산에 오르는 사람들이 늘어나면서 그 신비의 베일은 벗겨지게 된다. 위엄과 장엄함으로서의 먼 산이, 포근함과 혈육으로서의 가까운 산이 된 것이다. <대동여지도>를 그린 고산자 김정호 역시 산을 육체로 겪은 사람의 한 분일지도 모른다.

먼 데서 바라보이는 산은, 그것 대로 아름다움과 청량함이 있다. 이상과 동경, 광활한 기개가 그곳에 멈추어 있기 때문이다. 산 전체의 형태나 윤곽선을 심미해 보는 것도 좋다. 그러나 산은 먼 발치로 바라보는 사람에게는 자기의 내용과 속살을 보여주지 않는다.

산의 내용과 체온을 나의 것으로 체험하기 위해서는 산에 올라가야 한다. 처음에는 평편한 길을 따라 점차 산중으로 들어가고, 다음에는 계곡 바위길을 따라 걷거나 능선길을 따라 걷는다. 때로는 험준한 벼랑을 기어오르기도 하고, 경사도가 급한 오르막길을 끊임없이 올라가야 한다.

온 몸에 땀이 흐르고, 숨이 가쁘고, 할딱거린다. 주저앉아 쉬고 싶고, 그냥 내려가 버리고도 싶은 생각이 든다. 육체적 고통과 인내를 되풀이하지 않고서는 되지 않는 일이다. 산은 이처럼 손쉽게 자신의 내용을 드러내지 않으며, 인간으로 하여금 어려움과 고통을 참아낸 연후에라야 진정한 자기를 인간에게 준다. 흔히 산행을 인생에 비교하여 말하는 사람들이 많은 것도 이 때문일 것이다. 산에 오르는 일의 어려움과 즐거움, 인내와 성취감, 이런 것들의 되풀이가 인생살이의 그것과 비슷하지 않은가.

우리나라 산들의 내용은 우리나라 사람들의 심성을 잘 닮았다는 생각이 든다. 은근하면서도 모나지 않는 정겨움, 포근한 품속과 같은 맛, 그 깊이를 헤아릴 수 없는 고요함…. 우리나라 산등성이나 계곡에서 흔하게 볼 수 있는 화강암들도 그러하다. 우둘투둘 투박한 표면, 견고하고 강인한 질감, 그러면서 핏줄이 도는 것같은 따뜻함을 느끼게 하는 바위이다. 이 바위에 귀를 대고 기울이면 어디선가 숨결 소리까지 들릴 것만 같다.

"내 죽으면 한 개 바위가 되리라! 아예 애련에 물들지 않는…."

청마 유치환 시인의 '바위'라는 시의 한 구절이다. 바위를 감정이 없는 하나의 무기체(無機體)로 표현했으나, 나로서는 반대로 이 바위야말로 인간의 온갖 희로애락을 응축해 놓은 것 같은 느낌이 든다. 산의 내용을 보는 사람들은 바위가 흐느끼거나 기뻐 날뛰는 그 현장을 목격하는 사람들이다.

山을 가자
우리를 모래처럼 부숴버리기 위해
가자
산에 오르는 일은
새롭게 사랑 반나러 가는 일
만나서 나를 험하게 다스리는 일
더 넓은 우리 하늘
우리가 차지하러 가고
우리가 우리를 무너뜨려
거듭 태어나게 하는 일!
山을 가자
먼발치로 바라보는 산이 아니라
가까이서 몸 비비러 가자
온몸으로 온몸으로 우리 부서지기 위해 가자

내가 수년 전에 썼던 시 한편이다. 산에 오르는 일이 정신과 육체를 해체시키는 작업이며 그리하여 거듭 태어나게 하는 일이며, 또 다른 육체적 정신적 결합을 강조한 시편이기도 하다.

삼각산의 남쪽 얼굴. 시내에서 제일 가깝게 다가오는 보현봉(우측 높은 봉우리)

산 속에 들어와 있으면 과연 마음이 비워진다. 아무 것도 없다. 무공(無空)의 깨끗함만이 나를 가득 채운다. 그러므로 '비어 있음'이 아니라 가득 채워지는 '충만'이 된다. 정확하게 말한다면 비어 있음과 가득 채워짐이 함께 있는 세계라고나 할까. 온갖 어려움을 되풀이한 끝에 이제는 더 오를 곳이 없는 정상에 섰을 때, 이와 같은 비어 있음과 가득 채워짐의 세계는 그 절정에 이른다. 이 행복을 세상살이의 그 어떤 기쁨과 비교할 수 있을 것인가.

산을 가자. 먼 발치로 바라보는 산이 아니라 가까이서 몸 비비러 가자. 계곡물에 발을 담그고 그냥 노닥거리는 것도 물론 좋다. 시원한 나무 그늘 아래서 음풍농월(吟風弄月)하는 일도 아름다운 일이다. 그러나 자신의 온몸을 다하여 전심전력으로 더 깊이 더 높이 오를 때, 우리는 지금까지 전혀 만날 수 없었던 새로운 세계의 희열을 만끽할 수 있을 것이다. 그것은 어쩌면 미칠 듯한 기쁨과 깨달음에서 오는 떨림의 세계일지도 모른다. (1988)

'언제나 산을 볼 수 있음'의 행복

직장 동료들과 함께 산행(山行)을 계속한 지가 여러 해 된다. 한 주일에 한 번씩 산에 오르는 일이 이제는 습관처럼 되었다. 나의 한 주일은 어쩌면 그 산행의 하루를 기다리기 위해서 사는 나날일지도 모른다. 마치 소풍날을 기다리는 초등학교 소년처럼.

나는 월요일마다 산행을 한다. 직장이 남들 다 쉬는 일요일에 출근하고, 남들 다 일하는 월요일이라야 쉬는 날이기 때문이다. 일요일에 쉬는 다른 친구들이나 가족들과 함께 어울리지 못하는 아쉬움은 남지만, 월요일 산행은 아무래도 일요일 산행보다는 좋다는 생각이다. 산행의 그 한적함과 오묘한 맛을 일요일에는 느낄 수가 없고, 오히려 때로는 많은 인파 때문에 짜증이 날 경우가 있다.

산에 오르던 기억은 거의 소년시대부터였다고 생각된다. 둘러보아야 모두 산이었던 풍경이 내 유 · 소년을 사로잡았고, 그 산이 지금도 태어난 고향처럼 내 눈 앞에 많이 있다는 것은 얼마나 가슴 뛰는 즐거움인가. 우리나라의 많은 갓난아이들은 최초로 눈을 떴을 때 우선 엄마를 볼 것이다. 그리고 아울러 방의 천장과 벽과 문과 다른 사람들의 얼굴도 볼 것이다. 아기가 처음으로 바깥 세상과 마주하게 되었을 때, 아이는 또한 먼 데 산을 바라보았을 것이다. 그 산은, 소년이 청년이 되고, 중년 · 노년이 된 후에도 우리나라의 곳곳에서 얼마든지 바라보인다.

서너 살 적에도 걸어서 뒷동산을 올라갔던 기억이 지금도 아슴푸

포근하기만 한 내 어린 시절의 무등산

레 남아 있다. 소년 시절에는 광주의 무등산(無等山)을 헤아릴 수 없을 만큼 많이 올라갔었다. 건빵 한 봉지만 호주머니에 넣고 가면 1천 1백여 미터의 무등산은 항상 나의 것이 되곤 하였다. 걸어서 세시간 안팎이면 광주 시내의 어느 곳에서나 정상까지 올라갈 수 있었던 산, 건빵과 계곡물로 배를 채웠던 그 산, 그런 산이 40대 중년이 된 지금의 서울에도 가까이에 많다는 것은 얼마나 행복한 일인가. 도봉, 삼각, 수락, 불암, 관악 등의 그 많은 산줄기들….

몇해 전 유럽의 여러 나라를 한달 남짓 여행한 적이 있다. 스위스를 제외하고는 대체로 산을 쉽사리 바라보기가 어려웠다. 라인강 주변의 산들이라야 기껏 우리나라의 뒷동산과도 같은 나지막한 것들이 대부분이었다. 파리에서는 산을 보기 위해 시민들이 대이동을 하는 고속도로 풍경을 보았다. 독일에서는 조그마한 뒷동산 같은 야산에 로맨틱한 전설과 설화가 있음을 들었다. 그만큼 산이 드물고, 산을 쉽사리 구경할 수 없는 지형과 환경 때문이다. 그들은 그러기에 그 귀한 산마다 드라마와 전설을 만들고 신비로운 이야기를 만들었다.

산 정상에 오르면 온 하늘이 나의 것이 된다. 내 발 아래의 모든 것도 나의 것이 된다. 도시의 아파트 숲이나 다닥다닥 붙어 있는 집들에서 쳐다보는 하늘의 면적이 아니다. 온 하늘이 나의 것이면서 모두 우리의 것이 된다. 내 어린 시절 어머니의 젖무덤, 그 대지(大地), 그것은 곧 오늘 내가 오르는 산이 아니겠는가. 태어나서 사는 터전이요, 죽은 후에도 파묻힐 그 산, 그 흙이 아니겠는가. (1989)

물러서야 할 곳과 나아가야 할 곳

칠팔 년 전의 일이다. 젊은 후배와 함께 지리산을 찾았다. 지리산은 그 전에도 여러 차례 오른 적이 있었고, 종주산행도 했던 터이므로 퍽 자신이 있는 산이었다.

김밥 하나씩을 싸든 채, 두 사람은 연곡사를 거쳐 피아골 계곡으로 들어섰다. 우리는 피아골을 거쳐 임걸령 코스가 아닌 질마재 코스로 노고단에 오르고, 화엄사로 내려올 계획이었다. 그날로 서울에 올라가야 했으므로 바쁜 산행이 될 수밖에 없었다. 더군다나 피아골 산장에서 질마재 그리고 노고단까지는 처음 가는 길이어서 지도 한 장으로는 약간 불안한 마음도 없지 않았다. 평일인 때문인지 다른 등산객들도 보이지 않았다.

그 '불안함'은 마침내 현실로 나타났다. 피아골 산장을 좌로 돌아 굵은 돌밭길을 한참 올라가다 보니 길이 애매해졌다. 길 같기도 하고, 그냥 돌밭 같기도 한, 그 애매한 곳에서 도로 내려와 다시 길을 찾았더라면 아무 일도 없었을 것이었다. 그러나 나는 '저 능선만 오르면 되겠지' 하는 건방진 마음으로 그 돌밭길을 따라 그대로 직등(直登)을 시도했다. 하늘이 보이는 능선을 향해 길도 아닌 곳으로 자꾸만 올라갔으나, 산은 그렇게 만만한 것이 아니었다. 무릎에 멍이 들고, 바위에 찢긴 손등에서 피가 흘렀다. 온몸이 땀에 뒤범벅이 되어서야 가까스로 능선에 올랐으나 웬걸 이번에는 더 엄청난 바위가 우리를 가로막았다.

지도를 펴들고 방향을 가늠하기는 했지만 아무런 보조 장비도 가지고 있지 않았던 우리로서는 그 바위를 돌파할 수가 없었다. 설령 그 바위에 오른다 하더라도, 그 다음에 더 큰 난관이 있을지 없을지 예측할 수 없는 일이었다. 우리는 천신만고 끝에 올라온 능선을 버리고, 다시금 왔던 곳을 기어 내려갔다. 산행 자체를 너무 가볍게 생각하고 조급하게 움직였으며, 지혜롭지 못한 '밀어붙이기'가 낳은 결과였다.

맨 처음의 애매한 돌밭길에서 후퇴하여 제 길을 찾았더라면 그 귀중한 시간과 체력을 쓸데없이 소모하는 어리석음을 범하지 않았을 것이었다. 우리는 패잔병처럼 비참한 기분이 되어, 뒤늦게서야 제 길을 찾아 노고단에 올랐다.

판단의 잘못은 이렇게 순간적인 경솔함에서 올 때가 많다. 만용과 즉흥적인 혈기만으로 매사에 임한다면 십중팔구 일을 그르치기가 쉽다. 급처상사완(急處相思緩)이라는 말이 있다. 급한 상황에 처할수록 천천히 생각하라는 뜻이다. '돌다리도 두드려 보고 건너라'는 경구(警句)도 그러므로 우리가 세상살이의 여러 고비에서 만나는 옳은 판단의 자세를 가르치는 말이 될 것이다.

그러나 우리는 어떤 결단을 내려야 할 때에 그것을 망설이거나 질질 끌기만 하는 경우도 흔히 보게 된다. 심사숙고가 지나쳐 오히려 판단을 흐리게 하는 일이 그것인데, 이런 태도로 일관한다면 어떤 발전이나 향상을 결코 기대할 수가 없다. 따라서 어떤 사물의 전후 사정이나 본질, 특수성 등을 깊게 생각하고, 과감하게 판단을 내리는 것이 중요하다.

다시 산행(山行)이야기 한 토막.

몇 년 전 북한산에서도 어려운 코스의 하나로 알려진 원효봉(元曉峰)능선을 처음 올랐을 때의 일이다. 일행 5, 6명이 모두 10년 안팎의 경력 등산객들이지만 이 코스는 한번도 해본 적이 없었다. 원효

삼각산의 3대 릿지의 하나, 원효봉에서 염초봉으로 백운대에 이르는 암릉길 원효봉능선

봉을 넘어 북문(北門)을 거치고 나서부터 심상치 않은 바윗길이 나타났다. 두 세 군데의 위험한 바위를 돌파하여 능선 안부(鞍部)를 걸었는데, 길이 끝나면서 6, 7미터 정도의 직벽이 우리를 가로 막았다. 정면벽에는 아무리 살펴보아도 발을 디딜 만한 곳도, 손가락을 걸칠 만한 홀드도 나타나 있지 않았다. 좌우 측면 역시 수십 미터의 낭떠러지가 아닌가. 일행들은 모두 고개를 흔들면서 퇴각하자는 쪽으로 의견이 모아졌다.

그러나 나는 왼쪽 아래 측면 한 곳에 가까스로 한 사람 정도 설 수 있는 공간이 있음을 발견했다. 그리고 이 지점만을 확보한다면 왼쪽 경사면으로 충분히 기어오를 수 있다고 판단했다. 문제는 그 좁은 확보 지점으로 어떻게 내가 뛰어내릴 수가 있는가였다.

조심스럽게 바위에 붙었다가 몸을 회전시키고, 왼쪽 다리를 최대한 벌려 사뿐히 뛰어내렸다. 만에 하나라도 여기서 실수를 하는 날이면 그대로 추락이다. 그러므로 실수를 해서도 안되고 결코 실수할 수도 없는 그런 지점인 것이다. 내가 내린 처음의 판단 대로 나는 그 바위를 무사히 기어 올라왔다. 그리고는 배낭 속의 보조 자일을 내려뜨려 동료들이 오르는 것을 도와주었다.

만약 그때 왼쪽 사면의 가능성을 내가 확신할 수 없었더라면 우리는 그대로 되돌아 내려왔을 것이고, 그 코스를 두 번 다시 시도하지도 못했을 것이다. 나는 그 뒤로도 이 코스를 여러 차례 오르내렸는데, 그 지점을 통과할 때마다 맨 처음 그곳을 오르던 순간의 감격을 되새기곤 한다.

사람들은 흔히 어려운 일을 만날 때마다, 그 일의 긍정적인 해결 가능성을 살펴보지도 않은 채 포기해 버린다. 처음부터 '이것은 안되는 일'로 치부해 버리기도 한다. 그러나 '찾으면 길이 있다'는 말도 있지 않는가. 길을 잃었을 때는 원점으로 돌아와서 다시 길을 찾는 지혜가 있어야 하고, 길이 막히면 그 벽을 뛰어넘어 길에 들어서는 과감성도 갖추어야 한다. 곰곰이 생각하여 판단하는 자세와 순발력 있게 판단하는 용기도 필요하다.

오랜 동안의 산행에서 얻은 결론이지만 산행의 어려움과 자기 극복의 과정은 모든 세상의 일들과 같다는 생각이 든다. 오랜 경험의 경륜, 그리고 여기에서 얻어지는 예리한 통찰력이야말로 옳은 판단력의 기초가 된다고 나는 생각한다.

물러서야 할 곳과 나아가야 할 곳, 그것은 우리 인생사에 수없이 제기되는 선택의 문제이다. 그 선택의 기로에서 우리 인생의 성패가 결정될 수 있다는 사실을 다시금 깊이 생각해봐야 하지 않을까? (1990)

스스로를 고통 속에 놓아 둔다

산행을 좋아하는 사람들은 저마다 여러가지의 산행 목적이 있다. 가령 심폐기능의 강화 등 건강을 위해서라든지, 일행들과의 우의를 돈독히 하기 위해서라든지, 자연 속에 파묻힘으로써 마음을 맑고 고요하게 하기 위해서라든지…. 또 어떤 외국의 저명한 등산가는 '산이 거기 있으니까' 그냥 산에 오른다는 다분히 시적인 말을 한 적도 있다. 천차만별의 이와 같은 많은 산행 목적 가운데서도 나로서는 자기를 극복하기 위해서라고 하는 편이 아름답게 들린다.

자기를 극복한다는 것은 자기와의 싸움에서 이기는 일이다. 개인적인 이기주의나 편안함, 안일함 따위를 물리치고 스스로를 고통 속에 놓아두는 일이기도 하다. 산행은 그러므로 '고통을 즐기기 위해서' 하는 것이 된다. 고통을 즐긴다? 어불성설같이 여겨지지만 적지 않은 산꾼들은 이 말의 의미가 무엇인지를 터득하고 있을 터이다. 고통을 참고 견디는 즐거움이야말로 최상의 즐거움이라고 나는 말하고 싶다.

스스로를 고통 속에 놓아두기 위한 산행은, 자신을 시험대에 올려놓는 산행이기도 하다. 자신은 이 어려움에 어떻게 반응하고 어떻게 대처하는가. 자신은 이 견디기 힘든 고통을 어디까지 견딜 수 있을 것인가. 자신의 육체에서 영혼이 빠져나와, 자신의 육체를 내려다본다. 암벽에 붙어 혼신의 힘을 다하는 육체, 허기와 탈진으로 쓰러지기 일보 직전의 육체, 때로는 두려움과 망설임 사이에서 떨고 있는 육체를 자신의 영혼이 몸 밖에서 내려다본다. 마치 시험관 속의 미생물을 현미경으로 들여다보는 것처럼 영혼은 육체를 관찰하는 것이다.

그때 나는 전혀 새로운 경험과 감동을 만나게 된다. 상식을 뛰어넘는, 어떤 불가사의를 보게 되고, 육체적 한계를 넘어서는 거룩한 몸을 창조하게 된다. 이것은 분명 감동이며 몸 떨리는 즐거움이다. 이 단계에까지 도달하기 위해서는 긴 시간과 많은 체력 소모가 필요하다. 때로는 끝없는 추위에 떨어야 하고, 때로는 긴 어둠의 터널을 뚫고 가야 한다. 끊임없는 탐구정신, 이를테면 미지의 세계에 대한 탐험심과 이르지 못했던 곳에 이르고 싶은 모험심이 또한 분출해야 한다. 반복되는 실패와 고통이 따르기 마련인 이 과정을 모두 거쳐야만이 어느덧 정상은 가까이에 와 있다.

눈 부비며 너는 더디게 온다
더디게 더디게 마침내 올 것이 온다
너를 보면 눈부셔
일어나 맞이할 수가 없다
입을 열어 외치지만 소리는 굳어
나는 아무것도 미리 알릴 수가 없다
가까스로 두 팔을 벌려 껴안아 보는
너, 먼 데서 이기고 돌아온 사람아.

'봄'이라는 제목의, 내 시 한구절이다. '먼 데서 이기고 돌아온 사람'이 곧 봄이다. 봄을 기다리기 위해서, 우리는 얼마나 많은 겨울의 그 눈보라와 어둠과 아픔의 나날을 견디어 왔던가. 그 고통은 마침내 우리로 하여금 소리마저 굳어 버릴 만큼, 가까스로 두 팔을 벌려 껴안을 만큼, 기진맥진한 상태가 아니었던가. 바로 그 순간에 봄이 오

더디게 오는 봄, 그래서 감격의 극치를 이룬다

지 않았던가.

봄은 그러므로 산의 정상이다. 긴 기다림과 추위를 견디어 내었기에 봄이 찬란하고 아름다운 것처럼, 되풀이되는 어려움과 극한적 상황을 극복해 냄으로써 오는 눈부신 행복은 어떤 다른 행복과도 바꿀 수 없는 독특한 것이다. 고통의 질이 심각하고 그 양이 많으면 많을수록 다음에 오는 즐거움의 질량 또한 크기 마련인 때문이다.

산에 오르는 일은 반드시 사람들의 한평생과도 닮았다는 생각이다. 힘들게 오르는 어려움이 있는가 하면 편안하게 내려오는 길도 있다. 산의 능선길은 바로 이와 같은 오르내림의 끝없는 반복이다. 사람의 한평생도 이처럼 상승과 하강의 되풀이와 다르지 않다. 새옹지마의 고사를 새삼 떠올리며 나는 또 훌쩍 산으로 떠나야겠다.(1989)

바위와 내가 한몸이 되어

오랫동안 산행을 하다 보니 우리나라 산에 흔한 화강암의 맛에 길들여진다. 햇볕 쨍쨍한 날에 바라다보이는 인수봉이나 만장봉의 그 깨끗한 피부는 너무나도 잘 생겨서 차라리 눈이 부시다. 많은 우리나라 사람들에게 사랑받는 그 바위 봉우리들은 얼마나 행복한가.

바위는 멀리서 바라보는 맛도 좋지만 가까이서 몸 비비며 기어오르는 맛은 더욱 좋다. 바위 능선길을 걷거나 기어 올라갈 때마다, 나는 바위가 우리나라 사람들의 '타고난 마음씨와 타고난 살결'을 그대로 닮았다는 생각을 하게 된다. 우둘투둘하면서도 견고한 화강암의 표면은, 마치 우리 겨레의 소탈하면서도 투박한 그 심성을 말해주는 것도 같다. 된장국의 질박한 맛과 쑥떡의 그 무늬를 닮고 있는 것 또한 화강암의 맛이 아닌가.

가장 한국적인 그림이라고 평가되는 박수근 화백의 일련의 그림들에서도 나는 화강암이 주는 이미지를 발견하고 있다. 박 화백의 화면들은 물감을 짓이겨 바르고 칠하는 과정을 되풀이함으로써 두터운 마티에르 효과를 내고 있는데, 이것이 틀림없는 화강암의 표면을 연상시킨다. 이와 같은 표현 성과는 하나의 우연이라기보다 필연이라는 생각을 갖게 한다. 왜냐하면 한국인이 만드는 예술은 한국의 자연환경이나 조건, 그리고 한국인의 심성 및 역사와 깊게 관계되는 것이기 때문이다.

햇볕 맑은 날, 경사도가 약간 높은 바위를 조심스레 올라간다. 아

인수봉에서 하강 장면. 바위와 나는 한몸, 뜨겁게 달아오르게 만든다

래쪽에서 올려다보았을 때는 '미끄러지면 어쩌나'하는 불안이 있었으나, 막상 걸음을 옮길 때마다 등산화 바닥에서 감지되는 바위는 착착 붙는 안정감 그것이다. 이때의 바위는 그냥 둔탁하고 차가운 그것이 아니라, 하나의 생명이 있는 숨결로 전달돼 온다.

더구나 아무런 인공 보조물(로프 등 암벽장비)없이 맨손으로 바위를 기어오를 때에는, 바위의 생명이 아주 가까이에서 느껴진다. 바위의 살갗 속으로 핏줄이 흘러 따뜻하고, 바위의 숨결 소리가 내 귓바퀴에서 맴돌기도 한다. 바위는 나와 함께 완전한 합일을 이루고 있는 것이 아닌가!

나는 록클라이밍의 전문가는 아니지만 바위에 무수한 인공장비를 사용하며 오르는 사람들이 마음에 들지 않는다. 그 바위의 정상까지 오르기 위하여 바위의 살갗에 깊고 많은 상처를 낸다는 것도 하나의 폭력이라고 생각한다.

비록 정상에 오르지 못한다 하더라도, 저절로 바위가 만들어준 손잡이나 모서리, 틈새를 잡고 오르는 것이 미덕이 아니겠는가. 상처를 입혀서라도 그 바위를 정복하는 것보다는, 상처없이 그 바위와 함께 어우르고, 함께 땀흘리는 과정이 나에게는 더 행복하다.

내가 최근 즐겨 찾는 산행 코스 가운데 어떤 바위는 이상하게도 나를 거부할 때가 많다. 몸을 바위와 정면으로 하여 내려가다가, 중간에 다시 몸을 돌려 두 다리를 최대한 벌리고 내려가야 하는 바위다. 어떤 날은 어렵지 않게 잘 되고, 어떤 날은 여간 애를 먹지 않는다. 잘 안되는 날은, 몇 차례 내리락오르락을 시도하다가 가까스로 착지하여 이마의 땀을 닦는다. 기분이 언짢다. 억지로 무엇을 해냈을 때의 그 개운치 않은 마음이다.

계속 걸으면서 반성을 해본다. 사실은 바위가 나를 거부했던 것이 아니라, 그렇게 된 책임의 모든 것이 내 쪽에 있었다는 것을 확인한다. 바위는 항상 거기 그렇게, 건강한 나를 맞이할 준비가 되어 있었

흰 피부, 손끝에 느껴오는 촉감, 고도감, 그래서 오를 수록 환상적이다

지만, 거기에 이르는 내가 건강하지 못하였기 때문이다. 지난 한 주일 동안 많은 술을 마셨으며, 몸을 제대로 만들지 못했던 내가 오늘 정상적인 컨디션일 수가 결코 없다. 컨디션이 좋지 않을 때 바위와 내가 어떻게 리듬을 맞출 수 있을 것인가.

바위와 내가 호흡을 함께 하며 리듬을 맞추는 일처럼 우리의 일상생활에서도 그 같은 자세는 중요하다. 자기 자신을 진실하게 갖추지 못한 채 세상이나 남을 원망하는 경우를 흔히 본다. 자신을 숙이는 겸손함이나 성실함을 제쳐둔 채, 떠들며 거들먹거리는 일도 많다. 뜨거운 가슴 없이, 얕은 꾀나 기술로만 세상을 헤엄치려는 사람들도 적지 않다. 이러한 사람들에게서 우리는 결코 '더불어 사는' 공동체적 리듬을 기대하기가 어렵다.

바위의 맛은 참으로 바위와 내가 한몸이라는 일체감을 갖는 데에 있다. 그것은 마치 깨달음과도 같은 순간이다. 정상에 올라가기까지. 모든 우리가 하나라는 것을 깨닫는 '과정'이야말로 얼마나 중요한 일인가. (1991)

자신에게 알맞은 걸음걸이로 가자

무박산행에(無泊山行)에 익숙해진 지도 몇 년쯤 되었다. 잠을 자지 않는 산행이란 뜻인데, '무박 2일 산행'이라고 하는 사람들도 적지 않다. 토요일 밤 아홉 시쯤 서울에서 전세버스로 출발하여 일요일 새벽 두세 시쯤해서 산행을 시작하고, 그날로 서울에 돌아와야 한다. 시간에 쫓기는 관계로 무리가 따르고, 자연히 강행군이 될 수밖에 없는 산행이기도 하다. 웬만큼 등산에 자신을 갖거나 경력있는 사람들이 아닌 초심자들에게는 권유할 수가 없다.

지난해 여름, 다소 무리라고는 생각했으나 무박산행으로 오색 약수터를 출발하여 대청봉(大青峰)에 오르고, 이어서 공룡능선, 마등령, 비선대, 설악동에 이르는 코스를 처음 해보았다. 체력이 좋고 걸음이 빠른 사람이 10시간 정도, 대부분이 14시간 쯤은 걸어야 해낼 수 있는 코스다.

대청봉을 넘어 희운각 대피소, 그리고 공룡능선 입구라 할 수 있는 신선암까지는 그런 대로 3, 4명의 선두그룹을 유지하며 무리없이 걸었다. 밤에 버스를 타고 오느라 제대로 잠을 이루지 못했지만 폐부 깊이 들이마신 설악의 공기 때문인지 불면(不眠)의 피곤함도 씻은 듯이 사라졌다. 새벽 두 시 장수대에서 끓여먹었던 라면도 언제 소화가 돼버렸는지 뱃속이 출출해 왔다. 아까 대청봉 산장에서 커피만 마실 것이 아니라 무얼 좀 요기를 했어야 했는데… 하는 후회가 온다.

온몸은 이미 땀에 젖었고, 다리의 움직임도 점차 무거워졌다.

앞서 가던 일행 중 한 명이 길가 바위에 털썩 주저 앉는다. "어휴, 죽겠네!" 하는 힘겨운 한마디와 함께 그는 나에게 쉬어가자고 권유했다. 그는 30대 중반의 젊은이였는데, 처음 만난 사람이었지만 오래 전부터 잘 아는 후배쯤으로 여겨질 만큼 우리는 곧 가까워졌다. 산행중에서의 만남은 이렇게 거칠 것이 없고, 흉허물이 없어서 좋다. 아니 사람의 타고난 모습, 타고난 마음 그대로의 만남인지도 모른다. 우리는 주저 앉아 땀을 닦고 참외 한 개를 깎아 반 쪽씩 나눠 먹었다. 한결 힘이 솟는 것 같았다.

아직 공룡능선의 절반도 다 해내지 못한 상태다. 이제부터가 높은 산봉우리를 여러 차례 오르락내리락 해야 한다. 마지막 피치까지 정상 컨디션을 유지하기 위해서는 힘의 비축이 필요하다. 이 단계에서 체력을 모두 소진해서는 안된다. 자신에게 알맞은, 무리없는 페이스대로 계속 걸어야만 한다.

우리는 10분 정도를 쉰 다음 곧 출발하였다. 젊은 친구는 완전히 회복된 것 같았다. "먼저 갈께요" 라고 말한 다음 성큼성큼 달아나 곧 시야에서 사라졌다. 나는 혼자가 되어 내 호흡에 맞게 전진을 계속했다. 나한봉이 저만큼 다가서 있는 지점에서 나는 또 한사람의, 앞서간 다른 젊은이가 길섶에 드러누워 있는 것을 보았다. 그는 나를 보고는 반가운 얼굴로 "혹시 물파스가 있느냐"고 물었다. 그는 다리에 쥐가 나 걸을 수 없을 정도라고 했다. 나는 다행히 배낭에 구급약들을 갖추고 있었으므로 물파스를 꺼내어 그의 다리에 분무시켰다. 그리고 그의 다리를 마사지해 주었다. 그는 통증이 가시는 대로 뒤따라가겠다며 나더러 먼저 출발하시라고 했다. '한 번 쥐가 나기 시작하면 반드시 재발하는 법이다. 바쁘게 가려고 하지 말고 보폭(步幅)을 짧게 하여 걸으라'고 일러준 다음 먼저 일어섰다.

마등령에 이르러서 나는 맨 처음 만난 젊은이를 다시 만날 수 있었

산을 잘 오르려면 휴식은 지켜야 할 필수 덕목이다

다. 그는 마등령 안부(鞍部) 공터에 앉아 있었는데, 거의 탈진 상태가 되어 있었다. 얼굴은 백지장 같았으며, 과일 등을 건네주어도 입맛이 없다고 먹지 않았다. 그러나 먹지 않으면 안된다. 무엇이든 먹어야 산행을 계속할 수 있는 것이다. 나는 반강제로 그에게 떡과 캐러멜을 먹일 수 있었다. 그리고 나는 그를 남겨둔 채 곧 출발하였다.

세상을 살아가는 데에는 능력과 지혜가 무엇보다도 필요한 것이지만 그에 못지 않게 경험과 체험이 중요한 것이라고 생각하며 또 걷는다. 젊은이들에게선 흔히 자신감이 자만심으로 변하기 쉽고, 자만심은 만용으로 이어지기도 한다. 만용은 뜻하지 않은 사고를 일으키는 예가 많다. 세상의 모든 일이 '젊은 기개만으로는 되지 않는다'는 말도 경험과 지혜의 필요성을 일컫는 뜻일 것이다. 항우(項羽)가 유방(劉邦)에게 끝내 패할 수밖에 없었던 것도 자신의 힘만을 과신한 데서 빚어진 결과가 아니던가.

산행을 시작하기에 앞서, 그 산의 특징과 산행시간을 면밀히 검토하여 준비물을 챙기고, 산행에 들어가서는 자신의 체력을 알맞게 안배하는 것이 중요하다. 사람이 살아가는 한평생도 그러한 긴 산행과 같은 것이므로, 평생을 미리 계획하고 준비하고, 또 안배해야 한다. 무모함과 저돌성만으로 밀어붙이다가 오버페이스를 하거나 주저앉아 버려서는 안된다. 욕심을 부리지 않고, 자신에게 알맞은 페이스가 어떤 것인지, 자신에게 잘 어울리는 길이 어떤 길인지, 이것을 체득하는 것이야말로 삶의 지혜가 되리라는 생각이다. 또 어떤 지점에서는 잠시 쉬면서 자신이 걸어온 길을 뒤돌아보고 반성하며, 앞으로 나아가야 할 길을 재점검해 보는 여유도 있어야 한다는 생각이다.

마등령에서 비선대에 이르는 길은 거의 내리막길이거나, 평편한 길이다. 숨이 턱에 차 오르지도 않고, 길에서 주저앉아 쉴 필요도 없다. 지치면 다리의 힘을 빼 천천히 걸으면 된다. 바쁠 것도 없다. 흥얼흥얼 콧노래라도 부르고 싶은 마음이다. 처음에는 천천히, 그리고 내 체력에 알맞게 꾸준히 10시간을 걷고 난 뒤의 성취감은 얼마나 상쾌한 것인가.

비선대 매점에 앉아 혼자서 막걸리 잔을 기울인다. 한낮의 햇살이 너무 강렬하게 화강암 벽에 쏟아지고, 그 햇살 부서져 나가는 소리 맑고 깨끗하다. 이렇게 하여 길고 힘겨운 산행은 또 하나의 아름다운 추억을 나에게 만들어 준 것이고, 우리네 삶은 그 추억 만들기를 계속함으로써 살맛이 나는 것이라는 생각을 갖게 한다. (1989)

평생 잊지 못한 산행

대부분의 직장인들은 대체로 자기만의 '시간' 에 쪼들리게 마련이다. 마음놓고 며칠쯤 스스로의 시간을 가질 수 있는 여유가 없다. 푹 쉬고 싶어도 쉴 수가 없고, 계절에 따라 여행을 하고 싶어도 할 수가 없다. 마음만 간절할 뿐, 그렇게 되어지지가 않는다.

이런 점에서 자영업이나 자유 직업인에 비해 직장인들의 삶은 시간에 얽매인 삶이라고 할 수 있다. 그러므로 직장인들에게 주어지는 '휴가' 야말로 가뭄 끝의 '단비' 만큼이나 소중한 것이다. '황금 휴가철' 이라는 말도 이래서 생기는 모양이다.

이처럼 소중하고 아까운 휴가를 어떻게 보내야 할까? 많은 사람들은 휴가는 곧 쉬는 것이고, 쉬는 것은 곧 여행이나 행락(行樂)이라고 생각한다. 조직 생활의 되풀이되는 근무와 긴장, 업무와 관련된 스트레스에서 벗어나, 비로소 자유로워진다고 생각할 때, 평소 할 수 없었던 여행이야말로 최고의 가치를 지니는 휴가가 될 것이다. 그러나 나는 이 여행이 단순한 행락이나 관광으로서가 아니라, 평생 잊혀질 수 없는 추억을 만드는 또 다른 일이 될 것을 권유하고 싶다. 추억을 만드는 여행도 가지가지겠지만, 그 중에서 등산 여행은 으뜸이라 할 만하다.

간편한 등산 복장에 배낭을 둘러메고 집을 떠난다. 혼자서도 좋고 가족과 함께라도 좋다.
가까운 친구와 둘이서도 좋고 여럿이서도 좋다. 일요일 하루의 근교

좋은 추억을 만드는 한여름 지리산 종주산행

등산이 아니라, 2박3일 또는 3박4일의 등산여행이므로, 출발 전에 세심한 계획과 준비가 있어야 할 것이다. 이 정도 일정이라면 지리산, 설악산 등 큰 산의 종주등반이 가능하다.

나는 지금까지 여러 차례 지리산 종주산행을 해왔다. 물론 여름 휴가철을 이용해서다. 종주산행을 할 때마다 느끼고 체험하는 것이지만 이 시간이야말로 자기한계(정신적 · 육체적으로)를 확인하고 극복하는 다시 없는 기회라고 여겨진다. 뿐만 아니라 긴 인내와 힘겨움의 되풀이 속에서 마지막으로 얻어지는 성취감은 또 얼마나 감동적인 것인가!

끊임없이 산봉우리를 오르내리는 행위는 사람의 삶의 기복이 되풀이되는 것과도 같다. 경사진 산길을 계속 오르다 보면 숨이 차고 이마에서 땀이 뚝뚝 떨어진다. 그냥 주저 앉아 버리고 싶다. 그러나 천천히, 내 페이스 대로 올라가야 한다. 봉우리에 올라와서 땀을 닦고 주위를 둘러본다. 바람도 시원하다. 이번에는 내리막길이다. 오르막길과는 달리 체력소모는 적지만 더 주의를 해야 하는 길이다. 능선 안부에서는 평편한 길도 있다. 힘을 빼고 터덜터덜 걷는다. 편안하다. 이제 곧 또 나타날 오르막길을 위해 되도록 힘을 아껴야 한다. 눈 앞에 또 하나의 거대한 봉우리가 나타난다. 올라가지 않으면 안된다. 지리산 종주에서는 이와 같은 크고 작은 봉우리를 30여 개쯤 오르내려야 한다.

오르내릴 때마다 새옹지마(塞翁之馬)의 고사를 떠올린다. 오르는 길의 힘듦과 숨가쁨이 곧 편안함의 시작이라는 생각을 한다. 반대로 내려가는 길의 편안함이 곧 머지않아 다가올 오르막길, 힘겨움의 시작이라는 생각도 갖게 된다. 이렇게 산 중에서의 2박3일 동안 오르내림을 계속하다 보면 지리산 종주산행이 끝나게 된다.

이 산행은 평생동안 잊혀질 수가 없다. 직장에 복귀해서도 이 산행을 떠올릴 때마다 행복해진다. 새로운 힘이 솟기도 한다. 종주산행은 그러므로 끊임없는 체력 소모가 아니라 끊임없는 재충전이 되는 셈이다. (1990)

2
삼각산 이야기

열 두 대문

산 타는 사람들은 대체로 말수가 적어 보인다. 산처럼 입이 무겁다. 또한 이들은 그 성품이 부드러우면서도 단단한 느낌을 준다. 고집도 이만저만 센게 아니다. 산에 관한 체험이나 정보를 이야기할 때에는 갑자기 신명이 난다. 자신이 산에서 온몸으로 겪은 사실에 대해서 다른 산꾼이 이의라도 제기한다면 절대 굽히려 들지 않는다. 과묵함과 부드러움, 그리고 신명과 고집으로 견고하게 짜여져 있는 초상(肖像)을 산꾼들에게서 본다.

4년 전의 일이다. 비봉(碑峰)능선 군대막사(지금은 철거됐음)에서 소나기를 피하다가 한 노인을 만났다. 60대 후반쯤 돼보이는 이 노인은 검게 그을린 얼굴에 강인한 체격을 지니고 있었다. 전국의 산을 누비고 다닌지 30년은 된다고 했다. 이런저런 산 이야기 끝에 가벼운 입씨름이 벌어졌다. 삼각산 원효봉 바위 능선길로 효자리에서 백운대까지 4시간은 잡아야 한다느니, 2시간반이면 충분하다느니 하는 대수롭지 않은 논쟁이었다.

물론 산행 시간이라는 것은 당일의 계절과 기후조건, 함께 가는 사람들의 체력 수준과 인원의 많고 적음에 따라 얼마든지 달라지게 마련이다. 또한 그 산길에 다른 팀이나 등산객들이 얼마나 많고 적으냐에 따라서도 소요 시간에 큰 차이가 날 수 있다. 어떤 어려운 바위벽이나 하강 지점에서는 의외로 많은 사람들이 줄을 서서 적체현상을 빚는 경우가 있기 때문이다. 아무튼 그 노인은 자신보다 등산 경

북한산성 12대문 위치도

력이 일천하고 조금은 건방져 보이는 수하 사람인 나에게 퍽 자존심이 상했던 것같다. 자신이 4시간 걸리는 길을 2시간반에 했다고 장담하다니….

노인은 화가 난 얼굴로 내게 말했다. "그렇다면 당신은 삼각산 열두 대문을 해보았소? 몇시간이나 걸립디까?" , "열두 대문이라니?" 나로서는 말문이 막힐 수밖에 없었다. 이번에는 내 자존심이 큰 상처를 입은 셈이었다. 삼각산에 열두개의 성문(城門 · 원래는 13개 성문)이 있다는 말은 들었으나, 이 성문을 모두 연결하는 일주(一周)코스를 당일로 해본 적은 그때까지 없었기 때문이다. 남북종주(縱走 · 구기동에서 우이동까지)는 수없이 해보았지만 이때 거치는 성문은 6개에 불과했다. 그날 노인에게서 열을 받은 나는 문헌과 자료를 뒤져 12개 성문의 위치와 이름을 모두 찾아냈다. 그리고 그로부터 한달쯤 후에는 혼자서 열두대문 일주를 완성시켰다. 점심과 휴식시간을 포함하여 8시간쯤 걸리는 산행이었다. 새삼 그 노인의 강인함과 고집에 고마움이 느껴졌다.

열두 성문 산행은 경기 고양시 효자리 북한산성 입구 버스종점을 출발, 대서문에서부터 성곽길 따라 주능선을 시계방향으로 한바퀴 도는 일이다. 역(逆)방향으로 돌아도 된다. 이 산행은 그러나 누구도 할 수 있는 일이 아니다. 원효능선·만경대능선의 바윗길에는 곳곳에 위험이 도사리고 무서움이 기다린다. 죽음을 부를 수도 있다. 산행을 그냥 '걷는 일' 로만 생각하는 사람들에게는 권할 일이 아니다.

산행을 그러나 젊은 모험심과 호기심, 극기력, 미지에 대한 탐구의 의지로 하는 사람들에게는 추억할

대동문. 진달래능선, 소귀천계곡, 4.19탑 쪽에서 오른다

대서문. 서울 서북쪽 북한산성의 대표적인 출입문이다

성문. 정릉이나 평창동에서 오른다

대남문. 구기동 쪽에서 오르는 대표적인 관문이다

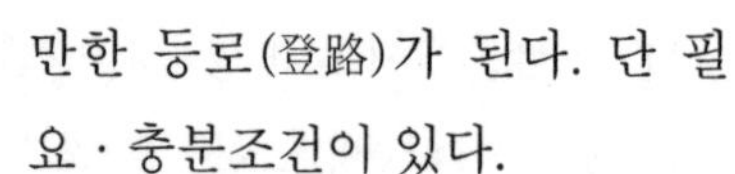
만한 등로(登路)가 된다. 단 필요 · 충분조건이 있다.

초행자는 반드시 이 길의 경험자와 동행할 것, 체력 · 지구력 · 담력을 갖출 것, 보조밧줄 하나쯤은 준비할 것, 날씨 좋은 봄 여름 가을에 할 것 등이다.

자 이제 부터 올라가자, 열두 대문으로.(1990)

보국문

소남문

청수동암문

원효능선

오랫동안 도봉구 수유동에 살고 있는 시인 정공채씨는

우리 서울에
희게 빛나는 크나큰 보석들이 있음을
서울 사람들도 잘 모른다

고 노래한 적이 있다. 삼각산의 화강암 산봉우리들을 '서울의 보석'으로 비유한 것인데, 과연 그렇다고 생각한다. 이 보석은 먼발치로 그 빛남을 바라보는 것도 아름답지만 가까이서 몸 비비거나 어루만질 때 더욱 황홀해진다. 이 보석의 살결을 내 몸으로 겪을 수 있는 코스의 하나가 원효봉에서 백운대에 이르는 암릉길이다.

우이동 쪽에서 보이는 백운대가 전면(前面)이라면 원효능선은 곧 백운대의 후면이 된다. 전면이 당당하고 남성적인 데 반해 후면은 아기자기하고 날카롭고 여성적이다. 모든 사물(事物)은 앞쪽에서만 볼 것이 아니라 뒤쪽에서도 볼 필요가 있다. 가령 사람의 앞모습만을 보아 오다가, 어느날 우연히 그 사람의 뒷모습에서 지워지지 못할 감동을 만나는 수도 있지 않는가. 누드 그림에서는 등이나 목덜미, 허리, 둔부 등 뒷모습이 더 강하고 아름다워 보인다. 모든 사물의 뒤쪽에는 훨씬 더 진솔(眞率)함이 있다.

원효봉에 오르기 위한 산행 기점은 경기도 고양군 신도면 효자리

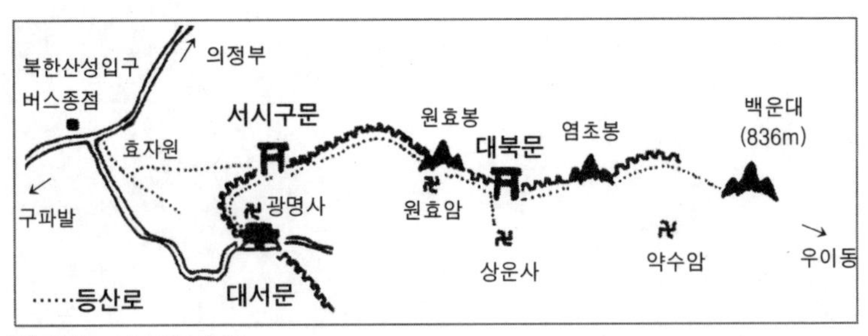

원효능선 안내도

북한산성 입구 버스 종점, 여기서 백운대까지는 약 3.5킬로미터의 거리다. 잘 닦여진 차도를 따라 구불구불 20분쯤 걸으면 대서문에 이른다. 대서문을 막 지나 차도를 버리고 왼쪽 마을길로 들어서면 폭포수 푯말과 광명사 입구 푯말이 보인다. 광명사 뒤편을 끼고 내려가면 암반이 깨끗한 계곡이다. 계곡을 건너 다시 오름길로 들어서면 성벽에 닿고, 성벽과 나란히 오솔길이 열린다. 일요일에도 사람이 잘 다니지 않는 길이다.

대서문을 출발한 지 20분만에 서시구문에 이른다. 차도의 먼지와 자동차가 싫은 사람은 대서문을 거치지 않고 효자리 버스종점에서 곧바로 산길로 들어서서 시구문을 통과할 수도 있다. 효자원(수목원)으로 들어가 왼쪽 큰길로 마을에 이르고, 마을 끝집을 지나면 바로 산길이다. 최초의 갈림길에서는 왼쪽 능선으로 붙어야 한다.

서시구문에서 한숨 돌린 다음, 성벽을 따라 계단길을 계속 오른다. 숨이 차고 지루한 돌계단길이지만 곧 원효암에 닿는다. 암자 안에 있는 석간수 샘물 맛은 오장육부가 다 시원하다.

다시 암자 입구로 나와 올라갈 수도 있고, 샘터를 통과해 왼쪽 바윗길로 올라가 직벽 아래에서 다시 왼쪽으로 나아가면 등산로와 만나게 된다. 원효봉에 올라 조망하는 사위(四圍)가 가슴을 후련하게 한다. 5월의 산은 온통 색채의 축제라는 느낌을 갖게 한다. 원효봉을

백운대 후면 원효릿지(위)는 아기자기하고 날카로워 매우 여성적이다
원효릿지의 하일라이트 염초봉(아래)

내려오면 대북문, 이제부터가 바윗길이다. 바윗길에 자신이 없는 사람은 대북문에서 오른쪽으로 떨어져 상운사로 내려가면 된다.

염초봉을 오르는 바위가 부드럽다. 꺼칠꺼칠한 화강암의 피부가 왜 이토록 부드러울까. 등산화 바닥에서 전해지는 이 부드러움과의 일체감, 내 손 끝에서 연결되는 이 합일(合一)은 어쩌자고 이렇게 나를 법열(法悅)에 떨게 하는지 모르겠다. 조심스럽게, 섬세하게 오르내리는 바위의 거대한 동체에서 나는 바위와 내가 한몸이 되는 것을 거듭 느낀다. 바위의 숨결소리, 바위의 몸에 흐르는 맥박소리가 들리는 것도 같다.

염초봉을 넘어 백운대로 오르는 길은 릿지 등반의 묘미를 만끽할 수 있는 길이다. 그만큼 위험하고 기술이 요구된다. 이제는 다른 길로 우회할 수도 없고 올라온 길로 도로 내려갈 수도 없다. 한마디로 선택의 여지가 없는 길이다. 버티고 선 바위, 칼날같은 바위를 하나씩 하나씩 돌파해야 한다. 낭떠러지를 개미처럼 붙어 내려와야 할 경우도 여러차례다. 개구멍바위를 낮은 포복으로 기어나온다. 그리고 다시 오른다. 정상에 나부끼는 태극기가 손에 잡힐 듯하다. (1990)

원로 산악인 손경석 씨

왜 사람들이 삼각산을 오르는가. 서울 사람들이 사는 가까이에 그 산이 있기 때문이다. 그 산에서 사람들은 자연의 신선함과 아름다움에 도취하고 정신의 자유를 만끽한다. 그 산에서 모험심과 성취욕을 충족시키기도 한다. 그 산에서 건강을 획득하는 사람들도 많다. 그래서 삼각산은 서울시민들의 큰 복(福)이 된다.

원로 산악인 손경석 씨는 60년 동안의 '산타기' 생애에서 가장 좋은 산으로 삼각산을 거침없이 꼽는다. 삼각산은 곧 '한국등산운동의 원점이자 현주소'가 되기 때문이다. 무엇보다도 손씨 자신이 처음으로 산을 '발견'했던 계기 때문에 삼각산은 언제나 그에게 제일의 명산으로 자리잡혀 있다.

손씨가 서울 혜화보통학교에 다닐 때였다. 어른들 몰래 극장에 들어가 「早春」이라는 영화를 보았다. 이 영화에서 소년은 처음으로 알프스를 보고 감동을 받았는데 알프스가 우리나라 어딘가에 꼭 있을 것이라는 생각이 들었다. 어느날 혼자서 효자동 전차종점에서부터 걸어 세검정으로 올라갔다. 길을 잘못 들어 무악재 고개로 떨어지고 말았다.

인근 목장에서 생전 처음 황소가 아닌 젖소를 보았는데, 그 목가적인 분위기에 젖어 온종일 풀밭에 누워 있었다. 노을이 지고, 멀리 삼각산 연봉들이 붉게 물들기 시작했다. 소년은 문득 '저것이다'고 소리쳤다. 영화에서 본 알프스를 서울에서 찾아낸 감격, 곧 산의 발견

산악서적 전시회장에서 옛자료들을 설명하는 손경석 씨

이었다. 이같은 인연으로 손씨는 중학시절부터 매주 삼각산을 타기 시작했다. 중학 4학년(지금의 고1) 때에는 선배 주형렬 씨(朱亨烈 · 한국산악회 창립자)를 만나 본격적인 암벽등반을 하게 된다.

손경석 씨는 산악인일 뿐 아니라 우리나라 산학(山學)의 개척자 중 한사람이다. 산이 곧 역사의 배경이자 우리 문화의 무대임을 인식하고 일찍부터 산을 학문의 대상으로 탐구해 왔다. 그가 4대째 살고 있는 혜화동 한옥에는 1만여권의 국내외 산악 관계 도서가 쌓여 있다. 그 자신이 직접 저술하거나 번역한 산악서적이 16권이나 된다. 특히 「등산백과」, 「등산의 이론과 실제」, 「한국의 산악」, 「암벽등반기술」 등의 저서는 오늘날 많은 산악인들의 교과서 구실을 톡톡히 해내고 있다. 그는 또한 1987년에 한국산서회를 창립, 두차례 회장을 하면서 등산과 함께 글쓰기를 병행하는 운동을 벌여 왔다.

그는 "산이라는 것은 글을 남긴다"고 말한다. 우리나라 고전문학의 대부분은 자연을 대상으로 한 것이고, 이 자연의 아름다움은 산에 집약되어 있다는 설명이다. 어디 문학뿐이랴. 그림에 노래에 모든 예술에 다 산이 들어 있다. 아니 우리나라 사람들의 타고난 심성과 삶의 양식(樣式)이 모두 산으로부터 비롯된 것이라는 생각을 한

산서회 창립 멤버들

다. 따라서 산이야말로 '종합예술이며 민족문화의 정수'라고 그는 주장한다.

손씨는 서울대 문리대 정치학과를 졸업하고 오랫동안 국민대 · 성균관대에서 정치학을 강의했다. 1954년 휴전 직후 문리대산악회를 창설했으며, 적설기 오대산 초등 · 추계 설악산 천불동계곡 초등 · 히말라야 · 안나푸르나1봉 남벽 정찰대장 등의 산악기록도 세웠다. 한국산악회 · 대한산악연맹 이사도 역임한다. 그는 최근 그가 오랫동안 수집해온 자료와 문헌 · 현장답사, 그리고 직접 관여한 체험들을 토대로 <한국등산 百年史>의 집필을 끝마쳤다. 우리나라 등산사를 정리하는 최초의 기록이 될 것이다.

그는 '북한산 케이블카 반대운동'을 주동한 것으로도 유명하다. 제자들과 함께 3개월 동안 삼각산에서 12만명의 반대 서명을 받아 청와대로 보냈다. 그의 산악운동은 단호하고 설득력이 있다. 그는 요즘도 거의 매주 삼각산에 오른다. 산악단체 · 등산학교 · 기업체 등의 초청 강연회에 나가 산학 강연을 한다. 그는 삼각산이 문화적, 역사적 근거에서 복원 보전되기를 희망한다. 사람은 변하거나 사라져도 삼각산은 거기 그대로 남아야 하기 때문이다. (1990)

피인 코스 - 의상봉능선

산행은 잠시나마 세속을 벗어나는 일이다. 혼자서 또는 여럿이서, 세상 잡사를 잊고 저마다 신선이 된다. 바이런은 '산은 정서 도시는 지옥'이라고 읊었다. 그런데 삼각산에는 자연적 정서와 도시적 지옥이 함께 있다. 세속을 피하려는 산에 세속의 물결이 넘실거린다.

서울 시내의 승용차 행렬처럼 산에서도 사람들의 적체현상이 일어난다. 어쩔 수 없는 노릇이다. 서울 속에 버티고 있는 산이기에, 신선이 되고 싶은 서울 시민들이 많이 몰려들고 있음은 어쩌면 미덕일지도 모른다. 이런 북새통에서도 선경을 느끼거나 사람들의 적체를 피해가는 산길이 삼각산에는 얼마든지 있다. 산꾼들이 만들어낸 신조어 '避人 코스'다. 경험과 체력을 갖춘 사람들에게 권할 만한 곳의 하나로 의상봉(義湘峰)능선을 소개한다.

경기도 고양시 신도읍 효자리에서 의상봉에 올랐다가 대남문까지 이어지는 5킬로미터. 소요시간 3, 4시간, 8개의 크고작은 봉우리를 오르락내리락 해야 하고 5개의 옛 성문을 거치는 길이다. 크게 위험한 곳은 없다. 그러나 체력소모가 많은 길이므로 미리 식수와 간식을 준비해야 한다.

156번 버스 종점(북한산성 입구)을 출발, 차도를 따라 대서문 누각으로 오른다. 남동쪽으로 의상봉이 높게 쳐다보인다. 성벽 안쪽길을 따라 바로 오르막길이 시작된다. 완만한 경사의 성곽길이 끝나면서 경사가 급한 바윗길로 올라가야 한다. 바위 사면에 발디딤홈이

의상봉능선 안내도

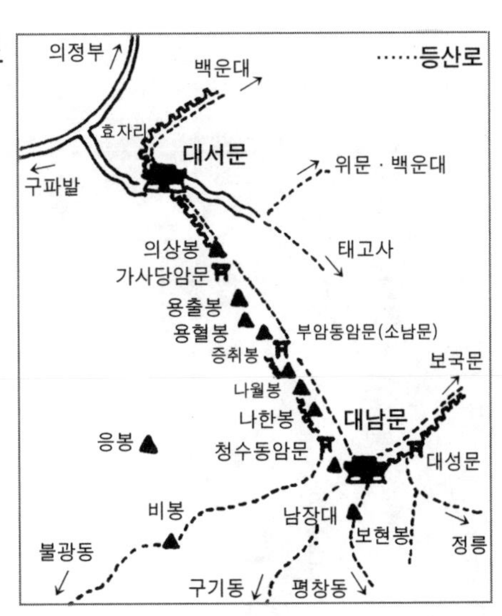

일정한 간격으로 패어 있다. 약간의 스릴을 즐길 수 있는 길이지만 정상까지는 계속 가파른 오름길이므로 초장에 녹초가 된다.

의상봉 정상까지는 1시간~1시간 30분이면 충분하다(버스종점부터). 정상에서는 북쪽의 원효봉-백운대-만경대에 이르는 능선과 남서쪽 비봉능선의 조망이 아름답다. 짐승처럼 솟구치고 싶다. 시간과 공간을 뚫어 날고 싶은 봉우리다.

의상봉 넘어 거의 평지와 같은 길을 편안하게 내려가면 국령문에 닿는다. 다시 경사가 급한 두 번째 봉우리를 오른다. 의상봉보다 더 높은 봉우리지만 그다지 힘든 편은 아니다. 제2봉에서 내려가다 보면 높이 4, 5미터의 낭떠러지를 만나게 된다. 왼쪽으로 돌아 내려갈 수도 있으나 그대로 손잡이와 발디딤을 찾아 하강하는 것이 수월하다.

낭떠러지 아래 쪽에 조그마한 예쁜 소나무 한그루가 바위틈으로 삐져 나와 있다. 이 소나무가 곧 확보물이 된다. 소나무등에 발을 딛고 뛰어내리기도 하고, 바위를 안은채 오른발을 벌려 천천히 내려올 수도 있다. 제4봉을 넘어 평편한 안부길에 원각암문이 나타난다. '소

짜릿한 바윗길은 언제나 산꾼을 부른다

남문'이라는 표지판이 붙어 있다. 제5봉은 곧 병풍바위 형용이다. 처음에는 바위 뒤 사면을 오르다가 다시 전면으로 나와 수평이동한다. 5봉과 6봉 안부 사이에 갈림길이 나타난다. 오른쪽으로 떨어지지 말고 곧장 능선으로 올라가야 한다. 7봉을 넘어가면 가사당문(암문표지판). 문을 통과하여 오른쪽으로 내려가면 비봉능선이고, 곧바로 올라가면 남장대-대남문에 이른다. 8개의 봉우리를 오르내린 끝에 맛보는 상쾌함과 성취감이 이만저만 큰게 아니다. 우리네 생의 기복과 파란중첩, 행과 불행, 슬픔과 기쁨을 생각하게 하는 길이다. 오르는 길의 어려움과 힘듦이 있으면 내려오는 길의 편안함과 여유가 있다. 이것이 산의 법칙이다. 이렇게 오르내림의 법칙과 삶의 이치를 깨닫게 하는 코스가 의상봉능선이다.

3, 4년 전만 해도 이 길에서는 사람을 만나기가 힘들었다. 혼자서 울창한 잡목숲을 헤쳐가다 보면 나타나는 사람이 오히려 무서울 정도였다. 최근 1, 2년 사이에 이 코스를 오르내리는 사람이 점차 늘었다. 그러나 아직도 고요하고 호젓한 길이어서 사람들을 만나는 일이 그런대로 반갑기도 하다. (1990)

태고사와 중흥사 터

이 산 중에 왜 이 무거운 돌덩이들을 쌓았을까. 험준한 암봉들의 사이사이를 막고, 산세가 낮거나 평편한 곳마다 축성해 놓은 선조들의 뜻은 무엇일가. 또 곳곳에서 발견되는 옛 기와 조각들, 쓰러져 방치돼 있는 비석들, 석물(石物)들…. 이것들은 모두 무슨 사연을 지니고 있는 것일까. 삼각산을 오르내리며 이런 의문들을 갖지 않을 수 없다. 삼각산과 북한산성에 관한 이같은 의문들은 몇 가지 옛 문헌을 통해 극명하게 풀어진다. 조선조 숙종때의 중 성능(聖能)이 기록한 「북한지(北漢誌)」(목판본), 「동국여지승람」, 이중환(李重煥)의 「택리지」, 「동국여지비고」, 「태고지리」, 이덕형(李德馨)의 「중흥산성 看審書」, 세종실록의 「지리지」, 「무학대사 행적기」, 「효종실록」, 「숙종실록」 등이다. 현대에 와서도 손경석(孫慶錫)의 「북한산」, 이숭녕(李崇寧)의 「북한산의 지리적 고찰」 등이 중요한 문헌으로 꼽힌다.

이같은 기록들을 종합할 때 북한산성은 삼국시대에 이미 그 일부가 축성된 격전지였음을 확인하게 된다. 고구려 백제 신라가 서로 뺏고 빼앗겼던 요새이기도 하다. 온조 · 비류가 이 산에 최초의 성을 쌓았다는 기록이 있다. 고려 태조 왕건은 서기 918년 이 산에 대찰 중흥사(重興寺)를 창건한다. 고려 고종 19년(1232)에는 몽고군과의 전투가 있었고 거란이 침입했을 때는 이 곳에 고려 태조의 재궁(梓宮 · 임금의 관)을 옮겨온 일도 있었다. 조선시대가 열리면서 북

북한산성 내부 안내도

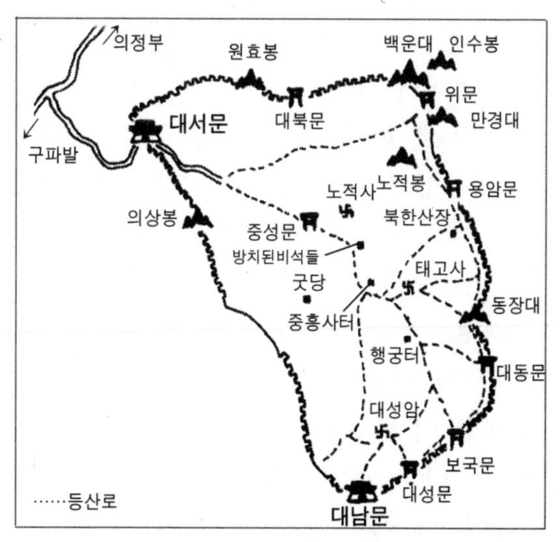

한산성은 더욱 중요한 역사의 배경이 된다. 임진 · 병자의 외침 끝에 도성 외곽의 축성론이 일고 마침내 왕명으로 대대적인 축성공사를 벌여 숙종37년(1711) 총연장 8킬로미터에 걸친 산성이 완성된 것이다. 북한산성 내부는 그러므로 삼각산의 속살이자 역사의 핵(核)이다. 외침시 왕궁은 물론 도성 사람들도 모두 이곳에 들어와 살 수 있도록 설계되었다. 또 하나의 서울이라고 할 수 있다. 이곳에 행궁 · 내전 · 외전 · 호조창 · 훈련도감 유영 · 금위영 등이 있었다는 것도 기록은 전한다. 화재에도 소진하지 않고 수재에도 함몰되지 않는 그런 시설들이 분명 있었다고 하나 지금은 어디쯤인지조차 가늠할 수가 없다. 다만 산성 내부의 중심부에 중흥사 터가 있고 그 위에 태고사가 자리잡아 이 두 절의 중요함을 일깨워준다.

지난해까지만 해도 주능선에서 태고사로 내려가는 길은 통행금지 구역이었다. 북한리에서 태고사로 올라가는 길 역시 신도증이 없으면 통과되지 않았다. 올해부터 등산로가 트여 아는 사람들만이 오르내린다. 백운동계곡 또는 중흥동계곡이라고도 하는 이 계곡길은 인수봉 북쪽의 무릉도원 계곡과 함께 삼각산 최후의 비경이 될 것이다. 그만큼 사람들로 인해 오염되지 않아 물과 암반이 모두 깨끗하다. 이 계곡에는 지금도 가재와 피라미 등이 많이 서식한다. 여름에는 시원하고 물이 차서 3분 이상 발을 담글 수 없다. 겨울에는 춥고 적설량이 많다. 서북향이 돼서 혹한의 바람이 올라온다. 요즘같은 녹음 철에는 숲이 우거져 하늘을 가리는 곳도 여러 군데다. 삼림욕을 하기에 안성맞춤이다.

주능선에서 태고사로 내려가는 길은 여러 갈래다. 노적봉, 북한산장, 동장대, 대동문, 보국문, 대성문, 대남문에서 각각 내려갈 수 있다. 북한산장을 경유하여 내려갈 때는 산장 건물 옆에 쌓인 탑신의 잔해를 주목하게 된다. 용암사(龍岩寺)석탑이다. 북한산성 축성 후 승려 성능이 세운 용암사. 성능은 당시 산성 안에 주둔했던 승병 4백여명을 총괄 지휘했던 승군사령관(8도 도총섭)으로, 용암사는 그 휘하 승군들이 주둔했던 절의 하나였다.

오늘날 많은 사람들은 넓은 마당의 북한산장에서 맛있는 점심을 먹고 약수로 목을 축인다. 그런데 여기가 바로 용암사 절터이며, 역사가 숨어져 있는 곳임을 아는 사람들이 얼마나 될까. 절은 흔적도 없이 사라졌고 탑비는 부서진 채 나뒹굴어져 있을 뿐이다.

북한산장에서 중흥사 터로 내려가는 길은, 넓은 산장 공터 아래 화장실 건물을 끼고 열리는 오솔길로 들어서야 한다. 하늘을 가릴 듯한 숲길이다. 동장대에서는 철삿줄 하나가 걸려있는 서쪽 능선길로 나아가면 된다. 능선상에서 백운대 쪽 조망과 남쪽 연봉들의 병렬이 아름답다. 대동문에서는 서쪽 계곡으로, 보국문 · 대성문에서는 서북쪽 계곡으로, 대남문에서는 북쪽 계곡으로 각각 떨어져야 한다. 이 계곡들은 산굽이를 휘돌아 흐르다가 모두 합쳐져 중흥사 터 앞의 백운동 계곡을 이룬다. 옥수에 뛰어들고 싶을 만큼 맑고 깨끗하다. 어느쪽에서 내려오든 주능선에서 중흥사 터까지는 30, 40분 정도가 소요된다.

대남문에서 야호샘을 거쳐 10분쯤 내려가면 대성암이다. 숲속 개울을 끼고 내려가면 철조망의 잔해가 남아있으나 그대로 넘나들 수 있다. 잡목과 잡초더미 사이로 '금위영' 이전터임을 알리는 비문이 큰돌 면에 가득 새겨져 있다. 비석을 보호할 아무런 방책도 설치되어 있지 않다. 태고사의 왼쪽 잡풀 우거진 곳이 행궁터. 1712년 1백20여칸 규모로 지어졌다는 행궁은 피란시 역대 국왕들의 옥새와 사서 · 금은옥책 등을 보관했다고 한다.

계곡을 따라 내려가는 길에서 보면 곳곳에 이끼 낀 축대가 쌓여 있다. 더러는 허물어진 채 억새풀만 무성하다. 축대 위에는 분명 역사가 숨쉬던 어떤 '집'이 있었을 터인데….

태고사 뒤편에 '원증국사탑비(圓證國師塔碑 · 보물 제749호)'가 서 있고, 대웅전 옆에 '원증국사탑(圓證國師塔 · 보물 제611호)'이 비각 안에 보호되어 있다. 원증은 고려말의 국사(國師)이자 왕사(王師)인

옛 번영을 알리는 백운동 비석거리

보우(普愚 · 호는 太古)의 또 다른 이름이다. 보우는 1341년 삼각산 중흥사(重興寺)의 주지로 임직하면서 이곳에 개인의 수도처인 동암(東庵)을 창건한다. 보우가 입적한 후부터 동암은 태고암(太古庵)으로 불렸으며 이후 몇차례 중수를 거치다가 조선조 병란과 한국전쟁의 폭격에 완전히 부서져 절터만 남고 말았다. 이후 1970년대에 들어 지금과 같은 대웅전과 요사채를 복구하였다. '원증국사탑비'는 당대 명신 이색(李穡)이 비문을 짓고 명필 권주(權鑄)가 썼다. 비문을 자세히 살펴보면 판문하(判門下) 최영(崔瑩), 문하시중(門下侍中) 이성계(李成桂)등이 원중의 문도(門徒)로 새겨져 있음을 알 수 있다.

태고사 아래 백운동 계곡 오른쪽에 길이 1백여 미터, 높이 5미터의 2단축대로 조성된 넓은 터가 나타난다. 고려때의 대가람 중흥사가 자리 잡았던 곳이다. 공터에 올라 사위를 둘러보니 과연 명당이라고 할 만하다. 에워싼 삼각산 연봉들이 마치 연꽃같다. 산기슭을 뒤엎은 울창한 숲도 원시림을 연상시킨다. 이 산골짜기에 이만큼 양지바른 큰 터가 있다니! 중흥사는 고려 태조가 창건하고 보우대사가 중수한 절. 조선초에 북한산성을 축성한 뒤부터 대찰의 면모를 갖추었는데 모두 136칸에 승군을 총지휘하는 승영(僧營)이 설치돼 있었다. 1915년 홍수(화재설도 있음)로 무너진 뒤 지금까지 중건되지 못하고 있다. 매월당 김시습(每月堂 金時習 · 1435-1493)은 이 절에서 공부하다 단종 양위 소식을 듣고 자신의 모든 책과 시문을 불살라 버렸다고 한다. 그리고 중이 되어 전국을 방랑하며 세상과 시대의 불우함을 읊었다.

중흥사 터를 뒤로 하고 다시 숲속 계곡길을 내려간다. '…나에게 산속 경치 묻는다면 솔바람 소슬하고 달은 시내에 가득하다 하리(君若問我山中境 松風蕭瑟月滿川)'라는 '태고암가(보우作)'가 지어진 까닭을 깨닫게 되는 선경이다. 그러나 이같은 감동은 조금 더 내려가

옛 영광이 서려있는 태고사터와 원증국사탑비의 비각

서 하나의 안타까움과 아쉬움을 남기게 한다. 길섶에 동강난 옛 비석과 비개석들이 아무렇게나 나뒹굴어져 있다. 금방 무너지거나 쓰러질듯한 비석들도 많다. 분명한 역사의 유적들이 이처럼 무방비상태로 방치돼 있는 까닭은 무엇인가.

북한산성 내부의 이 구역은 정밀한 학술조사과정을 거쳐 원형대로 복원, 보존되어야 한다고 생각한다. 일반인들의 훼손을 막기 위한 대책도 시급하다. 문화재관리국이 눈 크게 뜨고 이곳에 주목해야 한다. 국립공원관리공단은 입장료 징수하는 것만이 능사가 아니라, 이 구역 자연환경과 유적보호를 위해 발벗고 나서야 할 것이다. (1990)

4대 70년 이어온 '백운산장'

백운대와 인수봉 아래에 자리잡은 '白雲山莊'은 많은 산악인들 사이에 한국산악운동사의 보금자리로 일컬어진다. 백운대 · 인수봉을 오르내리는 국내외 클라이머들의 캠프이자 대피소, 조난구조본부의 역할을 해온 곳이기 때문이다. 더군다나 이 산장 주인 이영구(李永九)씨는 4대 70년동안 이곳에서 살고 있는 북한산의 살아있는 역사이며, 온갖 조난구조의 첨병이기도 하다.

이 백운산장이 지난 12월 15일 아침의 화재로 지붕과 내부가 모두 불타고 말았다. 산악인들이 애용하던 나무 침상과 나무 탁자 의자 등이 모두 흔적도 없이 사라졌다. 알루미늄 창틀도 검게 그을렸다. 뻥 뚫린 지붕에 간이 천막이 일부 하늘을 가리고 있을 뿐이다. 한마디로 참담한 모습이다. 지난 일요일인 14일 낮 등산복 차림의 중년 사내 한사람이 이영구씨를 껴안고 울음을 터뜨렸다.

"형님이 어떤 분인데 이런 화(禍)를 당해야 합니까" 그 사내는 20여년 전 이영구씨에 의해 구조된 적이 있는 등산객이라고 했다.

화재는 이영구씨가 하산한 사이에 일어났었다. 당시 산장에는 일본인 클라이머 2팀(5명)이 이른 아침을 먹고 암장으로 출발한 직후 산장 관리인(이씨의 친척)이 잠시 화장실에서 나와 보니 검은 연기가 온통 치솟아 순식간에 내부와 지붕을 불태웠다는 것이다.

"이 집은 내 집이 아니라 산사람들의 집입니다. 1960년대 초 산 좋아하는 사람들이 우이동에서부터 양회와 모래를 져 날라 지었지요.

화재로 응급조치를 한 산장(위)과, 따뜻한 손길로 아름답게 새 단장한 현재의 산장(아래)

도선사 길도 나기 전입니다. 제 대(代)에 만큼은 아무 말썽 없이 지킬 줄 알았는데…"

이영구씨의 시름은 화재 자체에 대한 피해나 아픔보다도 이를 복구하는 과정의 여러 가지 행정적 어려움들이 가로놓여 있어 더욱 크다. 현재 산장 땅은 국유지로 돼있고 건물은 이씨 명의로 등기가 돼 있으나 이를 개축 또는 복구하기 어렵다는 관계당국의 통보를 받았기 때문이다. 어쩌면 4대 70년에 걸친 산중생활이 자신의 대에서 끝날지도 모른다는 안타까움에 밤잠을 이룰 수가 없다.

이씨의 조부인 이해문(李海文)씨가 이곳에 정착한 것은 1920년대, 당시 일경(日警)에 쫓기다가 이곳으로 숨어든 이후 약초와 산나물을 채취하고 나무를 하면서 어렵게 살아왔다. 이씨의 아버지 이남수(李南壽)씨 대(代)부터 이들 가족은 산중 조난자 구조에 나서게 된다. 아버지가 교통사고로 타계하기 전 "삼각산을 지켜야 한다"는 할아버지 유언을 이씨에게 전했다. 당시 서울과 이곳을 전전했던 이씨와 동생 경구씨는 이 유언에 따라 55년부터 백운산장에 정착했다. 이씨의 동생 경구(瓊九) 씨는 현재 인수봉 아래의 인수산장을 관리하고 있다. 이씨의 장남 건(建) 씨도 산장에서 살며 아버지를 돕는다.

이씨가 원로 · 중진 산악인들로부터 이형이란 애칭으로 불려지는 것도 아버지의 것이 그대로 물려진 것이다. 1958년 1월 중순께였다. 밤 12시에 조난연락을 받은 이씨는 한 동의 로프를 갖고 눈보라치는 백운대 현장으로 달려갔다. 동도 고교생 8명이 혹한과 허기에 탈진한 채 눈덮인 바위구덩이 속에 갇혀 있었다. 6시간 사투 끝에 마지막 학생을 끌어올렸을 때는 어둠이 거의 가신 새벽녘이었다.

1958년 여름에는 인수봉에서 추락한 외대생을 들쳐업고 우이동까지 내달아 살린 일도 있었다. 만경대 절벽에 갇힌 경성중학생 4명을 밤11시에 달려가 밤새도록 횃불을 밝혀 잠들지 말라고 고함치던

백운대와 인수봉 아래 백운산장을 4대 80여년 한국 산악운동의 보금자리를 지켜오는 이영구 씨(右)와 아들 건(左)

일도 잊혀지지 않는다. 1971년 11월 7명의 젊은 목숨을 앗아간 인수봉 참사는 지금도 가슴을 메이게 한다. 암벽 아래 쓰러진 50여명을 구조하다 보니 정작 암벽에 매달린 조난자들에게는 손쓸 겨를이 없었다.

1983년 이곳에 처음으로 산악구조대가 상주할 때까지는 이씨 형제가 모든 조난구조의 첨병을 도맡아 해온 셈이다. 이씨의 소원은 이제 불탄 산장을 복구하여 산악인들에게 보다 쾌적한 쉼터를 제공하는 일. 이 일을 위해 벌써부터 많은 산악인들이 서명운동 · 모금운동을 벌이고 있는 것은 흐뭇한 일이다. (1990)

인수봉 뒷길

햇살에 빛나는 인수봉 벽을 바라볼 때마다 가슴이 뛴다. 올라오라 올라오라고 손짓하는 것만 같다. 거대한 보석과도 같은 저 매끄러운 바위의 피부에, 젊은 클라이머들이 개미들처럼 붙어 있다. 장엄하고 위압적이면서도 빼어나게 잘 생긴 바위다. 그래서 산 타는 사람들에겐 반드시 오르고 싶은 봉우리이기도 하다. 그러나 봉우리는 아무 때고 누구에게나 다 오르기를 허용하지 않는다. 암벽등반을 배우고 훈련을 거듭하고, 기술을 쌓은 다음에라야 가능하다. 또한 일기가 좋은 날을 택하는 것이 필수적이다. 무엇보다도 먼저 산을 겸허하게 조심스럽게 대하는 정신자세를 갖춰야 한다. 이 봉우리에서 일어났던 여러차례의 대형 참사도 따지고 보면 젊은 혈기만의 무모함과 기상변화 때문이었음을 상기할 필요가 있다.

어느 해 여름이었다. 인수봉을 뒤쪽(뒤쪽 암릉)으로 오르기 위해 후배 산친구와 함께 인수산장을 출발했다. 산장에서 계곡쪽으로 내려가서 왼쪽 기슭으로 올라붙었다. 산자락을 여러차례 휘돌아 30여분만에 인수봉 북릉 동쪽 슬랩에 이르렀다. 어림으로 50여미터쯤 돼 보이는 바위벽이지만 틈틈이 나무들이 박혀 있고 손잡이와 발디딤이 가능할 것 같아 오르기 시작했다.

처음 20여미터는 쉽게 올랐으나 다음부터 난관이 나타났다. 후배의 등을 딛고 올라 1.5미터 길이의 슬링을 내려뜨렸다. 후배가 이걸 잡고 올라왔다. 다음 벽에서는 슬링이 닿지 않아 내 슬링에 연결하

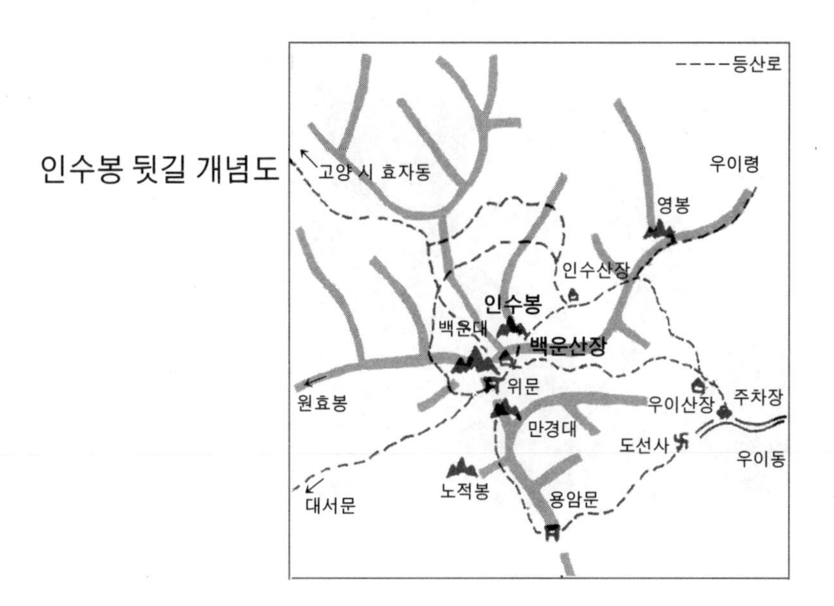

인수봉 뒷길 개념도

기도 하였다. 이 곳에 박혀 있는 나무들은 처음 생각과는 달리 믿을 만한 것이 못되었다. 나뭇가지를 잡고 힘을 가하면 금세 뿌리가 뽑힐 듯 들썩들썩거렸다. 바위나 돌모서리도 부스러지는게 많았다. 낙석의 위험이 따랐다.

천신만고 끝에 능선 위에 올라섰으나 이제부터가 큰일이었다. 오른쪽은 천인단애! 위쪽은 오를 수 없는 바위벽이 가로막고 있지 않은가. 인수봉 철모바위가 거의 눈높이 정도로 건너다 보였으므로, 정상 바로 아래에 와있음을 감지했으나 더 이상 올라갈 수가 없었다. 당시 우리에게 30미터 정도의 보조자일 등 장비가 있었다면 정상을 충분히 오를 수 있었다고 생각한다. 우리는 맨손으로 이만큼 올라왔다는 데 자족하며 조심스럽게 내려왔다. 내려오는 바윗길의 어려움은 그야말로 사투(死鬪) 그것이었다. 따라서 인수봉 정상은 장비 없이 오를 수 없다는게 우리의 결론이었다. 그러나 우리는 그날 하산 길에서 대단히 아름답고 호젓한 등산로를 발견했다. 인수봉 북쪽능선 아래쪽에서 서쪽으로 몇 차례 산굽이를 휘돌아 숨은벽 능선에 오르고, 능선을 따라 하산하거나 능선 왼쪽으로 떨어져 깨끗한 계곡으로 하산하는 길이다.

인수봉의 감춰진 모습. 앞면과 뒷면의 차이가 극명하다

숨은벽 능선에서 그대로 위쪽(남쪽) 바윗길로 올라가 백운대에 이를 수가 있고, 백운산장으로 내려갈 수도 있다. 이 길에서는 배낭에 넣어둔 암벽화를 꺼내 갈아신는 것이 미덕이다. 숨은벽 능선에서 서쪽 골짜기로 내려갔다가 백운대 서편 원효능선으로 오르는 희미한 길이 이어져 있다. 원효능선 안부에 올라 바로 남쪽 골짜기로 내려가면 약수암이다. 약수암까지는 역시 불투명한 돌밭길이지만 되도록 왼쪽 산허리를 끼는 듯이 내려가야 한다.

인수봉 뒷길, 인수산장에서 인수봉 북쪽능선, 숨은벽능선, 원효능선에 이르는 이 코스는 사람 왕래가 적고 오염되지 않아 산내음이 물씬 풍기는 곳이다. 그러나 자칫 길을 잃기가 쉽다. 지도와 나침반을 휴대하고, 능선의 개념을 파악한 사람들에게 권하고 싶은 길이다. 주의할 것은 인수산장에서 50여미터쯤 아래로 내려와 왼쪽 기슭에 붙어야 하고, 역시 조금 내려간다는 기분으로 산굽이를 돌아 길을 잡아야 한다. 너덜지대에서 길이 끊긴 듯하나 위아래를 잘 살피면 된다. 이렇게 하여 산굽이를 8차례 옆으로 돌고, 오르내림을 계속하다보면 인수산장을 떠난 지 1시간여 만에 숨은벽능선에 이른다. 능선에서 남쪽으로 쳐다보이는 인수봉과 숨은벽 · 백운대 암봉들의 파노라마가 과연 장관이다. (1990)

숨은벽 능선

산이 외롭다. 산에 오르는 사람도 외롭다. 그래서 '숨은벽'이라는 이름이 붙여졌는지 모른다. 아마 이 작명을 한 사람도 무척 외로운 사람이었을 것이다. 산등성이가 큰 산등성이들에 가려져서 잘 눈에 띄지 않는다. 아니 스스로 저를 감추어 숨어 있는 것도 같다.

산꾼들에게만 알려진 숨은벽은 북한산 백운대와 인수봉의 명성에 눌려 있는 바위벽이다. 백운대 · 인수봉 사이에 끼여 숨죽이듯 북쪽으로 뻗어 있다. 고요하다. 빼어나게 아름다운 봉우리를 가지고 있지는 않지만 상단부 양면 화강암 벽의 높이가 80미터쯤은 된다. 맑은날 햇볕을 받으면 인수봉 슬랩만큼이나 빛나는 보석이라고 느껴진다. 이 벽은 암벽등반을 하는 젊은이들의 훈련장이다.

내 젊은 방황을 추스려
시를 만들던 때와는 달리
키를 낮추고 옷자락 숨겨
스스로 외로움을 만든다
내 그림자 도려내어 인수봉 기슭에 주고
내 발자국소리는 따로 모아 먼 데 바위 뿌리로 심으려니
사람이 그리워지면
눈부신 슬픔 이마로 번뜩여서
그대 부르리라

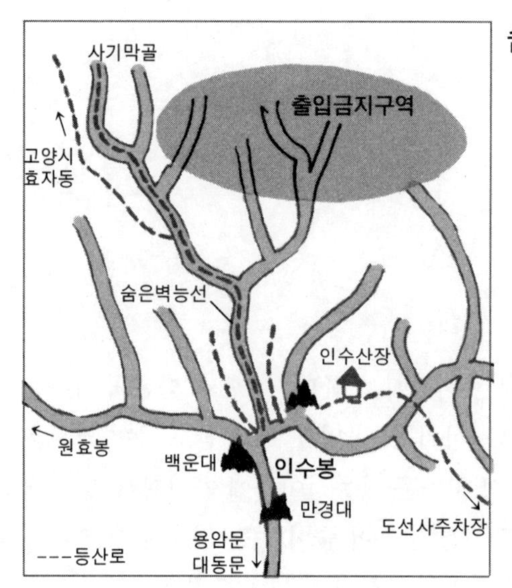

숨은벽능선 안내도

오직 그대 한몸을 손짓하리라

지난 봄에 발표했던 나의 시 <숨은 壁> 전문(全文)이다. 이 시에서의 형식적 화자는 물론 숨은벽 자체이지만, 필자 자신으로 보아 무방하다. 숨은벽이라는 대상을 사람이 파악하고 체험하는 시각이 아니라, 숨은벽과 사람이 일체가 되어 인간적 삶과 자연을 바라보는 태도라고 해석하면 될 것이다.

이 시를 쓴 것은 지난 겨울이다. 그러나 내가 숨은벽 능선을 사랑하게 된 것은 여러해 전부터이다. 인수봉 뒷길과 숨은벽능선에서는 이상하게도 신비의 냄새, 원시의 냄새, 풋풋한 영혼의 냄새가 나는 것 같았다. 똑같은 삼각산이지만 전면(동,남,서쪽)에서 나는 산냄새와 후면(북쪽)에서 나는 산냄새가 확연하게 다르다고 느껴졌다. 등산화 바닥에서 전달돼 오는 흙과 바위의 감촉도 달랐다. 이름모를 풀꽃이나 나무들도 더 싱싱하고 윤기가 도는 것처럼 보였다. 나는 숨은벽 능선에 오를 때마다 '외로운 산의 행복'을 폐부 깊숙이 들이

인수봉과 백운대 사이 뒤쪽에 숨어 있는 암릉길

마셨다. 이곳이 이처럼 건강한 생명력으로 충만해 있는 것은 아마도 사람들의 발길이 많이 닿지 않기 때문일 것이다. 동북쪽의 육모정계곡, 북쪽의 사기막골계곡 등과 함께 이 일대가 오랫동안 출입통제지역으로 묶여 있는 것도 한 원인이 된다. 또 인수봉 뒤쪽의 애매한 등산로와 숨은벽 정상에서 내려오는 짧지만 험한 바윗길도 쉽게 사람들의 접근을 허용하지 않는다.

숨은벽 능선은 산의 외로움과 산의 마음을 터득한 사람들에게 권하고 싶은 길이다. 수통과 약간의 간식을 준비하고 바위에서 바꿔 신을 암벽화를 갖추었다면 더욱 좋다. 초행자는 이 길의 경험자와 동행하는 것이 안전하다. 인수산장에서 수통에 물을 채우고 수덕암을 거쳐 오른쪽 자그마한 능선길로 붙어야 한다. 오른쪽으로 인수봉 남동벽을 오르는 클라이머들의 모습이 아주 가까이서 보이는 길이다. 능선 왼쪽으로는 깔딱고개를 넘어 위문으로 오르는 등산객들의 행렬이 내려다보인다. 인수산장을 출발한지 1시간이면 백운대와 인수봉 사이 숨은벽 정상에 이른다. 이곳에서 북으로 뻗어내린 바위 능선 양면이 곧 숨은벽이다. 몇차례 바위봉우리를 오르락내리락하거나, 옆으로 돌면서 내려가면 20여미터의 경사가 급한 내리막 바윗길이 나타난다. 마땅한 홀드가 없으므로 두 발과 두 손바닥. 그리고 엉덩이를 붙이면서 천천히 내려가야 한다.

최초의 갈림길에서는 곧바로 능선으로 나아가 숲속길로 들어서게 된다. 편안한 길이다. 두 번째 갈림길에서는 왼쪽으로 떨어지면 폭포수 계곡길을 거쳐 효자동으로, 능선으로 내려가면 사기막골이다. 암반이 넓고 물이 깨끗한 왼쪽 계곡길은 마치 작은 천불동 계곡을 연상시킨다. 마음에 세속의 시간을 묻혀오거나, 배낭에 도시를 가득 담아 오는 사람들에게 숨은벽 능선은 거부의 몸짓을 보일 것이다. 이런 사람들에게는 영원히 '숨겨두고 싶은' 길이다. (1990)

백운대 철책 길 안전한가

일요일 백운대 철책길은 몸살을 앓는다. 사람들에게 부대껴서 그로기상태가 된다. 쇠줄을 잡고 오르내리는 사람들도 적체현상을 빚는다. 성급한 사람들은 마구 다른 사람들을 앞질러 바위를 기어오른다. 남의 발을 밟거나 몸을 밀치는 일도 많다. 참으로 불안하고 질서가 없는 풍경이다. 만약에 저 철책 하나라도 무너지는 날이면… 생각만 해도 끔찍해진다.

지난 7월은 섭씨 30도가 넘는 무더운 날씨였는데 삼각산을 찾는 등산객들의 행렬이 줄을 이었다. 특히 백운대 아래 위문 일대는 마치 시장바닥을 연상시킬 만큼 북적거렸다. 회사원 50여명과 함께 단체산행을 왔다는 K씨는 손바닥의 상처에 머큐로크롬을 바르며 공원관리사무소를 나무랐다.

"쇠줄을 잡고 내려오다가 상처를 입었어요. 쇠줄 곳곳에 가는 철사들이 뭉쳐서 튀어나와 있습니다. 나 뿐만이 아니라 우리 일행 중 네 명이나 다쳤습니다. 이런 위험을 미리 제거해야 할 책임이 공원관리사무소에 있는 것 아닙니까. 저렇게 많은 사람들이 몰리고 있는데도 안전요원 하나 찾아볼 수 없으니…."

철책을 오르내리면서 유심히 살펴보았다. 실제 가는 철사들이 돌출돼 상처를 입힐 수 있는 부분들이 의외로 많음을 발견했다. 이튿날 북한산관리사무소에 전화를 걸어 철책의 안전유무와 대책을 물었다. 관리사무소측은 다음과 같이 대답했다.

"분소에서 봄, 가을 정기점검을 하는 외에 수시로 안전 점검을 한다. 가는 철사가 돌출된 부분은 가죽으로 감아 놓았다. 쇠줄이 너무 노후돼 곧 교체작업을 할 계획이다. 안전요원은 있으나 인원이 적어 한 곳에만 머무를 수는 없다."

관리사무소로서는 아무런 잘못이 없다는 주장처럼 느껴진다. 그러나 점검을 그때그때 제대로 하고, 가죽으로 철저히 감아놓았다면 왜 여기서 피를 흘리는 사람들이 속출하는 것인가. 또 안전요원을 이같이 사람이 많이 몰리는 위험지역에 상시 배치하지 않고 어디에 배치한다는 이야기인가. 나로서는 위문 위 바윗길 입구에 안전수칙 표지판을 크게 세우고 이곳에서 이 수칙을 계도하는 안전요원이 상주해야 한다고 생각한다. 가령 안전요원이 적당한 간격을 두고 사람을 올려보낸다거나, 술 취한 사람, 하이힐, 단화, 슬리퍼를 신고 오르는 사람, 노약자 등을 제지해야 마땅할 것이다.

서울시 산악연맹 김운영 부회장은 "백운대 철책은 철책 자체의 안전도는 괜찮아 보인다. 그러나 한꺼번에 수백명의 사람이 모두 손으로 붙잡고 가기 때문에 위험이 상존한다. 가령 위에서 덩치 큰 사람 한 명이 어쩌다 떨어진다면 대형참사가 날 가능성도 있다. 일요일에는 안전요원이 고정 배치돼 절벽에서 한사람 한사람 다 오른 뒤 오르게 해야 한다" 고 조언한다.

대한산악연맹 강호기 전무는 "쇠줄이 노후돼 교체한다는 것만이 능사가 아니다. 닳은 쇠줄은 매끈매끈해서 상처입을 염려가 없고 오히려 새로 교체한 쇠줄에서 부상의 가능성이 높다. 더 섬세한 점검과 철저한 관리가 중요하다"고 말한다.

강 전무는 또한 북한산관리사무소 직원들의 복장부터 우선 통일되고 위엄을 갖추어야 한다고 지적한다. 법 집행자로서의 위엄을 보일 때 등산객들이 말을 잘 듣게 될 것이라는 생각이다. 백운대 철책은

삼각산의 최고봉 백운대. 항상 사람들로 몸살을 앓는다

일제 때인 1927년에 완공되었다고 한다. 이후 서울시, 각 산악단체 등에서 여러차례 보수, 보완, 신설을 거듭하며 오늘에 이르렀다. 철책 선의 안전도는 확실하다 하더라도 사람들의 폭주, 기상변화, 낙석 등으로 인한 대형사고의 위험이 항상 도사리고 있다. 따라서 등산객의 안전은 공원관리사무소에만 맡길 것이 아니라 등산객 스스로도 갖추고 지키는 지혜가 필요하다. 쇠줄을 잡고 오를 때는 면장갑을 착용하고, 앞사람과 안전거리를 유지하며, 오르는 사람에게 내려가는 사람이 길을 양보하는 등 등산수칙을 지켜야 할 일이다.(1990)

우이동 시인들

삼각산 산자락을 끼고 있는 동네는 많다. 이 여러 동네 가운데서도 특히 우이동에는 문화 · 예술계 인사들이 많이 살고 있어 주목을 끌게 한다. 1980년대 중반 이곳에 사는 5명(이생진, 신갑선, 채희문, 홍해리, 임보)이 동인회를 결성하고 1987년 봄부터 <牛耳洞>이라는 시동인지를 발간하기 시작했다. 아울러 이들은 매월 마지막주 토요일마다 우이동의 한 카페에서 시낭송회를 열어왔다. 현재까지 우이동 시동인지는 11집을 발간했으며 시낭송회는 50여회를 기록하고 있다. 한 동네에 사는 시인들의 단순한 친목 모임이라기보다 하나의 문학운동, 또는 산악 문화운동으로 평가할 만하다.

마음이 가난한 자는
산의 말씀으로 살라하고
나무의 말없음과 바위의 무거움 배우라 한다
맑은 물소리, 바람소리
배불리 먹으라 한다
그리하여 나무가 되고 바위가 되고
산이 되어 하늘을 이면
내게서도 물소리 바람소리가 날까
오늘도 문을 나서며 너를 올려다보고
집에 들며 또 한번 바라보노니

산이여 사랑이여 북한산이여
우리들 혼을 푸는 크나큰 말씀
등이 휘도록 산천초목 지고가는
그대에게 아침 저녁 길을 물으며
못난 시인 다섯 시늉하며 따라가네

이 시는 '우이동 시동인' 5명의 합작시 '북한산'에서 발췌한 부분이다. 동인들 모두 20여년 동안 삼각산 기슭에서 살아왔으므로 삼각산은 곧 이들에게 삶의 한 부분이자 시심의 원천이라고도 할 수 있다. 따라서 삼각산은 이들 시인에게 우리들 혼을 푸는 크나큰 말씀이며 아침저녁 길을 묻는 대상으로까지 자리잡혀 있다. 삼각산의 절대적 가치가 이들로 하여금 우이동에 붙박혀 살게 하고 시동인 · 시낭송 운동을 벌이게 했으며 이같은 삶을 긍지로 여기게끔 만든 것이다.

"20여년동안 우이동 산골짜기에 살며 자주 만나게 돼 자연스럽게 시동인을 이루게 됐어요. 한동네 사람들이어선지 맘도 잘맞고 이상하게 기질도 엇비슷해서 이젠 그냥 가족같고 형제같습니다. 우리는 일주일에 한번씩 만나서 골짝 골짜기를 누비며 산행도 하고 시를 나눠 읽기도 해요. 삼각산은 20년을 한결같이 오르내리고 했지만 산행때마다 새로운 맛이 나는 신비스러움이 있습니다."

그러니까 이들이 우이동에서만 살아오는 이유는 삼각산이 거기 있기 때문이다. 1970년대부터 한창 강남개발이다, 아파트붐이다 해서 너도나도 강남으로 아파트로 이사를 했지만 이들은 우이동 골짜기를 떠날 수가 없었다. 삼각산을 거기 그대로 두고 떠나 산다는 것은 상상하기조차 싫었다. 강남으로 떠난 어떤 사람들은 아파트를 몇 번 옮겨다니면서 크게 재산을 불렸다고도 했다. 그들은 우이동을 고수하는 이 시인들을 가리켜 석기시대 사람들이라고도 불렀다. 그러나 가난한들 어떠하며 어리석은들 어떠하랴. 이들은 모두 자기 자신의 세속적 초라함을 삼각산에 의지하여 정신적으로 넉넉하게 보상받고 또 위안받고 있는지도 모른다.

이들은 모두 50대의 중견시인들이다. 한국시단에서 각각 독특한 자기 목소리와 개성을 지닌 시인들로 평가되고 있다. 이들은 동인시집 <우이동>을 펴낼 때마다 다섯 사람이 함께 집필하는 긴 합작시 한편을 싣는다. 같은 테마를 가지고 각각의 심상과 정서에 따라 기승전결 형태로 시를 전개시켜 맺어가는 작품이다. 재미있는 것은 여러 사람이 썼는데도 한사람이 쓴 것처럼 호흡이 잘 맞고 일관성이 있다는 점이다. 아마도 오랫동안 삼각산의 정기를 함께 받아 시상을 가다듬어 왔기 때문일 것이다.

이들은 지난해 우이동의 1천년 된 은행나무 살리기 운동에 앞장서기도 했다. 우이동 시인들과 주민들, 교수들이 은행나무 살리기 대동제와 촛불 시위를 벌여 베어질뻔한 은행나무를 가까스로 살려냈다. 이들은 한결같이 우이동이 먹고 마시는 유원지가 아니라 서울의 문화1번지가 되기를 희망하고 있다. (1990)

사자능선과 보현봉

햇볕 쏟아지는 날, 광화문 네거리에서 북쪽을 바라보면 눈이 시원해진다. 든든하게 버티고 서 있는 북악봉과 그 오른쪽으로 길게 뻗은 초록색 산자락이 넉넉하기 때문이다. 능선 뒤쪽 멀리 청색의 삼각봉 하나가 손짓하는 듯 높게 걸려 있다. 서울 4대문 안의 어디에서 보아도 잘보이는 이 봉우리가 곧 삼각산 보현봉(普賢峰 · 727m)이다. 널리 알려진 시조 '가노라 삼각산아 다시 보자 한강수야…'의 삼각산은 아마도 이 보현봉을 가리키는 것이 아닐까 생각해 본다. 물론 삼각산은 북한산의 옛 이름이고, 백운대 · 인수봉 · 만경대(국망봉)의 삼각정립(鼎立) 때문에 붙여진 이름이라고 기록에 나와 있다. 그러나 서울 장안에서 잘 보이는 보현봉의 삼각 형태 또한 삼각산이라는 이름과 무관하지만은 않을 것같다.

보현봉을 하루에도 몇 번씩 바라보며 살아온 서울 사람들이기에, 그 봉우리에 오르고 싶은 사람들도 많았을 것이다. 더군다나 그 봉우리는 빼어나게 아름답고 보석처럼 빛을 발하지 않는가. 보현봉은 동,남, 북면에서 오를 수가 있다. 대부분의 사람들은 평창동 매표소를 통과해 계곡으로 들어가 동면으로 오르거나 일선사를 경유하여 역시 동면으로 붙기 마련이다. 또 대남문이나 대성문에서 성벽을 따라 북면 바윗길로 오르는 사람들도 많다.

그러나 아무래도 이 봉우리의 진수를 맛보기 위해서는 구기동 사자능선(보현봉능선) 끝자락에서부터 능선을 경유 남벽(南壁)으로

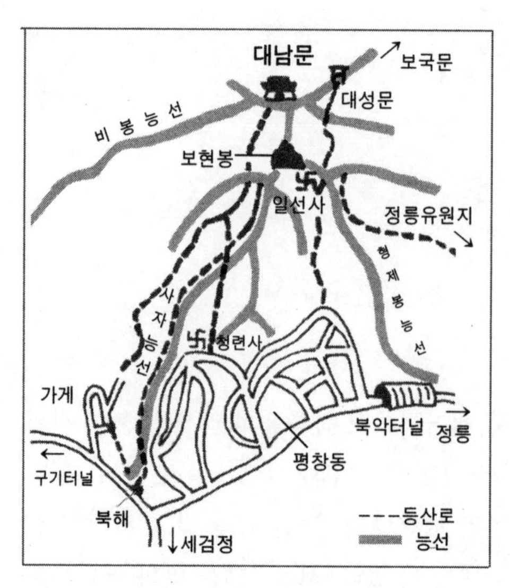

사자능선 안내도

오르는 것이 좋다. 사자가 꼬리를 늘이고 앉아있는 형상이라서 이런 이름이 붙여진 것일까. 좌측으로는 승가사가 자리잡은 비봉능선이 한눈에 들어오고, 우측으로는 형제봉능선이 징답게 펼쳐져 있다. 또 띄엄띄엄 삼각산을 좀먹어 들어온 고급주택들의 뻔뻔스러움도 확인하게 된다. 이 능선길은 흙과 바윗길이 알맞게 조화를 이루어 아기자기한 재미가 있고, 그리 높지 않은 봉우리들을 몇차례 오르내려야 하므로 운동량도 만만치가 않다. 일요일에도 사람들은 많지 않은 편이다. 사자능선 끝자락 등산로에 들기 위해서는 매표소를 거치지 않는 여러 군데의 변칙 등산로 가운데 하나를 선택해야 한다. 구기동에서는 구기파출소 건너편 길 다리건너 구멍가게와 서울 미술관 아래 음식점 북해 옆 골목이 등산기점이다. 매표소를 지나 계곡을 건나가다 오른쪽 산기슭으로 오르는 길도 있다. 평창동에서는 청련사 못미쳐 70미터 지점(차도)에서 왼쪽 산길로 들어서야 한다. 어디에서 출발하든 미리 지도를 읽고 능선의 개념을 파악한다면 어렵지 않게 길을 잡아 나갈 수 있을 것이다.

북해 옆 골목 초입에는 '전심사' 입구라는 조그마한 표지가 보인다.

보현봉에서의 조망. 한강 너머로 서해가 들어온다

주택가 골목을 따라들어가 주택이 끝나는 곳에서 갈림길을 만나게 된다. 오른쪽은 전심사, 왼쪽으로 오르면 20여분만에 능선에 도달하게 된다. 일단 능선에 오르면 오른쪽(북쪽)으로 곧장 나아간다. 보현봉에 이르기까지 몇군데 좌우로 갈림길이 있으나 계속 북쪽 오름길만 택한다면 실수가 없다.

구기동을 출발한지 1시간 30분이면 보현봉 남벽 아래에 도착한다. 6, 7미터 직벽이 위압감을 준다. 잠깐 휴식을 취한 다음 침착하게, 바위 모서리의 손잡이와 발디딤을 확실히 하면서 올라가야 한다. 경험자의 조언에 따른다면 생각보다 수월하게 이 벽을 통과할 수 있다. 또 하나의 남벽 오름길은 오른쪽 30미터 정도의 침니 코스. 경사가 급한 이 바윗길 역시 경험자와 함께 하는 것이 안전하다. 초행자나 자신이 없는 사람들은 다시 후퇴하여 기도원터로 내려가 우회, 동면으로 정상에 오를 수가 있다.

조선시대 세조가 즐겨 올랐다는 보현봉, 맑은 날 정상에 서서 바라보면 한강의 도도한 물줄기가 찬란하고, 멀리 서해바다까지 조망된다. 동북쪽으로 펼쳐지는 백운대, 만경대, 노적봉의 거대한 화강암괴들은 또 얼마나 장엄한가. (1990)

짓밟히는 민족의 얼

사람은 기록으로 역사를 만든다. 모든 역사적 기록은 그러므로 소중하고 마땅히 보존되어야 할 가치를 지닌다. 이같은 중요한 기록을 방치하거나 훼손시킨다면 우리는 그 나라, 그 민족을 결코 문화적이라고 말할 수가 없다. 더군다나 그 민족의 긍지와 자존심이 배어있는 기록을 아무렇게나 내버려두었을 때, 우리는 그것을 무관심이나 건망증의 탓으로만 돌릴 수가 있을까. 불행하게도 우리들 자신이 그러하다는 예의 하나를 삼각산에서 본다.

백운대는 삼각산의 최정상이자 민족정기가 살아 숨쉬는 곳이다. 그 정상, 펄럭이는 태극기 아래 바위에 역사적 사실을 알리는 음각문자(陰刻文字)들이 새겨져 있다. 그러나 비바람과 수많은 사람들의 발길에 닳고 닳아 요즘엔 글씨마저 쉽게 판독할 수 없을 정도다 백운대에 오르는 사람의 대부분은 이 글씨가 무엇을 뜻하는지도 모른 채 글자 위를 마구 밟고 다닌다. 기가 막힐 노릇이다.

이 음각(陰刻)기록은 독립운동가인 정재용(鄭在鎔 · 1886~1976)씨가 3 · 1운동과 관련된 사실의 일단을 후세에 길이 알리기 위해 새겨 놓은 것이다. 특히 주목해야 할 것은 이 기록이 일제 강점치하에서 일경의 눈을 피해 새겨졌다는 점이다. 편편한 바위바닥 네 귀퉁이에는 '敬天愛人'(하늘을 우러르고 사람을 사랑한다)이란 네글씨를 파 넣었다. 그리고 가운데에 독립선언문은 기미년 2월10일 육당 최남선이 썼고, 3월1일 파고다공원에서 정재용이 독립선언 만세를

백운대 정상에 음각되어 있는 민족의 얼

이끌었다는 내용의 한자(漢字) 69자가 해서체(楷書體)로 정성껏 새겨져 있다.

이 글을 새긴 정(鄭)씨는 서울의 경신학교를 졸업하고 고향인 해주에서 의창학교 교감을 역임했으며 지역 기독교인들과 함께 지하 독립운동을 주도한 사람. 광복후 건국포장을 받았다. 3·1운동 전날 밤 그는 서울역에 독립선언서를 부착했으며 남은 한 장을 갖고 있다가 이튿날 아침 거사 장소인 파고다 공원에 잠입했다. 그러나 33인의 민족대표들은 태화관에 모인 채 하오 2시가 돼도 나타나지 않았다. 전날 태화관으로 선언장소가 바뀌었기 때문이었다. 이에 정씨는 목숨을 바치겠다는 각오로 기다리던 군중들 앞에 나아가 독립선언서를 낭독하고 만세를 도창함으로써 3·1운동의 불을 댕겼다.

정씨가 백운대에 언제 글씨를 새겼는지에 대해서는 정확히 알길이 없다. 다만 각자 가운데 「京城府00町」의 「府」와 「町」이 일제치하에서 사용됐던 행정구역 이름이고, 「町」자 위의 판독할수 없는 두 글자가 당시 최남선(崔南善)이 살았던 청진정(淸進町 · 지금의 종로구 청진동)의 '淸進'으로 추측돼 광복 이전에 새겨졌음을 짐작할 수 있다고 전문가들은 지적한다.

또 이 각자를 처음 발견한 백운산장 주인 이영구(李永九)씨는 '광복 직후 처음 백운대에 올라 이 글씨들을 보았다. 처음엔 무심코 지나쳤으나, 훗날 이 글씨를 새겼다는 정재용씨를 만났다. 1957년께 정씨는 할아버지였는데도 우리들의 도움을 받아 인수봉에 올랐고, 인수봉 바위에도 기독교 신앙을 뜻하는 글씨를 새겼다'고 말했다.

사학자 이현희(李炫熙)교수도 '2월5일설과 2월8일설로 논란을 빚어온 독립선언문 기초 날짜가 이 각자를 통해 2월10일로 명확해진 것이 귀중한 수확이다. 2 · 8독립선언 이틀 뒤 3 · 1독립선언문을 기초한 것으로 밝혀져 3 · 1운동이 2 · 8독립선언의 영향을 받은게 확실해졌다' 고 평가한 바 있다. 정(鄭)씨는 왜 이 험한 백운대에 올라 이 기록을 남겼을까. 그는 아마도 종이에 써놓았을 경우 일본인들에게 발각돼 불태워질 것을 염려했을지도 모른다. 또한 언젠가는 독립된 조국에서 이 기록이 빛을 보리라고 확신했을 것이다.

그러나 오늘 백운대에 오르는 많은 사람들은 바위 위에 새긴 선열의 뜻을 알지 못한다. 그러기에 등산화 바닥에 밟히는 글씨가 바로 자신들의 자존심이자 민족정신이라는 것도 알지 못한다. 문화재관리국 · 국립공원관리공단 · 광복회 · 많은 산악단체 등 관계기관 책임자들, 그리고 모든 우리나라 사람들은 오늘이라도 백운대에 올라 이 현장을 똑똑히 보기 바란다. 아울러 이 기록을 보존하기 위한 조치가 한시바삐 이루어지기를 기대한다. (1990)

피서 계곡

무더위가 한창이다. 시린 물과 시원한 바람이 그리워진다. 많은 서울 시민들은 휴가를 맞아 어디론가 떠나갔다. 그래서 서울 도심은 한가롭고 자동차들도 자동차답게 잘 달린다. 바다를 찾아 떠난 사람들이 10시간이나 걸려 바다 가까이에 이르렀다는 뉴스도 들린다. 피서가 아니라 차라리 고역일 것이다.

우리 가까이에 삼각산이 있다. 산골짜기마다 계곡물이 흐르고, 솔바람 소리가 귀를 맑게 씻어준다. 물에 발을 담그면 오장육부가 다 시원해진다. 바다로 가지 못한 사람들은 이 때에 삼각산 계곡을 찾는 것도 실속있는 피서의 한 방법이 될 것이다. 잘 알려진 우이, 북한산성, 구기, 정릉, 소귀천, 평창, 빨래골 계곡은 아무래도 사람들로 바글거려 일요일을 피하여 찾는 것이 좋다. 북서쪽의 효자리, 사기막골, 폭포수계곡, 산성 내부의 대성암 아래 계곡, 서쪽의 삼천리골, 진관사, 불광계곡 쪽이 비교적 조용하고 물도 깨끗하다. 이 일대가 아직 오염이 덜 된 것은 이들 지역이 오랫동안 출입 통제돼 왔기 때문일 것이다.

삼각산의 어느 계곡이든 오염의 주범은 물론 사람이다. 특히 계곡 좌우를 점거하고 요식업을 하는 사람들, 계곡 상류에 자리잡은 사찰과 관련이 있는 사람들, 그리고 일부 몰지각한 등산객들에게 그 허물이 돌아가 마땅하다.

계곡의 바위와 돌덩이에 시멘트를 들이부어 자리를 만들어 놓은

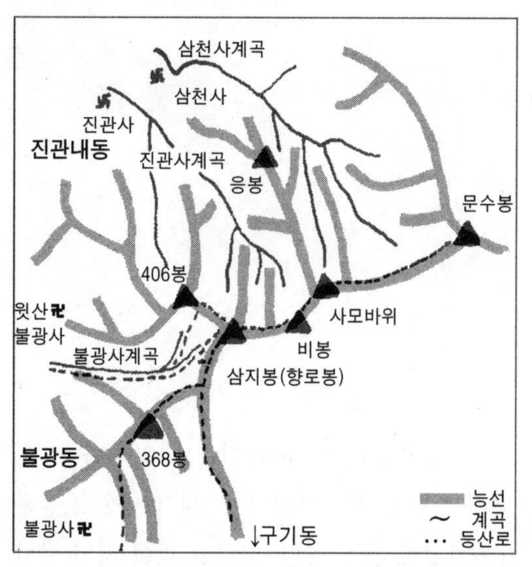

서부지역계곡 개념도

것은 얼마나 뻔뻔스런 자연파괴의 현장인가. 국유지에 국립공원 경내를 이렇게 방치해도 되는 것인가. 그 시멘트 자리 위에서 사람들이 먹고, 마시고, 노래하고, 춤추고, 화투놀이에 열중하는 것을 얼마든지 볼 수 있다. 자연파괴의 현장이 행락장소로 변한 것에 당국도 시민들도 이제는 모두 무감각해진 것 같다.

깨끗하고 조용한 계곡을 만나기 위해서는 되도록 많이 걸어 올라가야 한다. 바글거리는 사람들과 승용차들로부터 조금이라도 더 멀리 떨어져야 한다. 더 높고, 더 깊게, 땀을 흘리며 고생한 만큼 산의 정취와 계곡의 청순함을 만끽하게 된다.

삼각산 서부 지역의 삼천리골, 진관사 계곡 등도 하류쪽에는 식당들이 적지 않으나 비교적 깨끗한 편이다. 넓은 암반과 바위들의 풍광이 훌륭하다. 불광계곡은 윗산 불광사를 지나 오르면 민가가 한 채도 없어 마음이 놓인다. 하늘을 가리는 숲속에서 삼림욕을 즐기기에 안성맞춤이다.

대성암 아래에서 태고사를 경유하는 계곡이 아름답다. 오랫동안 출입금지돼 있다가 최근 길이 뚫려 찾는 사람들이 점차 늘어나고 있다. 숨은벽 능선에서 왼쪽으로 떨어져 내려오는 폭포수 계곡은 일요

조용하고 깨끗한 삼천사 계곡

일에도 사람 소리가 별로 들리지 않는 곳이다. 효자리계곡, 또는 육모정계곡으로 불리는 북한산 북서쪽 계곡이 비경으로 남아 있으나 금지구역이 돼 끝까지 내려갈 수가 없다. 영봉(靈峰)이나 우이능선 쪽으로 올랐다가, 계곡이 시작되는 곳쯤에서 마음껏 계곡을 즐기다가 되돌아 올 일이다. 동쪽의 대동문에서 아카데미 하우스에 이르는 구천계곡도 뜻밖에 한적하다.

우이동 종점에서 도선사에 이르는 차도를 걸어 올라가노라면 오른쪽 계곡에 수많은 사람들이 자리잡고 있음을 보게 된다. 우이계곡이다. 아이들은 물장구를 치고 수영을 한다. 서글퍼진다. 조금만 더 올라가면 식당들이 즐비하고, 또 조금 올라가면 주차장과 식당이 있다. 또 올라가면 도선사가 버티고 있다. 이 많은 건물들에서 알게 모르게 오수가 흘러내린다. 그 물에서 우리의 아이들이 물놀이를 즐긴다. 거듭 말하거니와 차도와 주차장에 승용차를 주차해 놓고 곧바로 계곡으로 내려서는 일은 없어야겠다. 1시간쯤은 땀흘리고 걸어올라가서 계곡을 찾기 바란다. (1990)

산이 좋아 산이 되었구나

가쁜 숨 몰아쉬며 산등성이에 이른다. 길가 돌 위에 털썩 주저앉아 이마의 땀을 닦는다. 나뭇잎이 흔들리고 바람이 분다. 더없이 시원하다. 바람 한 점 없는 무더운 날씨인데 이곳에서 바람 일다니! 새삼 오묘한 조화의 산을 느끼며 이름 모를 풀 한 포기, 뒹구는 돌멩이 하나에도 시선이 가 닿는다. 한결같이 소중하고 사랑스러운 것들이다. 문득 저만치 자그마한 비석 하나가 서 있음을 보게 된다. 어떤 영혼이 저기 머물고 있는 것일까. 무슨 사연으로 이 깊은 산중에서 적막과 벗하는 영혼이 되었을까. 비석에 다가가 거기 새겨진 글을 읽는다.

그대 산이 좋아
산이 되었구나!

짧은 한마디가 전율처럼 가슴으로 파고든다. 이 한 마디는 백편의 시보다도 감동적이라는 생각을 하게 된다. 비석의 주인공은 1961년에 태어나 1989년 생을 마감한 것으로 되어 있다. 그러니까 28살의 젊은 나이에 숨진 사나이의 추모비이다.

삼각산의 백운대와 인수봉, 인수봉 앞 능선, 영봉 등에 이같은 산악인의 추모비가 수십기 있음을 확인하게 된다. 인수봉 벽에는 동판에 글을 부조하여 부착시킨 것도 여러 개이다. 비석의 주인공들은 거의 모두 산이 좋아 오르다가 사고 · 조난사한 사람들일 터이다. 이들의 대부분이 20대를 전후한 꽃다운 젊은이들이라는 점에서 살아 있는 산사람들의 가슴은 더욱 미어진다.

백운대 푸른 하늘에
그대들 산새되어 날고
인수봉 바위 틈에
그대들 산꽃으로 피고
우리는 여기 올 적마다
그대들 이름 부르마

1974년 8월 인수봉에서 조난사한 양정고 산악부원 3명을 기리는 추모비문이다. 산화한 10대 소년들의 여리고 맑은 영혼들이 오늘은 흰구름 되어 인수봉 하늘을 맴돌고 있다. 그 순진무구한 소년들의 환한 웃음소리가 곧 어디서 들려올 것만 같다.

이 산 저 산 모든 산에
그대 넋 어렸으니
산 찾아 그대 찾아
여기 발길 머무네

성균관대 산악부가 1983년 4월에 세운 4대원의 추모 비문이다. 어떤 저명 시인의 시 못지 않게 감동과 절실함을 전해 주는 훌륭한 표현이라고 생각한다.

산이 좋아 산에 잠든 너 사슴아
순하디 순한 눈으로

고독의 등불을 켜들고
봄에는 꽃술을 따 물며
여름엔 녹음에 쉬고
가을은 마알간 하늘을 배우고
겨울엔 그토록 좋아하던 하아얀 눈밭을 뛰어다니며
오래 오래 山에서 살아가렴

…남은 이들의 섧은 가슴 속에
그리고 그대 쉬는 하늘가에
바람이 山내음이
모두의 영혼이 함께 하리다

여기
산에 올라
구름 되었네
백마의 넋이 되어 오르고 또 오르리

삼각산에 산재한 추모 비문들은 이렇게 사람의 마음을 흔든다. 좋은 글이란 전문적인 기교나 미사여구보다 진솔한 체험, 절실한 감정, 자유로운 상상에서 나온다는 것을 새삼 확인하는 글들이다. 산에서 고락을 함께 하고, 그렇게 고락을 함께 한 산친구를 어느 날 갑자기 잃는 슬픔에 몸부림치고, 그리하여 그 영혼의 일까지도 깊게 생각해보는 데서 이런 시들이 태어났을 것이다. 그러므로 삼각산 곳곳에 세워진 추모비의 비문들은 곧 한 권의 <산정시집>이라고 할만하다.

이 추모비들 중의 상당량은 사람 눈이 잘 가지 않는 외진 곳에 세워져 있다. 또 인수봉 벽에 부착된 추모 동판들은 일반인들이 쉽게 대할 수가 없다. 암벽등반을 하는 사람들 가운데는 등반 도중 이 동판들을 볼 때마다 섬뜩한 느낌을 받는 경우가 적지 않다. 녹슨 쇳물이 흘러내려 바위를 물들이기도 한다. 따라서 추모비와 추모 동판들을 일정한 장소에 모았으면 하는 것이 나의 바람이다. 많은 사람들이 보게 함으로써 추모비를 세운 의의를 찾을 수 있으며 산악인들에게 교훈과 반성, 그리고 산악운동의 참뜻을 일깨우는 계기가 될 것이기 때문이다. 추모비들을 한 곳에 모아 산악도장의 비림(碑林)을 만들자. 죽어서 산이 된 사람들의 영혼들끼리 밤하늘 별 보며 소곤거리게 하자. (1990)

백두산 정기를 백두대간으로 받은 삼각산은 젊은 산사람들의 영원한 쉼터이기도 하다

인수봉 고독의 길

인수봉을 먼 발치로 바라보면 꼭 포탄을 세워 놓은 것 같은 모습이다. 깔딱고개나 영봉 쯤에서 보면 거대한 돔형(形)의 화강암이 위압감을 준다. 감히 범접할 수 없어 보인다.

이 바위벽에 사람들이 붙어 있다. 점 점 점…개미들 같다. 쳐다보기가 오히려 아슬아슬하다. 현기증이 돈다. 암벽등반을 하는 이들을 가리켜 '미친짓'이라고 비난하는 등산객이 있다. 더러는 '훌륭하다'고 말하는 사람도 있을 것이다, '나도 해보고 싶다'고 부러워하는 젊은이도 꽤 있으리라 생각된다.

그러나 바위타기는 결코 미친 짓도 훌륭한 짓도 아니다. 오직 해보고 싶어서 하는 '일' 일 뿐이다. 이 일은 무엇을 위해서라는 목적이 없다. 금메달이 걸려 있는 것도 아니다. 그러므로 이 일은 완전한 자유이며 고독이다.

'나도 해보고 싶다'는 생각을 갖는 사람들이야말로 그 자유와 고독을 희구하는 사람일 것이다. '…한다'는 행동으로 옮기는 사람에게 산은 온갖 고통과 성취와 발전, 그리고 세상살이의 이치를 터득하게 한다. 인수봉이 우리나라 산악운동의 '원점이자 현주소'인 까닭도 이같은 인간의 산에 대한 끊임없는 호기심과 도전의 현장, 그 훈련도장으로 자리잡았기 때문이다.

인수봉에 맨 처음 오른 사람은 누구일까. 그는 이 험준한 바위 봉우리를 어떻게 올랐을까. 기록에 의하면 인수봉 초등은 1926년 6월

인수봉 정면 벽코스

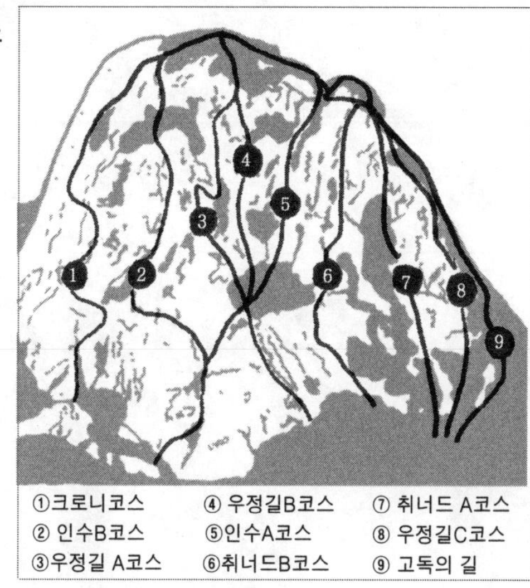

한국인 임무와 영국인 아처(서울 주재 부영사)에 의해 이룩되었다고 한다. 그 이듬해인 1927년에는 미국인 선교사 언더우드박사 가족이 인수봉을 올랐다. 이들이 당시 오늘날과 같은 암벽등반 장비와 고도의 기술을 갖추었다고는 볼 수 없겠다.

그러나 이미 구미에서 알피니즘이 일어난지 오래이고 국내 주재 외국인들을 통해 암벽등반 기술이 유입됐던 시기였으므로, 어느 정도의 기초 장비와 기술을 익혔을 것으로 짐작된다. 임무와 아처, 그리고 언더우드박사 일행이 올라간 코스가 곧 동북측 귀바위(철모바위) 코스이다. 오늘날 흔히 불리는 '고독의 길' , '우정길C코스', '취나드A · B코스', '인수A코스'가 모두 귀바위를 통과하도록 되어 있다. 이 중 '고독의 길'이 비교적 쉬운 코스로 알려져 있는데, 바위를 잘타는 사람이라면 로프 없이 오르내릴 수가 있다.

나는 이 길을 후배 바위꾼과 함께 처음 오르면서 혼자 올라가는 사람을 보았다. 고독의 길을 그야말로 걸맞게 오르는 사람이었는데 바

삼각산 제일 암봉. 험하지만 길도 많다, 그러나 이는 바위꾼들 만의 길이다

위타는 솜씨가 만만치 않았다. 그는 로프 없이 암벽화만을 신었으나 이 길이 처음인 듯 여러 차례 우리에게 길을 확인하곤 하였다.

"이리로 올라가는 것이 맞습니까. 저 바위에서 어느쪽으로 가지요?"

그는 몇차례 되내려와 길을 묻고는 이내 바위 너머로 사라졌다. 고독의 길을 혼자서 오르는 뜻은 역시 고독한 자신과의 싸움일 터이다. 참다운 등산가는 어려움을 피하는 것이 아니라 오히려 어려움을 선택한다는 말에 새삼 수긍이 갔다.

귀바위 바로 아래 침니를 등과 두 다리에 의존하여 올랐다. 등에 짊어진 배낭이 거추장스러웠으나 그런대로 올라갈 수가 있었다. 침니를 통과해서 거의 직벽에 가까운 5, 6미터 바위가 매끄러웠다. 세로로 드문드문 파여있는 작은 점들이 손잡이와 발디딤이 되는데 몸의 균형감각과 순발력이 요구되는 곳이다.

인수봉 정상에서 조망되는 사위(四圍)가 가슴을 후련하게 씻어준다. 백운대에서 건너다 보이는 인수봉이 신비롭듯이 인수봉에서 바라보는 백운대와 만경대에 신령스런 기운이 감돈다. 인수봉 정상에는 또한 거대한 고인돌이 있다. 사람이 만든 것이 아니라 억겁의 세월이 흐르면서 대자연이 만들어 놓은 고인돌이다. 아니 대자연이 빚어놓은 화강암 조각 작품이라는 생각을 한다. 저 아래 내려다보이는 숨은벽 능선 또한 빛나는 조각품이 아니고 무엇인가. (1990)

백두산 정기 받은 우이능선

만경대에서 크게 꿈틀거린 산줄기가 북으로 치닫는다. 만경대 병풍바위와 쪽도리바위를 일궈낸 다음 깔딱고개와 하루재에서 잠깐 숨을 돌린다. 그리고 이내 또 한 번 솟구쳐서 영봉을 만들고, 북으로 완만하게 뻗어 육모정고개에 이른다. 산줄기는 다시 서북쪽 상장능선에 연결되고 다른 한줄기는 경기도와 서울을 가르며 우이령으로 떨어진다. 백운대와 인수봉에 당당히 맞서다가 길게 누워 뻗어내린 이 산줄기가 곧 우이능선이다. 이 능선은 도봉산과도 맥이 닿아 있다.

우이능선에 주목하는 까닭은 이 줄기가 백두산 정기를 이어받아 경복궁까지 연결된다는 선인들의 믿음 때문이다. 즉 백두산의 정기가 강원도 평원의 분수령에서 갈리는데, 그 한가닥이 내려와 도봉산 · 삼각산(북한산)이 되고, 보현봉 · 북악봉(경복궁 뒷산)으로 이어진다는 것이다. 조선조가 건국할 때 북악봉 아래에 경복궁을 세운 것도 이같은 백두산 정기를 받은 명당설이 크게 작용한 것 같다. 따라서 우이능선은 도봉산과 삼각산이 이어지는 역할을 하며, 남으로 산성 주능선과 형제봉능선으로 연결되는 큰 뼈대의 하나라고 할 수 있다.

우이능선에 오르기 위해서는 우이동 종점 그린파크호텔 앞을 등산시발점으로 삼는 것이 좋다. 북쪽으로 두 갈래의 차도가 나있는데 오른쪽은 계곡을 낀 야외 식당지역이고, 왼쪽 철조망이 쳐진 산기슭

우이능선 안내도

차도로 들어가야 한다. 차도를 따라 10여분 쯤 걸어가면 왼쪽으로 들어가는 차도 갈림길이 나타난다.

이 길로 들어서면 해골바위 능선에 올라 우이능선에 닿을 수는 있으나, 길이 험하고 현재 자연휴식년제에 묶여 출입이 통제되어 있다. 따라서 갈림길에서 곧바로 5분쯤 더 올라가 '명상의 집', '국태민안기도원도량' 간판 사이의 매점으로 들어가면 곧 육모정매표소다. 매표소를 지나 이름없는 무덤을 우회하면서 등산로가 시작된다.

오른쪽으로 성불사, 용덕사 등의 방향 표지판을 보면서 계곡 옆길을 오른다. 별로 지루하지 않는 돌계단 길을 한참 올라가면 나무계단 길이다. 매표소를 출발한지 30여분 만에 왼쪽으로 샘터가 보이고, 여기서 10여분 더 오르면 육모정고개에 이른다. 고개마루에 앉아 이마의 땀을 닦고 잠시 사위를 조망한다. 등산객들도 별로 많지 않은 길이어서 산의 정취를 흠뻑 마실 수 있는 곳이다.

육모정 고개는 곧 등산로의 네거리다. 네 군데로 갈림길이 나 있다. 올라온 길에서 고개 너머로 내려가면 효자리 계곡(육모정 계곡)이다. 고개 오른쪽(북쪽)능선으로 붙으면 상장능선과 우이령으로 이어진다. 고개 왼쪽(남쪽) '이창렬박사 추모비' 앞으로 오르는 길이 곧 우이능선이다. 경사가 그리 급하지 않은 완만한 오르막길을 계속 가다 보면 전망이 확트인 헬기장이 나타난다. 추모비에서 출발한지 20여분은 지났을 것이다. 북쪽으로 도봉산 오봉과 자운 · 만장 · 선인봉이 잘 조망된다. 동쪽 멀리 상계 · 중계동의 아파트촌이 수락 · 불암산 아래에서 햇볕을 받아 빛나고 있다. 아 저것이 우리가 사는 서울의 모습이구나!

다시 편안한 오르내림길을 20여분 계속하면 영봉(604m)이다. 건너편으로 인수봉의 빼어난 자태가 한눈에 들어온다. 언제 어디에서 바라보아도 잘생긴 감동의 덩어리다. 그 뒤로 솟아오른 백운대와 만경대 또한 얼마나 위엄 있는 모습인가.

영봉에서 급경사길로 내려서면 하루재. 역시 네 갈래 갈림길이 나오는데, 등산로 방향 표지판이 있고 등산객이 많아 길을 잃을 염려는 없다. 이쯤에서 하산하고 싶은 사람은 왼쪽으로 내려가 도선사 주차장으로 떨어지면 된다. 만경대까지 계속하기 위해서는 곧바로 능선으로 올라가 깔딱고개에 이르고, 깔딱고개에서 역시 곧바로 능선으로 올라가야 한다. 그러나 깔딱고개~만경대 사이에는 위험한 암벽들이 있어 일반 등산객들에게 권하고 싶지가 않다. 백두산 정기를 따라 발길을 옮기는 것도 좋지만 사람의 안전이 더 먼저이기 때문이다. (1990)

산은 글을 남긴다

삼각산을 서울 시민들의 복이라고 한다. 서울 시민들이 저절로 입는 은혜라고도 한다. 옳은 말이다. 참으로 삼각산이 서울에 있다는 것은 서울 사람들이 누리는 천혜의 복이 아닐 수 없다. 그러나 그 복과 은혜도 가만히 앉아서는 얻어지지 않는다. 땀 흘리며 삼각산에 올라야만이 얻어진다. 책을 펴지 않고서는 그 책을 읽을 수도 이해할 수도 없듯이 삼각산에 오르지 않고서는 그 복도 은혜도 입을 수가 없다.

삼각산에 오르면 누구나 다 시인이 된다. 시심은 곧 동심이라고 하듯이 산에 오르는 사람들의 마음은 천진무구한 동심의 세계로 돌아간다. 온갖 세속은 이미 사라진지 오래다. 깨끗한 태초의 마음이 되어 새소리와 물소리를 듣고, 풀 한포기 돌멩이 하나를 경이로운 눈으로 관찰하게 된다. 사시사철 수없이 오르내리는 삼각산이지만 오를 때마다 색다른 감동과 정서에 젖어들게 마련이다. 그래서 산이라는 것은 시를 남기고 기록을 남긴다. 빈부귀천 지위고하 따로 없이 산에서는 모두 순결한 인품이 된다.

댕댕이 휘어잡고 상상봉 올라가니
조용한 암자 한 채 구름 속에 누웠구나
눈 앞에 보이는 땅 내 것이 될 것이면
초월 강남 먼 데인들 어이 아니 안기리

조선조 태조 이성계(李成桂)의 '登白雲峰(등백운봉)'이라는 칠언시를 한글로 옮긴 것이다. 5백년 왕도를 일으킨 사나이답게 힘과 포부가 느껴지는 글이다. 요즘처럼 철책이 가설되지 않았을 그 시절, 어떻게 험준한 백운대 바위에 올라 이런 시를 남겼을까 생각해 본다. 그러니까 태조 이성계는 6백년 전에 이미 암벽등반을 한 셈이다. 이보다 훨씬 앞서 고구려 동명성왕의 아들 비류와 온조가 북에서 내려와 부아악(負兒岳 · 삼각산의 옛이름)에 올랐다는 기록이 있다. 이들이 어느 봉우리에 올랐는지는 확실하지 않으나, 산정에서 동남쪽으로 비교적 넓은 평야가 있음을 발견하고 '장하구나, 산하의 경치가 이만하면 살만한 곳이다'라고 감탄하며 이 곳에 정착했다. 곧 백제의 출발이 삼각산과 한강이었음을 입증하는 글이다. 이후 삼각산을 중심으로 신라 · 고구려 · 백제 3국이 뺏고 빼앗기는 치열한 각축전을 벌여온 것은 잘 알려진 이야기다. 신라 24대 진흥왕은 오늘의 비봉에 올라 국경을 순수했다는 비석을 세웠다.

고려 중기의 학자 오순(吳洵)은 특히 삼각산을 사랑하여 '삼각산 세 봉우리가 푸른 연꽃봉오리 같이 솟아 있는 곳으로 올라가니, 그 앞에 여러 겹의 산이 연기와 안개 속에 싸여 웅대한 아름다움을 자랑한다. 저녁이 되어 내려오니 절에서 치는 쓸쓸한 종소리가 더욱 인생의 무상함을 깨닫게 한다'고 썼다.

역시 고려 때의 충신 이존오(李存吾)도 이 산을 사랑하여

세 봉우리의 고른 모습이 하늘을 접해있는 곳
허무한 마음이 운연(雲煙)속에 싸였구나
누워서 보면 긴칼을 뺀 것같이 솟아 있고
옆으로 보면 높고 얕은 산이 하늘에 펼쳐 있구나
몇해 동안 이곳 쓸쓸한 절간에서 공부하고

하루재에서 오를 수 있는 우이능선의 영봉. 오봉과 도봉산자락이 더 아름답다

다시 한강가에서 책을 읽었네
조물주가 무정하다 말 말아라
보면 볼수록 더욱 슬퍼지는 신세로구나

라고 영탄했다.

목은 이색(李穡)도 삼각산을 즐겨 소년 시절부터 이 곳 산사에서 글공부를 했다.

고요한 산속에서 독서하면
절 사이로 흐르는 시냇물소리
고요하게 적막을 깬다
아침이 되어 날이 밝아오면
우뚝 솟은 세 봉우리
더욱 역력히 나타나고
절간 소년이
아침 종을 치려고 종채를 들고 서성거린다

고 노래하였다.

종일토록 짚신 신은 채 다리만을 믿고 걷는다
산 하나를 지나면 또 푸른 산이 나타난다
마음에 이미 아무런 상념도 없거늘
육체를 위해 정신을 쓸 것이 무엇이겠는가
도(道)는 원래 무명이라고 했거늘 애써 조작할 필요가 있을까…

매월당 김시습이 삼각산 오솔길을 걸으며 읊은 시이다. 삼각산은 매월당이 청춘을 보낸 곳이다.

조선시대의 실학자 박재가(朴齋家)도 백운대의 시를 남겼다.

물도 물도 끝장가선 가이 있느니
푸른 보자기 속에 싸인 실올 같구나
하치않음 어이 우리 사람뿐이랴
높은 뫼 굳은 돌 한(限)이 있으리

라고 유한(有限)의 자연관을 노래하고 있다.

산에 오르는 사람에 따라 시간과 절후에 따라 천차만별로 새로움과 경이를 일깨워주는 삼각산, 다양한 시의 보고(寶庫)이자, 이 산에 오르는 모든 사람들을 시인이게 하는 삼각산, 삼각산이 거기 있으니 어찌 우리 삼각산이 되지 않으랴. (1990)

비봉능선

비봉(碑峰)능선은 대남문 위 문수봉에서부터 서남쪽으로 길게 뻗어내린 능선이다. 능선 사이에 승가봉, 사모바위(일명 김신조바위), 비봉, 삼지봉(일명 향로봉)등 바위봉우리를 일구고 잠시 숨을 돌렸다가 358봉, 367봉(일명 젖꼭지바위)을 일군 다음 은평구 불광동으로 떨어진다. 삼각산 남북 주능선이 문수봉 · 보현봉에서 여러 개의 지능선으로 갈리는데 이 가운데서 가장 긴 능선이라고 할 수 있다. 이 능선이 북쪽으로는 맑은 물과 깨끗한 암반의 삼천사계곡, 진관사계곡을 만들어 눈길을 끈다. 또 남쪽으로는 문수봉 아래의 문수사, 사모바위 아래의 승가사, 구기계곡 등이 있어 연중 내내 사람들의 발길이 끊이지 않는다. 대부분의 등산객들은 구기동에서 비봉과 승가사를 경유하거나, 구기계곡 등산로를 통한 대남문을 경유하므로, 막상 불광동–문수봉에 이르는 비봉능선은 그렇게 붐비지 않는 편이다.

이 능선 한가운데에 우뚝 선 비봉(560m)은 거대한 화강암괴로 이루어진 봉우리다. 정상에 신라 진흥왕순수비*가 있어 국보 제3호 원비석은 국립중앙박물관으로 옮겨졌고, 현재는 진흥왕순수비터로 지정되었다. 진흥왕이 영토의 경계를 시찰하면서 몇개의 순수비를 세웠는데 그 중의 하나다. 그래서 훗날 비가 이곳에 있었음을 알리는

* 국보 제3호, 원래의 비석은 국립중앙박물관으로 옮겨졌고, 현재는 진흥왕순수비가 이곳에 있었음을 알리는 표석이 세워져 있다.

비봉능선 안내도

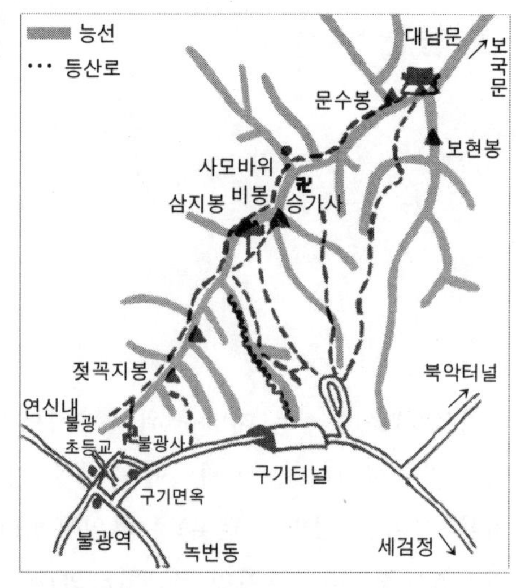

비석이 세워져 있어 비봉이라 이름붙여진 것 같다. 이 비석을 처음으로 발견하여 마모된 글자를 해독, 연구한 사람이 추사 김정희(秋史·金正喜). 그는 지금부터 176년 전인 1816년 7월 이 비석을 발견했는데 1천2백여년 동안 풍화·침식되어 방치된 비석에 생명과 가치를 부여한 것이다. 김정희는 이후에도 여러 차례 이곳에 올라 판독하기 어려운 글자를 「삼국사기」의 기록과 대조하며 독파하였다. 그에 의하면 비문은 모두 12행에 각행은 22자의 해서체(楷書體)로 돼 있다. 여러 기록들을 종합하면 진흥왕이 한강유역 일대로 영토를 확장한 다음, 신하들과 함께 변경을 순시(巡視)하며 세운 기념비의 하나라고 할 수 있다. 현존하는 우리나라 최고(最古)의 비석이다.

비봉능선에 오르기 위한 등산로는 보통 구기동이 그 시발점이 된다. 그러나 이 코스는 사람들이 붐비므로, 불광동이나 연신내쪽에서 오르는 것도 신선한 맛이 있다. 불광동~대남문까지는 약 3, 4시간이 소요된다. 불광동에는 두 개의 불광사가 있는데, 연신내쪽을 윗산 불광사라 하고, 불광1동(동쪽)에 있는 절을 그냥 불광사라 한다.

그리움에 지쳐 머리를 숙인 삼각산 비봉능선의 사모바위

불광 지하철 역에서 내려 불광초교를 지나 곧 바로 골목길로 들어간다. 산동네 고개를 넘어 마을이 끝나는 산기슭에 불광사가 자리하고 있다. 지하철역에서 절까지는 걸어서 20분쯤 걸린다. 또 다른 길은 불광 네거리에서 구기터널쪽으로 1백여미터 지점에 있는 구기면옥 옆골목으로 오르면 불광사에 이른다. 좁은 골목 갈림길이 많으므로 주민들에게 불광사를 물어물어 찾아갈 일이다.

불광사 대웅전 옆 바윗길로 들어서면 10여분 만에 삼각산 서남쪽 끝자락 능선에 도달한다. 이제부터는 동북쪽 능선 오름길로 계속 나아가면 된다. 첫 번째 봉우리에 올라서자마자 코앞에 젖꼭지바위가 부드러운 선을 자랑하며 다가든다. 어쩌면 그렇게도 여인의 아름다운 유방을 닮은 것일까. 바위 정상에서 잠시 땀을 식힌 다음 다시 올라오던 길로 잠깐 내려갔다가 우회해서 능선에 이른다. 바위 정상에서 곧바로 하강할 수도 있으나 초심자들은 삼갈 일이다.

평편한 능선길을 가다보면 네거리 갈림길이다. 곧장 오르면 삼지봉이 되나 자연휴식년제에 묶여 있다. 우회해서 삼지봉에 오를 수 있다. 삼지봉 남벽(10여m) 가운데에 낡은 볼트 하나가 박혀 있으나 믿을 만한 것이 못된다. 역시 오른쪽으로 돌아 오르면 된다. 비봉은 서벽으로 올랐다가 동쪽으로 내려오는 것이 보통이다. 그러나 서벽 오름길 3미터 직벽은 반드시 경험자의 안내에 따라야 한다.

비봉에서 조망되는 사위가 후련하다. 서울이 발아래 내려다 보인다. 동북쪽으로 솟은 보현봉 · 문수봉 · 남장대 바위 얼굴이 빼어나게 아름답다. 이곳에 비석을 세워 자신의 영토임을 증명한 진흥왕의 뜻을 알겠다.

비봉에서 대남문까지는 계속 능선길로만 나아가면 된다. 삐딱하게 솟은 사모바위는 1·21사태 때 김신조 일행이 하룻밤을 묵은 곳이라 하여 김신조바위라고도 불린다. 저 바위는 그리움에 지쳐 머리가 숙여진 것일까. (1990)

그리움으로 나 여기 섰노라

옆으로 길게 째진 눈, 곧고 굵은 코, 굳게 다문 입술, 아래로 늘어진 큰 귀…. 이 우람하면서도 힘찬 얼굴은 지금 불가사의(不可思議)한 미소를 머금고 있는 것인가. 아니면 깊은 사유(思惟)에 잠겨있는 것인가. 또는 세속의 백팔번뇌를 사상(捨象)하는 표정인가. 부처의 얼굴이 이처럼 강렬한 의지와 부드러움으로 조화되는 경우는 극히 드물 것 같다.

'북한산 구기리 마애석가여래좌상' (보물 제215호). 지금의 구기동 승가사 경내에 있는 마애불상이다. 거대한 화강암 자연석에 누가 언제 이 불상을 새겼는지에 대해서는 정확하게 검증되지 않았다. 그러나 전문가들은 이 불상의 양식이나 승가사의 연혁으로 보아 고려초기(10세기~11세기)에 제작됐을 것으로 추정하며 비범한 석공이 오랜 세월 동안 바위에 매달려 완성시켰을 것으로 짐작한다. 불상의 높이와 폭이 각각 5미터가 넘는 득의(得意)의 대작이라고 할 수 있다.

산을 타는 사람들은 대체로 사찰 경내의 문화재나 역사유적을 그냥 지나쳐 버리기가 쉽다. 자신의 육체적 · 정신적 한계를 극복하고 또 향상시키고자 하는 산타기에서는, 사찰은 독도법상의 한 지점이거나 긴급 대피소, 샘터 등에 불과할 따름이다. 따라서 그 절에 들어가 꼼꼼히 문화유적을 살핀다거나 그 절의 유래를 들을 만큼 시간적 여유가 있는 것이 아니다. 절은 대부분 통과지점이지 목표지점은 아니기 때문이다. 그러나 서울에 있는 삼각산의 경우, 일요일 하루 산행으로도 얼마든지 사찰 경내를 돌아볼 수 있을 것이다. 산행을 마친 뒤 절에 들어가 시원한 생수로 목을 축인 다음 천천히 고건축물을 감상하거나 탑비(塔碑), 불상, 부도(浮屠)등을 살펴볼 수 있는 여유가 충분하다. 이것들을 관찰한다는 것은 곧 역사의 숨결을 가까이서 확인하는 일이며, 산악인 스스로의 풍부한 정신적 자양을 획득하는 일이라고 생각한다. 삼각산 경내의 수많은 사찰 가운데 특히 태고사, 승가사, 삼천사, 진관사, 도선사 등에 문화재가 산재해 있음을 유의할 일이다.

나는 대남문에서 하산할 경우 대체로 문수봉과 사모바위를 경유하는 능선길로 내려오는 일이 많았다. 문수사에서 조금 내려와 오른쪽 사잇길로 들어 승가사에 이르는 코스도 호젓한 숲속이어서 괜찮은 편이다. 어느쪽으로 내려오든 승가사에 들어 물을 마시고, 백팔계단을 올라 이 마애불상을 감상하게 된다. 그때마다 항상 새로운 감동을 만나게 되는 것은 물론이다. 하루의 시시각각에 따라, 또 계절에 따라 이 거대한 마애불상도 각각 다른 감격으로 다가오는 것이다.

그리움으로 나 여기 섰노라
호수(湖水)와 같은 그리움으로
이 싸늘한 돌과 돌 사이
얼크러지는 칡넝쿨 밑에
푸른 숨결은 내 것이로다
세월이 아주 나를 못쓰는 티끌로서
허공에, 허공에 돌리기까지는
부풀어오르는 가슴 속의 파도와
이 사랑은 내 것이로다

삼각산 승가사의 마애불상. 계절따라 시시각각 새로운 감격으로 다가온다

오! 생겨났으면 생겨났으면
나보다도 더 나를 사랑하는 이
천년을 천년을 사랑하는 이 새로 햇볕에 생겨났으면…

이 불상에 이를 때마다 서정주(徐廷柱)시인의 '대불(大佛)'이 새삼 가슴에 와 닿는 것은 무엇 때문인가. 얼굴의 표정과 형태에서, 반듯한 어깨와 가슴에서 힘과 위엄을 주는 불상이지만, 전체적으로 부드러운 선(線)이 어떤 율동감까지를 불러일으키게 한다. 특히 손발의 유려한 선 처리와 대좌(臺座)의 화사한 연꽃문양은 얼굴, 어깨의 힘과 어우러져 하나의 큰 자비(慈悲)를 일깨워 주는 것 같다. 살찐 얼굴에 눈을 가늘게 뜨고, 양쪽 볼을 팽창시킨 듯한 표정에서 묘한 웃음기가 느껴지기도 한다. 우리나라 마애조각사상 보기드문 걸작이자 기념비적 작품이라고 할 수 있다.

머리 윗부분 양편과 어깨 양편으로 4각형의 구멍이 파져 있는데, 이 불상을 보호하기 위한 목조전실(木造前室)의 흔적인 듯하다. 이 마애불상의 오른쪽 뒤편으로는 사모바위가 비스듬히 고개를 숙이고 서 있다. 그 오른쪽으로 승가봉이 당당하다. 사모바위의 애틋한 모습이 어쩐지 이 불상과 인연이 있는 것같고, 또 승가사의 비구니 도장과도 사연이 닿은 것 같아 숙연해진다. (1990)

상장능선

만경대에서 북으로 뻗어 내린 우이능선이 한번 솟구쳐서 영봉(靈峰)을 일구었다. 그 여세를 몰아 크고 작은 바위봉들을 만들더니, 육모정고개에 이르러 잠시 쉬고 있는 형국이다. 고개에서 다시 북으로 뻗은 능선이 552봉을 만들고, 북서쪽으로 뚝 떨어져서 아름다운 상장봉(上將峰 · 543m)을 빚어 놓았다.

그러므로 지도 상에서의 우이능선은 육모정고개와 우이령에서 끝이 나고 552봉 못미처서 북서쪽으로 뻗은 능선을 상장능선이라 한다. 이 능선길은 일요일에도 등산객을 거의 만날 수 없을 만큼 호젓하다. 삼각산에서 가장 사람이 안 다니는 등산로의 하나라고 할 수 있다.

경관이 빼어나고 조망이 좋아 그냥 숨겨두고 싶은 길이다. 가장 좋은 사람과 함께 이 가을에 오르고 싶은 길이기도 하다. 그런데 이 길에 왜 사람들이 다니지 않는 것일까. 나의 생각으로는 첫째 산행안내 지도에도 등산로 표시가 없어 모르는 사람이 대부분이라는 점이다.

둘째 이 능선의 좌우 골짜기가 출입금지 구역이라는 점도 사람들이 꺼려하는 요인일 터이다. 셋째 바위 능선길에 두 세 군데 약간 어려운 하강코스가 있어 초심자들이 쉽게 접근할 수가 없다. 어떻든 산길에 사람들이 몰려들지 않는다는 것은 미덕이다. 그 길을 나 혼자서 오른다는 것도 짜릿짜릿한 맛이 있어 좋다.

상장능선 안내도

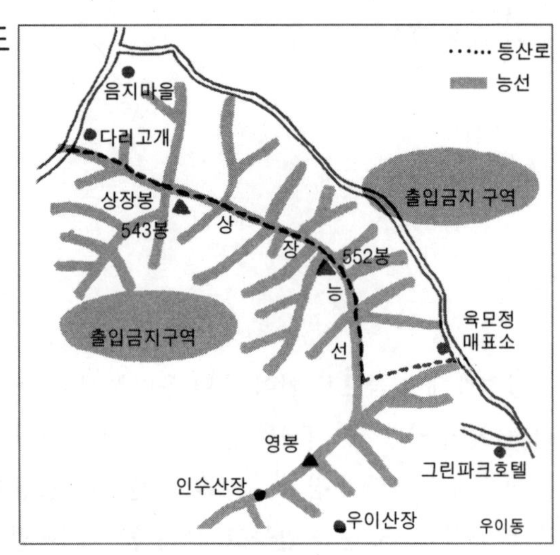

상장능선의 산행기점은 우이동 종점 그린파크 앞이 된다. 육모정 매표소까지 차도를 따라 걷는다. 매표소에서 육모정고개까지는 잘 닦여진 등산로에 갈림길이 없어 9.5
분이면 닿는다. 주의할 점은 고개에 이르기 전 샘터에서 식수를 준비하는 일이다.

육모정고개에서 잠시 휴식을 취한다. 고개 오른쪽에 '22야영장' '영봉', '등산로 폐쇄'라는 세 방향의 이정표가 서 있다. 고개에서 왼쪽 이창렬박사 추모비를 통과하는 코스가 우이능선(영봉 방향)이 되고, 그 반대편인 오른쪽으로 올라가야 상장봉 능선이 된다. 철탑을 돌아 숲속 오름길을 30분쯤 가면 552봉이다. 바위봉우리에서 남으로 건너다보이는 인수봉능선, 백운대능선, 숨은벽 능선이 마치 책장처럼 예리하게 서 있다. 북으로 눈을 돌리면 도봉산의 만장봉 선인봉, 자운봉 바위들이 장관을 이루며, 오봉(五峰)은 갓 목욕을 하고 나온 여인처럼 깨끗하여 금세 손에 잡힐 듯하다. 삼각산의 서북쪽 뒷모습과 도봉산의 전모가 가장 잘 조망되는 곳이 상장능선이다.

오봉에서 건너다 보이는 능선으로 인적이 드물다

552봉에서 내려가는 길이 약간 어렵다. 바위 경험이 많은 사람이라면 아무 문제가 없겠으나, 걷는 등산만 해온 사람에게는 무서움을 줄 수도 있다.

심리적인 안정과 휴식을 취한 다음 침착하게 손잡이와 발디딤을 확인하며 내려가야 한다. 이 하강 지점을 통과하면 편안한 능선길이다. 진달래, 소나무 숲터널 길이 거의 평지와 같다. 육모정매표소를 출발한지 2시간(휴식시간 포함)이면 상장봉의 첫 번째 봉우리에 도착한다. 직벽과 오버행의 봉우리를 무리하게 오르지 말고, 좌측으로 돌아가는 길이 편하다. 두 번째 봉우리는 어렵지 않게 슬랩을 걸어 올라가면 된다. 맨꼭대기에 굵은 밧줄이 걸려 있다. 3번째 봉우리 역시 고정 밧줄이 있어 오를 만하지만 내려오는 바윗길이 낭떠러지인데다 경사가 급하다. 안전을 위해서 봉우리에 오르지 말고 좌측으로 돌아 내려가기를 권한다.

이제부터는 계속 내리막길이다. 아래쪽으로 구파발~의정부 간의 차도가 잘 보이고, 그 건너로 노고산이 육중하게 버티고 있다. 능선 길로만 내려가다가 평지와 같은 봉우리에 이르고, 흙구덩이를 건너 뛰면 무성한 풀숲 길이 된다. 무릎까지 닿는 잡풀을 헤치며 한참 나아가는 맛도 신선하다. 매표소를 출발한지 3시간 안팎이면 산행이 끝난다. 경기도 양주군 장흥면 교현리. 속칭 다리고개 또는 솔고개다. 차도 옆에 서 있는 소나무 한그루가 아름답다. (1990)

단풍 군락지대

단풍철이다. 마음이 설레 어디로든 떠나고 싶어진다. 설악산이니 오대산이니, 사람마다 떠들어댄다. 지난 일요일에 설악산에 10만 인파가 몰렸다고 한다. 다음 일요일 쯤이면 단풍피크가 돼 더 많은 사람들이 설악산을 찾을지도 모른다. 사람이 많을수록 자동차도 많아진다. 윤화(輪禍)도 엄청나다. 단풍이 뭐길래, 목숨까지 잃어가며, 그 먼길을 온갖 고생 마다하고 가는 것일까. 설악산 단풍은 사람을 불러 모으는 무슨 마력이라도 지닌 것일까.

우리나라는 전국토의 70퍼센트가 산이고, 이 산들마다 흔하고 흔한 것이 단풍나무다. 가을 짙어가면 우리나라 산들의 거의 모든 나뭇잎들이 붉게, 노랗게, 또는 갈색으로 물들여진다. 가까운 산에서 단풍을 보자. 멀리만 갈 것이 아니라, 가까이에 있는 설레임을 만나러 가자.

어떤 사람들은 설악산 단풍을 최고로 치고, 또 어떤 사람들은 내장산 단풍을 으뜸이라고 한다. 지리산 피아골 단풍이 가장 빼어나다고 하는 사람들도 많다. 그렇게 말한다면 나도 삼각산 단풍이 최고라고 하고 싶다. 서울에 너무 가까이 있는 산이기에 삼각산 단풍은 그 진가를 과소평가 받아 왔다는 생각이다.

…여기저기서 단풍잎 같은 슬픈 가을이 뚝뚝 떨어진다.

단풍군락지대

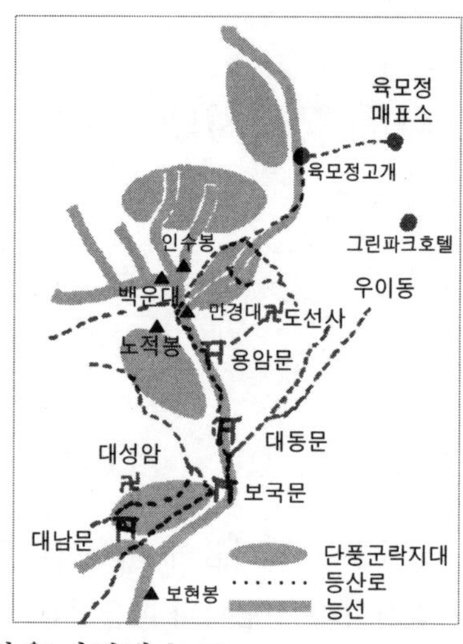

단풍잎 떨어져 나온 자리마다 봄을 마련해 놓고
나뭇가지 위에 하늘이 펼쳐 있다
가만히 하늘을 들여다보려면
눈썹에 파란 물감이 든다…

윤동주의 시 '소년'의 한구절. 단풍을 아주 가까이에서 관찰하며 얻은 시상(詩想)이다. 가까이에서 보는 단풍이 슬픔이라면 멀리서 내려다보이는 단풍은 기쁨이자 열정(熱情)이 된다.

온산을 붉게 타오르는 단풍이야말로 감격이며, 미칠 듯한 기쁨이 아니고 무엇인가. 삼각산은 웬만한 사람이라면 어렵지 않게 주능선에 오를 수 있으므로, 불타는 단풍 바다를 한눈에 조망하는 장점이 있다. 뿐만 아니라 아주 가까운 단풍 숲에서 제 자신의 몸도 마음도 슬프게 물들일 수 있어 좋다. 기쁨과 슬픔을 함께 껴안을 수 있는 곳이 단풍 든 삼각산이다. 지난 일요일, 나는 영봉 부근에서 벌써 울긋불긋해진 단풍을 보았다. 아마 앞으로 2주일 쯤 후엔 산 전체가 붉게 물들여질 것이다. 특히 삼각산의 단풍은 주능선상의 빛나는 화강암 봉들과 파란 하늘이 색채의 대비를 이루어, 더욱 투명한 아름다움을 보태주는 것이 특징이다. 북서쪽 계곡들의 깨끗한 암반과 맑은 물,

삼각산 물과 숲 또한 으뜸이라 가을단풍이 짙다

거기 드리워진 선홍(鮮紅)의 단풍잎을 어찌 글로 설명할 수 있으랴.

주능선 상으로 볼 때, 북한산의 단풍나무는 북쪽과 서쪽에 밀집해 있다. 인수봉 뒤쪽 북면(北面)에서부터 영봉 서쪽, 상장능선 서남쪽 일대가 특히 장관이다. 절정기 때 영봉이나 우이능선, 상장능선에서 내려다보이는 색채의 대파노라마를 잊을 수가 없다. 백운산장에서 건너다보이는 족두리봉, 그 왼쪽으로 흐르는 우이능선 상단부의 단풍지대가 처연하다. 하얀 바위들의 피부와 어우러져 단풍잎들 사이로 펼쳐진 하늘이 서러울 정도다. 보국문 뒤쪽(서쪽)에서 대성암으로 내려가는 길에 단풍나무 숲이 하늘을 가린다. 아주 가까이에서 단풍을 관찰할 수 있는 길이다. 태고사 계곡과 중성문 부근에서 노적봉, 만경대 쪽을 바라보는 것도 놓쳐서는 안된다. 거대한 암봉 아래에서 불타 오르는 단풍 숲이 감격을 불러일으킬 것이다.

사계절이 분명한 우리나라의 기후는 무엇보다도 산과 나무의 고마움을 우리나라 사람들에게 가르친다. 봄에 새순이 돋아 생명의 약동을 알리고, 여름이면 그 무성한 녹음으로 더위에 지친 사람들을 감싸준다. 가을이 되면 잎새들이 점차 그 직분을 다하고 마지막 남은 생명을 붉게 태운다. 저를 불살라 떨어뜨리는 것은 곧 죽음으로써 모체(나무)를 살리기 위한 생명의 지혜이자 자연의 순리이다. 그러므로 이 가을에 떨어지는 단풍잎은 소멸이 아니라 새로운 탄생의 예고라고 할 수 있다. 가까운 삼각산에 올라 나뭇잎의 생애를 배우자. 나아가야 할 때와 물러서야 할 때를 아는 그 생애를. (1990)

산 이름의 변천

1960년대 초의 일이다. 불암산 아래 고모댁에서 대학을 다녔다. 지금은 아파트가 밀집한 서울 노원구 중계동이 되었지만 당시만 해도 경기도 양주군 노해면 중계리라는 한적한 시골마을이었다. 아침에 눈 떠 창문을 열면 멀리 푸르고도 거대한 산줄기가 시야에 들어왔다. 남북으로 길게 누운 그 산줄기는 처음 서울 생활을 시작한 나에게 사뭇 위압적인 형상으로 다가왔다. "저 산이름이 뭡니까?"하고 고모에게 물었더니 "이 녀석아 삼각산도 몰라?" 하시는 것이었다. 아 저 산이 그 유명한 삼각산이로구나. 무학대사가 올라 조선왕조의 도읍터를 살폈던 산, '가노라 삼각산아'의 그 삼각산이로구나.

그로부터 30여년이 흐른 지금 '삼각산'이란 이름은 거의 사용되지 않고 있다. 모두들 북한산, 북한산이다. 언제부터, 왜, 북한산이 되었을까 궁금하지 않을 수가 없다. 산의 이름이 바뀌거나 일반화되는 데는 그럴 만한 까닭이 있을 터이다.

「동국여지승람」에 다음과 같은 기록이 나온다.

삼각산=양주(楊州)의 경계에 있다. 일명 화산(華山)이라 부르고 신라시대에는 부아악(負兒岳)이라고 불렀다. 동명왕의 아들 온조가 남으로 가서 한산(漢山)에 이르고, 부아악에 올라가서 살 만한 곳을 살폈다.

조선시대 숙종 때의 승려 성능(聖能)이 저술한 「북한지(北漢誌)」에도 비슷한 기록이 보인다.

인수봉=삼각산의 제일봉이다. 사면이 순 돌로 깎아 세운 것 같다. 봉우리 동쪽에 한 바위의 혹이 있어 '부아악'으로 이름붙였다. 고구려 동명왕의 아들 비류와 온조가 남으로 가서 한산에 이르고 부아악에 올라 살만한 곳을 찾았으니 곧 이 봉우리다.

이 기록들을 종합하면 북한산의 옛 이름은 부아악에서 화산으로 화산에서 삼각산으로 변천해 왔음을 알 수 있다. 글자 뜻으로 본다면 화산은 화려한 풍채의 산이다. 부아악은 아기를 등에 업은 듯한 형상의 산으로, 인수봉을 가리킨다. 오늘날의 인수봉 귀바위(도는 철모바위)가 꼭 등에 업힌 아기의 모습이다. 삼각산은 고려 왕도 개성에서 한양으로 내려올 때 보이는 백운대, 인수봉, 만경대 세 봉우리의 삼각정립(三角鼎立)에서 연유된 이름이라고 한다. 이숭녕 박사는 '부아(負兒)'가 '불'의 표기이므로 부아-불(火)-화(華)로 바뀌어 화(華)산이 됐을 것이라고 풀이한 바 있다.

삼각산은 고려와 조선시대에 일반화된 이름이다. '한산(漢山)'이란 이름은 앞의 두 기록에도 나오지만 '한양(漢陽)' , '한강(漢江)', '한성(漢城)' , '한수(漢水)' 등의 한자와 무관하지 않을 것 같다. 「세종실록지리지」에 '한성부(漢城府)는 본래 고구려의 남평양성(南平壤城)이고 일명 북한산군(北漢山郡)인데…'라고 씌어 있다. 또 광주목(廣州牧)에 관한 글에서 '근초고왕 24년 신미년에 남평양으로 도읍을 옮겼는데 북한성(北漢城)이라고 부른다…'고 되어 있다. '북한산군', '북한성'이라는 이름이 처음으로 나타난 것이다. 임진왜란 때 왜군이 명나라 군대에 쫓기어 남하하자 선조는 왜군의 재북상에 대비, 반격할 만한 거점을 찾기에 이른다. 당시의 병조판서인 한음 이덕형(漢陰 李德馨)이 삼각산 일대를 답사 · 보고한 기록이 「중흥산성간심서(中興山城看審書)」이다. 이 글에 북한산이라는 이름이 자주 등장한다.

또 이 글에 '…중흥(中興)의 형세는 참으로 하늘이 만든 험난한 곳입니다. 만일 여기에 성(城)을 쌓으면 서울과는 표리가 돼 서로 호응할 수 있어 적이 비록 많은 군사로 침범해 와도 또한 우리를 어찌할 수 없을 것입니다' 라고 돼 있어 북한산이 '中興' 과 같은 의미로 사용됐음을 알 수 있다. '중흥' 은 북한산 내부에 中興寺가 있고, 그곳을 重興洞 또는 中興洞이라 하여 붙여진 이름일 것이다.

병자호란 때 효종은 인질로 심양에서 여러해 고생하다 돌아와 즉위 한다. 그 원한을 풀기 위해 북벌론이 제기되고 우암 송시열에게 북한산 축성을 부탁하게 된다. 효종이 뜻을 이루지 못하고 승하하자, 숙종이 즉위하여 마침내 북한산성을 완성시킨다. 이 축성공사의 개요와 과정, 관리, 그리고 북한산의 내력을 기록한 책이 성능의 「북한지」 이다.

북한산이란 이름은 그러므로 조선조 중기이후 조정에서 쓰여지다가 최근 수십년래에 대중에게 일반화되었다고 할 수 있다. (1990)

역사가 잠든 곳 선열 묘역

삼각산을 오르내리면서 가끔 먼 발치로 누군가의 무덤을 본다. 대부분의 등산객들은 그냥 지나쳐 버리는 것이 보통이다. 산행이나 유산이 목적이기 때문에 거기 세워진 비석 글씨 한 줄 들여다볼 겨를이 없다. 가령 이준 열사 묘소, 손병희 선생 묘소 등을 가리키는 표지판을 보고 걸으면서도 아 그분이 여기 묻혀 있구나 정도로 생각할 뿐 금세 잊어버린다. 오랜 세월 삼각산 곳곳을 후비며 돌아다녔지만 선열 묘소 한 곳 찬찬히 참배한 적이 없음을 고백한다. 가끔 구경을 하는 정도에 그쳤다고나 할까. 부끄럽고 죄송한 생각에 오늘은 이 산자락의 선열 묘역을 소개한다.

삼각산에 잠든 선열들은 모두 우리나라 역사를 만들어 온 사람들이다. 특히 일제 강점 치하에서 빼앗긴 나라를 되찾기 위해 독립투쟁을 해온 분들이 대부분이다. 또 이 산기슭에 자리잡은 4·19국립묘지 역시 독재에 항거하여 민주주의를 외치다가 스러져간 수많은 꽃다운 영혼들이 머물고 있는 곳 아니던가. 그러므로 이 묘역들은 그 자체가 교훈이자 오늘을 사는 우리에게 귀중한 자기성찰과 깨달음을 요구한다. 말없는 무덤 한 기가 수많은 그럴 듯한 말씀보다도 더 큰 가르침을 주기 때문이다.

도봉구 수유4동 산127번지 일대 산기슭에 이 묘소들이 산재해 있다. 수유 전철역에서 내려 걸어서 20분이면 4·19묘지에 닿는다. 마을버스를 이용하면 묘지 정문 앞에서 하차한다. 높게 솟은 하얀 돌

순국선열 묘소 위치도

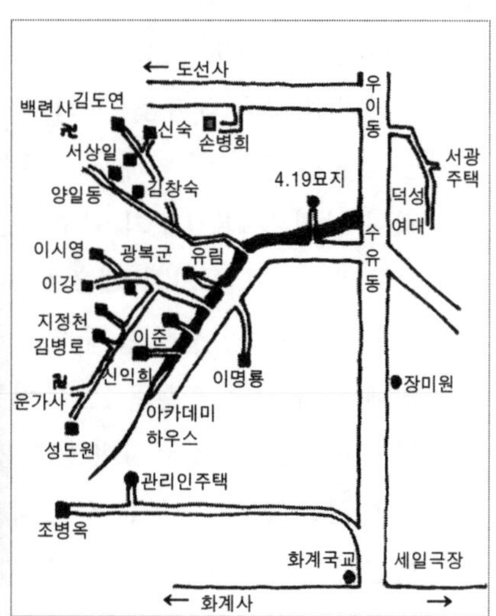

기둥들이 눈길을 끈다. 4월학생 혁명기념탑이다. 파란 가을 하늘과 하얀 돌기둥, 그리고 묘역을 에워싼 황, 적, 갈색의 숲이 선연한 색채 대비를 이루어 눈이 부실 정도다. 4·19 당시 사망자와 부상자중 사망한 216명의 영령이 잠들어 있는 곳이다.

그것은 홍수였다. 골목마다 거리마다 터져나오는 함성
아아 그것은 파도였다
동대문에서 종로로 세종로로 서대문으로…

라고 조지훈 시인(작고)은 당시의 상황을 노래했었다. 그날의 절규와 함성이 오늘의 수유리 묘지에서 다시 들려오는 것만 같다.

4·19묘지 정문에서 차도를 따라 10분쯤 걸어 올라가면 백련사 매표소에 이른다. 차도와 갈라져 오른쪽으로 넓은 등산로가 나 있다. 백련사와 진달래능선 중간 쯤에 연결되는 길이다. 백련사에 이르기까지 오른편으로 독립투사 김창숙, 신숙, 서상일, 김도연, 양일동 선생등의 묘소가 자리잡고 있다.

다시 백련사 매표소로 나와 차도를 따라 아카데미 하우스 쪽으로 올라가면 수유 매표소, 운가사 매표소, 아카데미 매표소 등이 차례로 나온다. 차도에 면해서 오른쪽으로 이준 열사, 독립투사 유림, 신익희 선생 등의 묘소가 있고 묘소를 가리키는 표지판이 잘 보인다. 수유매표소와 운가사 매표소를 통해 들어가면 오른쪽으로 독립투사 이강, 이시영 선생 등의 묘소가, 왼쪽 운가사 쪽으로 가는 길 오른편에 각각 광복군 합동묘, 독립투사 지청천, 김병로 선생들의 묘소가 있다. 묘소를 경유하여 곧장 30분쯤 오르면 진달래능선의 윗부분에 이르게 된다. 대동문을 통해 하산할 경우 진달래능선 윗부분 갈림길과 가운뎃부분 갈림길에서 각각 오른쪽으로 떨어지면 이 선열 묘역들을 참관할 수 있을 것이다.

아카데미 하우스에 이르는 차도 왼편으로 3·1독립운동 민족 대표의 한 분인 이명룡 선생 묘소가 자리잡고 있다. 또 수유동 가르멜여자수도원을 지나 차도가 끝나는 곳에 조박사 매표소가 있고, 이곳을 통하여 들어가면 독립투사이자 1960년 야당 대통령 후보였던 조병옥 박사 묘소가 나온다. 묘소를 지나 40분쯤 오르면 칼바위능선 네갈래 갈림길에 닿는다. 그러나 이 갈림길에서 칼바위 능선을 경유, 산성이 있는 주능선에 오르는 길은 현재 자연휴식년제로 묶여 입산이 통제된다.

삼각산 북동쪽 산기슭인 우이동에도 선열묘소가 자리잡았다. 23번 버스종점에서 도선사로 들어가는 차도 왼편 (북한산관리사무소 우이분소 못미처)에 3·1운동 민족 대표인 손병희 선생 묘소가 높게 쳐다보인다. 또 우이동 솔밭을 통해 독립투사 여운형 선생 묘소(산106번지)와 이용문 장군 묘소(산64번지)를 찾을 수 있다. 기행의 시인 오상순 선생(수유동 산 127), 선구적인 음악가 현제명 선생(수유4동 산127)의 묘소도 삼각산 자락에 자리잡고 있다. (1990)

형제봉능선

삼각산은 언제 어디서든 올라가는 것 자체가 감동이다. 그러나 그 길, 등성이, 바위 봉우리의 내력을 조금쯤 알고 오르면 더 큰 감회가 있다. 가령 지금 내가 걷는 길은 5백 년전 매월당 김시습이 세상를 한탄하며 걸어나왔던 그 길에 틀림없을 것이다, 이 바위 봉우리는 조선조 세조가 참회의 마음으로 올라갔던 그 봉우리일 터이다, 등등을 염두에 둔다면 훨씬 더 새롭게 산행을 즐길 수 있고, 자신도 역사 속에 동참하고 있는 듯한 느낌을 갖게 된다.

서울 도심에서 아주 가까운 형제봉 능선은 600년전 무학대사가 걸어간 길임을 짐작케 한다. 정도전(鄭道傳)도 아마 이 길로 내려갔을 것이다. 이 능선은 삼각산의 주맥이 남으로 흘러, 조선왕조의 궁궐인 경복궁 뒤 북악봉으로 연결되는 가닥이기 때문이다. 조선조 태조 이성계가 한양에 도읍을 정하고 궁궐을 짓고자 할 때, 무학대사는 태조로부터 궁궐지를 택하라는 명을 받는다. 그는 백운대에 올라 지세를 살피고, 산줄기를 따라 만경대 서남쪽 비봉능선으로 내려간다. 한 바위 봉우리에 이상한 비석이 있어 들여다보니 '無學誤審到此'라고 각자(刻字)되어 있지 않는가. 무학은 이곳에 잘못 왔다는 뜻이다. 깜짝 놀란 그는 크게 깨달은 바 있어 다시 만경대에서 정남(正南)줄기를 따라 내려간다. 오늘의 만경대가 조선시대에 국망봉(國望峰)으로 불린 까닭도 이곳에서 무학대사가 나라의 궁궐터를 살폈다는 이야기와 무관하지 않다. 아무튼 정남맥을 따라 내려간 그는

형제봉능선 안내도

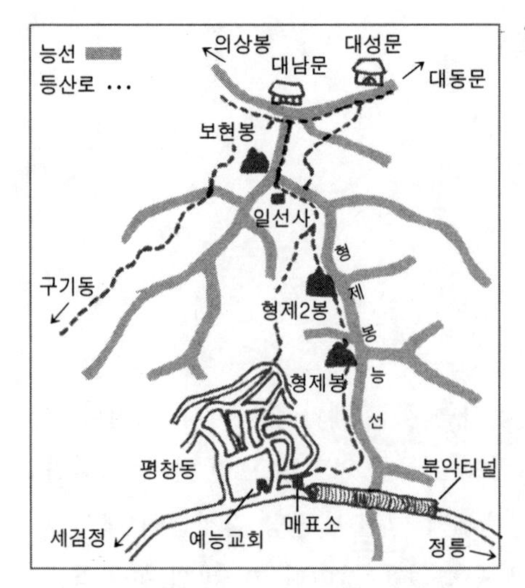

보현봉에 이르고, 다시 형제봉 능선을 경유하여 백악(白岳 · 지금의 북악봉)으로 내려와 궁궐터를 점지한 것이다.

무학대사가 당시 어떻게 저 험준한 백운대와 만경대능선, 보현봉 등을 올랐는지에 대해서는 확실한 기록이 없다. 그러나 오늘날 많은 산꾼들이 백운대를 철책길 아닌 곳*으로 장비없이 오르내리고, 만경대능선 역시 수준 높은 아마추어들의 워킹 코스로 일반화됐음을 볼 때, 6백년 전 당시에도 산중생활에 익숙한 무학대사로서는 충분히 가능했으리라는 생각을 하게 된다.

조선시대의 개막과 관련이 있는 형제봉능선임을 상기하면서, 평창동~보현봉까지의 오름길은 그런대로 아기자기한 맛이 있어 좋다. 돌길, 바윗길, 흙길이 알맞게 연이어져 재미있고 완만한, 오르내림길이 계속돼 운동량도 충분하다. 또 형제1봉, 2봉, 보현봉에서의 사위 조망이 훌륭하고 여러 갈래의 변형 코스도 많아 걷는 산행으로는 그만이라는 생각이다.

산행 기점은 국민대 매표소와 평창동 예능교회가 일반적이다. 무

*원효능선 코스와 숨은벽 정상에서 범굴을 경유하는 코스

학대사가 내려왔음직한 길에 들기 위해서는 평창동 쪽을 택하는게 좋다. 예능교회를 왼쪽으로 끼고 돌아 넓은 차도를 따라 잠깐 오르다가 오른쪽 차도로 올라가면 곧 형제봉 매표소, 차도를 버리고 오른쪽으로 이내 등산로가 시작된다. 여유있는 돌계단 길과 오솔길을 가다보면 예능교회를 출발한지 20분만에 큰 바위 덩어리와 마주치게 된다. 바위면에 나무미륵대불이라고 새겨져 있다. 이 바위 옆 돌계단길(구복암행)로 들지 말고 오른쪽으로 올라가야 한다. 곧 갈림길이 나타나면 왼쪽으로 또 갈림길에서 왼쪽으로 약간 내려간 듯한 숲길에 들어선다. 또 하나의 큰 바위가 입을 벌리고 기다린다. 굴이다. 그 속에 샘이 있다. 이 샘에서 수통에 물을 채운다. (형제봉능선에는 샘이 없다. 일선사까지는) 굴 앞에 '대성문 2,360m라는 표지판이 서 있다. 왼쪽 길로 올라 곧 능선에 이르고 능선에서는 오른쪽 오름길로 곧장 나아가면 된다. 예능교회를 출발한지 40여분 만에 철책이 설치된 첫 번째 전망대에 닿는다. 남으로 북악봉에 연결되는 능선이 잘 조망되고 발 아래 평창동 일대의 고급주택가가 내려다보인다. 전망대에서 10여분이면 형제1봉에 도착한다. 역시 철책을 잡고 오르게 돼 있다. 바로 건너로 형제2봉이 서 있는데, 어느 봉우리가 더 높은지 가늠하기가 어렵다. 1봉이 성깔 있는 바위봉이라면 2봉은 너그러운 숲으로 싸여있는 봉우리라고나 할까. 서쪽으로 보현봉의 무너질 것 같은 바위가 손에 잡힐 듯하다. 형제1봉을 내려가면 거의 평편한 능선길이다. 군데군데 갈림길이 많으나 곧장 탁트인 오름길로 보현봉을 바라보고 나아가면 실수가 없을 것이다. 산행을 시작한지 2시간이면 보현봉 정상에 닿는다.

백두산에서부터 그 근원을 이어왔다는 경복궁. 반도의 척추에서 갈라져 나와 도읍을 일군 산자락 형제봉능선은 그래서 역사와 선인들의 발자취를 새삼 더듬어보는 길이기도 하다. (1990)

깊은 산 속 옹달샘

삼각산 주능선의 한복판이라 할 수 있는 북한산장에 샘이 있다. 용암샘이다. 가뭄 때에도 수량이 풍부하고 물맛이 훌륭하다. 일요일에는 사람들이 많이 모이는 곳이므로 점심 때 쯤이면 줄서서 물을 마시거나 수통에 채워가야 한다. 이 샘에서 목을 축이며 잠시 쉴 때마다 생각한다. 이렇게 높은 능선상에 어떻게 저런 샘이 솟는 것일까. 주위에 계곡이 있는 것도 아니고 높은 숲지대가 있어 물을 머금고 있는 것도 아니다. 샘의 위치보다 높은 지대는 거의가 암봉들일 뿐이다. 물의 원리가 위에서 아래로 흐르는 것이라고 할 때 용암샘은 아무래도 불가사의가 아닐 수 없다. 이런 의문은 지리산 임걸령에서도 여러 차례 품어본 적이 있다. 주위가 평편하고 넓은 흙과 바위일 뿐인데 샘물이 끊임없이 솟고 있는 것이다. 더군다나 임걸령은 해발 1천미터가 훨씬 넘는 고지대가 아니던가.

땅 속의 수맥이 어떤 경로를 통해 흐르다가 높은 지표 밖으로 터져나왔을 것이라고 짐작한다. 그것이 현대과학으로 어떻게 설명될 것인가 하는 문제는 나의 몫이 아니다. 다만 그렇게 하여 솟구친 물이 옹달샘을 이루고, 그 옹달샘이야말로 산행을 하는 사람들에게는 하나의 신비로운 감동이라는 것을 말하고 싶다. 칼날같은 영하의 추위 속에서도 옹달샘은 모락모락 김을 품으면서 사람의 목마름을 적셔준다. 작열하는 여름날의 태양 아래에서 그 샘물은 또한 이가 시립도록 사람의 가슴을 시원하게 씻어준다. 삼각산에는 곳곳에 이런 옹

소귀천계곡에서도 제일 물맛이 좋은 세심천

달샘이 많다. 그러므로 삼각산 등산에는 수통이 필요치 않다고 말하는 사람들도 적지 않다. 아무리 긴 코스라 할지라도 1시간 정도만 참으면 샘을 만날 수 있기 때문이다. 그러나 곳곳에 샘이 있다고 해서 수통을 준비하지 않아도 된다고 말하고 싶지는 않다. 샘의 위치를 정확하게 몰라서 낭패를 당할 수도 있고, 길을 잘못 들어 샘과 거리가 멀게 떨어져 버릴 수도 있다.

북한산성 축성후 삼각산에는 모두 99개 소의 옹달샘이 있었다고 「북한지(北漢誌)」는 전한다. 이 샘들을 모두 답사하지는 못했으나 현재 남아있는 숫자는 99개 소에 훨씬 미치지 못하리라는 생각이다. 산행을 하다 보면 곳곳에 못쓰게 된 샘터가 있음을 보게 되고, 기록에 나와 있는 샘터에 가 보아도 그 흔적조차 찾을 수 없는 경우가 있다. 가령 「북한지」에는 '백운봉(지금의 백운대)에 백운천이 있다'

고 돼 있으나, 나로서는 백운대 정상 부근을 다 뒤져 보아도 찾을 수 가 없었다. 샘이라는 것도 사람의 필요에 의해서 잘 가꾸고 깨끗이 보존해야 그 순결한 감동을 두고두고 맛볼 수 있지 않겠는가.

우이동 8번 버스 종점에서 진달래능선 쪽을 바라보고 오르다 만나는 세이천(洗耳泉)이 있다. 우이동과 수유동 주민들이 많이 찾는 곳이다. 수도꼭지로 돼 있어 옹달샘의 예스러운 모습은 볼 수 없으나 물맛이 좋고 그 이름이 재미있다. '귀를 씻는 샘'이라는 뜻인데, 곰곰 음미해 보면 저절로 미소를 짓게 된다. 귀를 씻는다는 것은 곧 세상의 온갖 좋지 않은 소리를 씻어 낸다는 의미일 것이다. 예나 지금이나 좋지 않은 '소리'들이 많은 모양이다.

역시 진달래능선과 우이능선 사이 계곡 '고향산천' 에 소귀천(素貴泉)이 있다. 계곡 옆 산기슭 암반 사이에서 항상 그만 그만한 양이 솟아오른다. 아무리 가물어도 마르는 법이 없다. 대남문 뒤쪽으로 야호샘이 있고, 그 아래 대성암 샘의 수량이 풍부하다. 물맛이 부드러워 두 바가지쯤 마시게 된다.

대성암을 거쳐 계곡으로 내려가면 태고사, 중흥사터를 지나는 동안 3개 소의 샘을 찾을 수 있다. 수유동, 우이동, 정릉 쪽 샘들에 비해 사람들이 덜 끓어 깨끗하고 예스러운 용담샘의 물맛이 뛰어나다. 부드럽고도 달다. 수년 전 일선사 샘에 시멘트 물탱크를 새로 만들어 물맛이 변할까 염려했으나 지금은 옛 맛 그대로다.

구기동의 삼지봉(일명 향로봉)아래 샘, 승가사 샘도 유서가 깊다. 북한산성 입구에서 오르다 보면 원효암 샘, 상운사 샘, 약수암 샘을 만나게 된다.

'깊은 산 속 옹달샘 누가 와서 먹나요'의 그 옹달샘은 이제 토끼와 사슴이 찾는 곳이 아니다. 물통을 든 사람들이 줄을 잇는다. (1990)

응봉능선

비봉과 승가봉 사이에 사모바위가 있다. 마치 단발머리 소녀가 다소곳이 고개를 숙인 듯한 형상의 바위다. 옛 사람의 모자인 사모(紗帽)를 닮았다고 해서 이런 이름이 붙여졌는지도 모른다. 가까이에서 보면 큼지막한 화강암괴에 얹혀진 머리 바위가 금세 무너져 내릴 것만 같다. 승가봉쪽에서 내려다 보이는 사모바위의 모습이 슬프도록 아름답다.

이 바위는 일부 등산객들 사이에 김신조 바위라고도 불린다. 1968년 1·21사태 때 청와대를 습격하기 위한 북한 특공대들이 이 바위 아래에서 하룻밤을 묵으며 서울의 야경을 보고 놀랐다고 한다. 당시 그 특공대들은 모두 사살되었으나 김신조씨만이 생포돼 현재 기독교인으로 활동하고 있다. 그래서 붙여진 이름이다.

사모바위가 내려다보는 곳은 어디인가. 이 바위는 어디를 사모하는가. 응봉(鷹峰)능선이다. 이 바위는 응봉능선을 내려다보며 슬픔에 잠겨 있는 것이다. 이 바위에서 북서쪽으로 길게 뻗은 응봉능선은 평소 등산객들의 주목을 별로 받지 않았던 곳. 몇 년 전까지만 해도 사모바위 옆에 군대 막사가 있어 출입이 통제된 데다 응봉능선 오른쪽의 삼천사계곡, 왼쪽의 진관사계곡 등이 역시 일부 통제되고 있기 때문이다. 군대막사가 철수·철거되면서 탕춘대능선-삼지봉-비봉-사모바위-문수봉-대남문에 이르는 코스가 크게 각광을 받아 왔다. 능선길이 완만하면서도 군데군데 바위를 오르내리는 재미

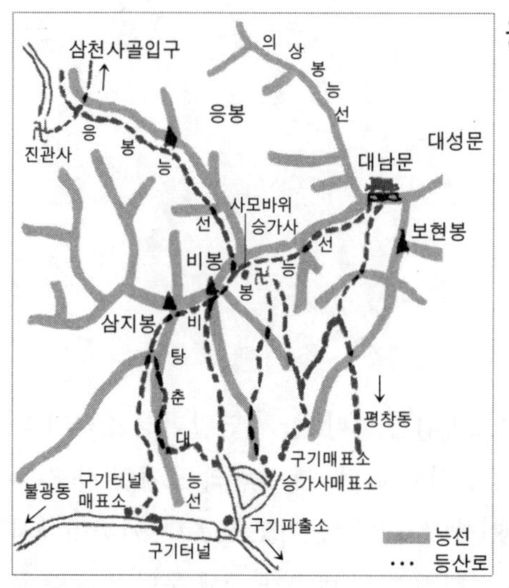

응봉능선 안내도

가 있고, 능선에서 조망되는 겹겹의 삼각산 줄기와 암봉들이 유현한 동양화의 세계를 연상시킨다. 따라서 비봉능선에서 북서쪽으로 갈라져 뻗어나간 응봉능선을 찾는 사람은 드문 편이다.

지난 월요일은 평일인 때문이지 비봉능선에서도 사람 만나기가 쉽지 않았다. 사모바위에 올라 시내를 내려다본 다음 곧장 응봉능선으로 길을 잡았다. 1시간여동안 암릉길을 오르내리며 나아갔는데 단 한 사람도 만날 수가 없었다. 이런 데서는 오히려 사람 만나는 것이 더 두려운 법이다. 단독산행을 할 경우에 특히 그렇다. 일행이라도 있다면 아무렇지도 않게 쉽게 오르내릴 수 있는 길에서도 혼자라는 심리적 긴장 때문에 더 조심스럽고 때론 무서움을 느낄 수도 있다.

사모바위를 출발한지 10여분만에 첫 번째 암봉인 547봉을 만나게 된다. 바위봉을 무리하게 오르려 하지 말고 오른쪽으로 우회하는 길을 찾아야 한다. 약간 내려간 듯하게 길이 나 있으나, 푸석푸석한 바윗길이어서 금세 희미해진다. 너무 내려가지 말고 걸을 만한 바위를 찾아 돌아 올라가면 된다. 곧 평편한 바위 능선길이 나타나고 조금 나아가면 내리막길이다.

왼쪽으로 깎아지른 절벽이 내려다 보이지만 겁을 먹을 필요는 조금도 없다. 길로만 내려간다면 손잡이와 발디딤이 확실해 안전하다. 다만 이런 바윗길에서는 서둘지 말고 침착하게 나아가야 한다.

547봉을 지나면 소나무와 잡목이 뒤덮인 오솔길이다. 거의 평지와 같다. 사람이 많이 다니지 않는 길이기에 잔가지들을 오른손으로 헤치면서 걸어야 한다. 오래지 않아 두 번째 봉우리에 오르게 된다. 시야가 확 트이는 봉우리다. 오른쪽(동북쪽)으로 의상봉, 용혈봉, 나월봉,나한봉, 문수봉 등이 장엄하게 펼쳐져 있다. 그 아래로 삼천사 골짜기가 아주 깊어 보인다. 왼쪽(남서쪽)으로 눈을 돌리면 숲속에 자리잡은 진관사와 진관사 계곡이 멀리 내려다보인다. 비봉능선상의 연봉들을 뒤쪽에서 조망하는 맛도 있어 좋다.

사모바위를 출발한지 1시간 남짓이면 능선길이 거의 끝나는 넓은 고갯길에 떨어진다. 지프가 다닐 만한 길이지만 실제로 차가 다닌 흔적은 없다. 이 고개는 곧 네 갈래 갈림길이기도 하다. 오른쪽 넓은 길은 삼천사 계곡 입구로 나아가는 길이다.

왼쪽 넓은 길로 내려가면 곧 진관사 입구에 다다른다. 진관사에서는 마을 버스가 있어 구파발 전철역까지 10분이 소요된다.

응봉능선으로 하산하기 위해서는 어느 쪽에서 오르든 일단 비봉능선의 사모바위까지는 가야 한다. 비봉능선에 이르는 가장 가까운 등산 시발점은 구기동의 청운양로원 매표소, 승가사 입구 매표소, 구기매표소, 구기터널 매표소 등이 될 것이다. 과히 어렵지 않게 3시간 정도의 산행이면 넉넉하다. (1990)

산을 그리는 화가들

산은 글을 남기고 그림을 남긴다. 모든 예술을 남긴다. 우리나라에서는 특히 산이 곧 삶의 배경이자 문화의 현장이 된다.우리나라 사람들의 지리적 · 환경적 숙명이다. 그러므로 산은 곧 우리나라 사람들의 크나큰 정서다.

삼각산에서는 만나는 사람들은 울긋불긋한 옷차림의 등산객들이 대부분이다. 어쩌다가 산어귀에서 이젤을 펴놓고 유화를 그리는 화가를 보게 된다. 바위 봉우리에 서서 배에 힘을 넣고 노래를 부르는 성악가도 있다. 바위벽에서 마치 춤을 추듯 기어오르는 암벽등반은 또 얼마나 아름다운 육체언어인가. 어떤 아저씨는 흔한 풀 이파리 하나를 입에 물고 구슬프게 피리를 분다. 아름답고 선하다. 종합예술이 서울 속의 삼각산에 있다.

오늘은 우선 삼각산을 그리는 화가들 이야기를 하자. 등산객들이 많이 몰리는 등산로에서 화가를 만나기는 쉽지 않다. 대체로 화가들은 호젓한 곳에서 혼자 작업하는 것을 좋아하기 때문이다. 일요화가회나 아마추어 화가 그룹이 한꺼번에 모여 사생을 하는 경우도 있으나, 직업화가라면 혼자일 경우가 많다. 등반, 또는 산행의 높은 경지가 단독행인 것처럼.

경기도 고양시 사기동(사기막골)에 화가들이 많이 찾아드는 것을 보았다. 특히 겨울철에. 그들은 한결같이 설경을 그리기 위해 이곳에 온다. 삼각산의 북서면이어서 적설량이 많고 또 오랫동안 눈이 쌓여있기 때문이다. 뿐만 아니라 우이동, 수유동 구기동쪽에 비해 등산객의 발길이 덜 미친다는 점도 화가들이 모여드는 요인의 하나가 될 것이다. 이곳은 삼각산 정상부위(인수봉, 백운대)의 뒤쪽이 된다. 화가들은 마치 내일이면 삼각산이 사라지기라도 할 것처럼 욕심껏 삼각산을 캔버스에 담는다. 활발한 정경이다. 원로 서양화가 박고석(朴古石) 씨의 삼각산 그림이 내 마음을 꿈틀거리게 한다. 삼각산의 골격이나 근육의 야성을 느끼게 한다. 굵은 붓터치와 강렬한 색채, 온갖 군더더기를 사상시키는 대담성이 박진감을 더해준다. 박화백은 실제 암벽을 기어오르면서 삼각산을 자기 예술의 모티브로 삼아 왔다. 그는 여러해 전 바위에서 미끄러져 오랫동안 거동이 불편한 적도 있었다.

중진 서양화가 오승우(吳承雨) 씨 역시 산을 몸으로 그리는 작가다. 그는 기어이 정상에 올라서서, 내려다보이는 산의 동체를 그린다. 그러므로 그의 산그림은 능선, 혹은 등뼈와 같은 대파노라마의 연속이다. 역시 선이 굵고 힘찬 대작들이 많다. 그는 산에 오르는 뜻을 산의 속살을 보기 위해서라고 한다. 무엇인가를 새롭게 본다는 것은 곧 화가의 본질이자 운명일 터이다. 원로 서양화가 유영국(劉永國) 씨의 산그림들은 산의 거대한 형태를 기하학적으로 조형화시킨 작품들이다. 색채의 면, 형태의 선이 단순화되거나 중첩됨으로써 추상 표현의 아름다움을 보여준다.

그의 작품들은 산의 구체적 체험으로서가 아니라 사유로서의 조형언어처럼 보인다. 원로 서양화가 박득순(朴得錞)화백 역시 삼각산을 많이 그렸다. 자연이 주는 감동을 화폭에 재표현하는 정직하고도 성실한 산 그림들이라고 할 수 있다. 그의 산 그림들은 우리에게 평화와 안식을 느끼게 한다.

50대 중견 서양화가로서는 송용(宋龍) 씨의 계곡이나 바위 표현이 눈길을 끈다. 특히 그의 화면에 나타나는 계곡 물빛은 금세 뛰어들고 싶을 만큼 감동적이다. 새들이 부딪쳐 떨어졌다는 솔거의 소나무 그림처럼, 그의 계곡에 빠져죽는 영혼이 많을 것이라는 생각이다.

삼각산을 그리는 화가들은 수없이 많다. 조선시대 화가에서부터 현대작가에 이르기까지, 동·서양화를 가리지 않고 삼각산은 끊임없이 회화의 모티브가 되어 왔다. 산을 어떻게 그리든 내가 상관할 바는 아니다. 그러나 나의 희망으로는 땀흘리며 온갖 고통을 감수하며 올라가 보라는 것이다. 올라가서 산을 보는 화가와 올라가지 않고 보는 화가는 분명 다를 것이다. 화폭에 표현되는 산의 내용도 달라지리라는 생각이다. 가령 사진가가 위험을 무릅쓰고 올라가 어떤 암벽에서의 인간을 근접촬영한 것과 멀리서 망원렌즈로 촬영한 것과는 그 시각이나 포착 내용이 크게 다르지 않겠는가. 육체적 고통이 정신적 쾌락을 창조해 낸다는 누군가의 말은 옳다. (1990)

단독 산행

월요일의 삼각산 등산로는 한적하기 이를 데 없다. 비로소 산이다. 산다운 산이 서울에 있음을 느끼게 된다. 산과 나 사이를 가로막는 사람들의 장막이 걷혔기 때문이다. 어쩌다 드문드문 마주치는 사람들도 반갑고 이들이 모두 산의 한 부분이 되는 것같아 흐뭇하다.

일요일이든 평일이든 삼각산에서는 혼자서 산행하는 사람을 심심치 않게 보게 된다. 항상 위험 요소가 도사리고 있는 만경대 능선, 숨은벽 능선, 원효능선 등의 바윗길에서도 혼자서 의연하게 해내는 사람들이 적지 않다. 심지어는 인수봉을 장비 없이 혼자 오르내리는 꾼들도 있다. 걷기 등산에만 익숙해진 사람들에게는 이들의 단독행이 무모한 짓으로 비칠지도 모른다. 그러나 막상 단독 산행을 즐기는 당사자들은 단독 산행이야말로 최고의 등산 경지라고 말한다. 등산을 시작한지 보통 3, 4년쯤 지나면 산길 읽는 요령을 터득한다. 어쩌다가 일행들과 약속 시간을 못지켜 단독 산행에 들어가는데, 일행들과 함께 하는 산행에서 느끼지 못하는 새로운 경험을 얻게 된다. 그 이후로는 시간이 날 때마다 불현듯 혼자서 산을 찾는 일이 많아진다. 이리저리 안가본 산길로도 들어가 보고 길을 잃기도 하고 무심히 지나쳤던 바위 봉우리에도 올라가 본다. 익숙했던 산길이 생소해지기도 하며 많이 오르내렸던 바윗길이 어쩐지 두려워 더욱 침착하고 조심스러워진다. 모든 행동은 혼자서 책임지지 않으면 안된다. 잠시 쉬는 사이 눈에 띄는 풀잎 하나, 무심히 들려오는 솔바람 소리에 문득 자신의 삶을 되새겨 보기도 한다. 자연과 나, 산과 인간의 완전한 합일(合一)을 체험하는 것이다.

단독 산행을 오래 하다 보면 단독 막영의 단계로 접어든다. 토요일 오후 쯤 훌쩍 떠나고 싶어 묵직하게 배낭을 꾸리고 혼자서 그냥 산으로 들어간다. 도선사 주차장에 내려 하루재를 넘어가는 꾼들을 많이 보게 되는데 대부분 인수산장 부근에서 텐트를 친다. 파트너가 있거나 무리를 지어 막영을 하지만 개중에는 혼자인 경우가 적지않게 눈에 띈다. 이들은 토요일 밤을 산속에서 자고 일요일 이른 아침 인수봉이나 숨은벽을 올랐다가 일찌감치 하강하는 축들이다. 혼자서 텐트 앞에 앉아 식사를 하거나 커피를 마시는 모습이 쓸쓸해 보이기도 하지만, 당사자들의 마음은 전혀 외롭지가 않다. 오히려 산속에서의 하룻밤이야말로 혼자 만의 자유와 기쁨을 만끽하는 것이 된다.

고요함 속에서 귀가 열리고 혼자 있을 때 비로소 인간적 삶의 의미가 보인다. 텐트 앞에 고즈넉이 앉아 나뭇잎 흔드는 바람소리를 들었을 때 나는 그 소리가 어떤 영혼들의 여린 떨림이라는 것을 깨닫는다. 왜 나는 그때 거기에 있지 못했던가. 왜 나는 그때 그토록 비겁해졌던가. 해질녘 산그림자를 바라보면서 문득 지나온 나의 삶을 들여다본다. 나는 그 일에 정당했는가. 나는 참으로 내 이웃을 사랑했는가. 내가 해놓은 것들은 과연 무엇인가. 이제 산을 내려가서 어떻게 다시 시작할 것인가….

외딴 길이 입을 벌리고 기다린다
무서우면서도 싱싱한 길이다
우리가 원시성을 그리워하거나
그 내음에 나를 온통 담그고 싶어지는
까닭을 오늘에사 알겠다

혼자일 때 귀가 열리고 비로소 인간적 삶의 의미가 보인다

지난날로 가는 것이 아니라
새로운 탄생임을 깨닫는 이 놀라움!

나의 시 <바위타기>의 한 구절. 역시 혼자서 바위를 오르며 삶의 의미를 정리해본 것이다.

단독산행의 묘미는 이처럼 산과 나의 직접적인 교감(交感)에서 비롯된다. 이 교감은 곧 해방과 자유의 획득이다. 해방과 자유 속에 서라야만이 비로소 우리는 우리 자신의 삶을 성찰할 수 있다. 산과 나의 직접적인 만남을 가로막는 것은 무엇인가. 사람들이다. 사람들의 말소리, 떠드는 소리, 카세트소리, 사람들 속의 부자유, 사람들이 버려놓은 쓰레기와 음식 냄새…. 그러므로 단독산행은 고요함 속에서 듣게 되는 자연과 삶의 언어라고 할 수 있다. (1990)

도봉 - 삼각산 종주

여러해 전의 일이다. 삼각산 육모정고개에서 잠시 쉬는 사이에 산꾼 한 사람을 만났다. 30대 후반쯤으로 보이는 그는 수수한 옷차림에 작은 배낭을 메고 있었는데, 날렵한 몸매하며 그을린 얼굴이 대단한 꾼임을 짐작할 수 있었다. 그는 이른 새벽에 원도봉으로 올라 망월사, 포대능선, 도봉주능선, 우이암 남릉을 거쳐 우이동으로 내려왔다가 다시 삼각산에 올라 종주를 하고 구기동으로 내려갈 예정이라고 했다. 자기 걸음으로 보통 6, 7시간 정도면 되고, 자기는 일요일마다 이렇게 두 개 산을 한꺼번에 종주한다는 것이었다. 나로서는 신선한 충격이었다. 그뿐인가. 서울 주변에 있는 5개 명산(불암산, 수락산, 도봉산, 삼각산, 관악산)을 하루에 오른 적이 있다고도 했다. 중계동이 집인데 아침 6시에 출발하여 불암, 수락, 도봉, 삼각산을 차례로 등반한 다음, 시내버스를 타고 강남으로 건너가 관악산을 해치웠는데 집에 돌아오니 밤 10시쯤 되더라는 것이다. 도무지 믿어지지가 않았으나, 체력과 지구력만 뛰어나다면 가능하리라는 생각도 들었다. 나는 그날 그 사나이와 함께 영봉까지 걸었는데 그의 발걸음은 과연 빨랐다. 「임꺽정」 전에 나오는 황천왕동이는 축지법을 쓰는 것이 아니라 바로 저런 발걸음으로 걸었으리라고 짐작되었다. 육모정~영봉까지의 길지 않은 능선길에서 내가 그를 따라잡기 위해서 얼마나 안간힘을 다했는지, 지금 생각해도 웃음이 새어 나온

도봉산-삼각산 종주안내도

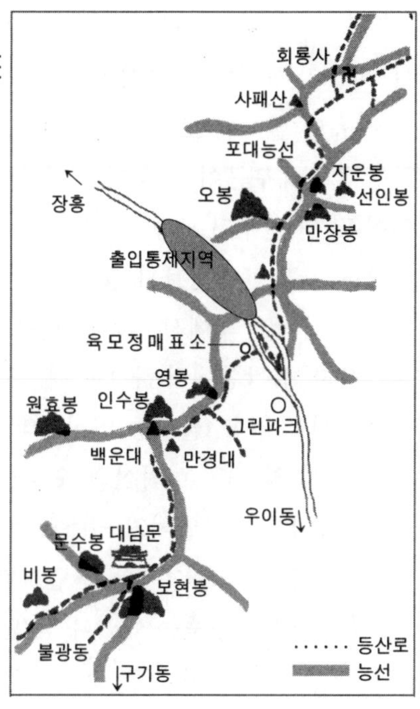

다. 그는 영봉 정상에서 쉬지도 않은 채 "먼저 갑니다" 라는 한마디와 미소를 남기고 성큼성큼 사라져 버렸다.

산을 뛰어나게 빨리 타는 사람은 그렇지 못하는 사람들에게 항상 비난의 대상이 된다. 특히 여럿이 함께하는 산행에서는 한 두사람을 집중적으로 성토하는 경우를 많이 보았다. 산을 그렇게 타는 것이 아니다, 산행은 여유있게 경관을 감상하며 해야 한다, 지리산을 종주하다니 미친짓이다, 등등의 이야기를 흔히 듣는다. 그러나 정작 산을 빠르게 타는 사람들에게는 각각 그 나름대로 이유와 신념이 있다. 그들은 산을 단순한 유산으로서가 아니라 스포츠로, 자기 체력의 향상이나 자기 한계의 극복 실험으로, 또는 모험으로 생각하는 사람들이다. 알피니즘은 이래서 생긴 것이다. 그들은 그렇게 빠르게 또 고통스럽게 산을 타면서도 자연이 주는 변화나 감동을 모두 읽는다. 오히려 그들은 천천히 걷는 사람이 못보는 것을 체험하기도 한다. 아울러 산행이 곧 세상살이의 이치와도 같은 것이라는 나름대로의 사유와 철학에 도달하게 된다. 그래서 그들의 산행은 외롭고 단독산행이 대부분이다. 우연히 만난 산사나이의 놀라운 이야기에 힘입어 몇 년 전부터 도봉~삼각산 종주를 해보았다. 생각보다 어렵지 않으며 시간도 예정보다 훨씬 단축되었다. 나는 보다 더 긴 코스를 잡아 전철 회룡역에서 시작해 회룡사를 경유하여 포대에 이르기를 좋아한다. 삼각산에서 하산할 때에도 더 길게 하기 위해 대남문에서 비봉능선을 경유, 불광동 연신내역으로 떨어진다. 줄잡아 9시간이 채 걸리지 않는다. 설악산의 오색－대청봉－희운각－공룡능선－마등령－설악동의 당일치기 코스와 소요시간은 비슷했으나 체력소모는 도봉－삼각산 종주가 훨씬 덜하다는 느낌이다.

도봉－삼각산 종주는 그러나 산행인원, 일요일과 평일, 산행코스, 계절, 기상조건에 따라 그 소요시간의 가변성이 크다. 특히 일요일의 포대능선과 백운대 바윗길은 서울 도심에서 자동차의 적체현상을 보듯 사람들의 적체로 엄청 많은 시간이 걸린다. 그러므로 이 종주는 평일에 하는 것이 경제적이다.

도봉~삼각종주 코스는 오래 전부터 등산대회(대한산악연맹 주최)의 백미로 여겨져 왔다. 지금은 그런 방식의 등산대회는 없어졌으나, 젊은 바위꾼들이 체력훈련의 수단으로 많이들 하고 있다. 최근에는 40, 50대의 중 · 장년들도 이 종주코스를 즐기면서 자기 능력을 향상시킨다. 씩씩하고 아름다운 일이다. 그러나 도봉~삼각산 종주는 아무나 다 할 수 있는 일은 아니다. 산행에 경험이 많고, 산길을 잘 읽을 수 있으며 체력에 자신이 있는 사람들이라야 한다. 거미줄처럼 얽힌 도봉산 · 삼각산의 산길을 웬만큼 터득하고 나침반과 지도, 보조자일쯤은 항시 휴대하는 꾼들에게 권하고 싶은 길이다. 또 하나 좋은 날씨를 택하는 것도 중요한 일이다. (1990)

삼각산으로 부릅시다

가노라 삼각산아 다시 보자 한강수야
고국 산천을 떠나고자 하련마는
시절이 하수상하니 올동말동 하여라

초등학교 때 배운 이 시조는 병자호란 후 청나라에 잡혀간 김상현이라는 이가 읊은 시조이다. 서울에서 청나라로 가기 위해서는 지금의 무악재를 넘고 연신내 구파발을 거쳐 통일로를 따라 북상해야 한다. 이 길에서 뒤돌아보는 서울쪽의 산, 즉 오늘날 북한산으로 일컬어지는 산의 세 봉우리가 아름답기 그지없다. 인수봉 · 백운대 · 만경대가 삼각으로 솟아 있어 고려시대 때부터 '삼각산'으로 불려져 왔다고 한다.

초등학교 때 말로만 들었던 삼각산을 먼 발치로나마 처음 보았던 것이 1960년 초의 일이다. 당시 양주군 노해면 중계리(지금의 중계동)고모님 댁에서 버스로 통학하던 나는 아침마다 멀리 보이던 수려한 바위산이 삼각산이라는 것을 곧 알 수 있었다. 고모님은 인근의 수락산이나 불암산에서 곧잘 산나물이나 버섯 따위들을 채취해 오곤 하셨다. "송이버섯은 왜 없느냐?"고 묻자 "송이는 저어기 삼각산에 가야만 캘 수 있다"고 하셨다.

이렇게 1960년대까지만 해도, 북한산은 삼각산으로 불려졌다. 서울 시민은 물론 인근 경기지역의 주민들 모두가 삼각산으로 불렀다.

1970년대에 들어서는 삼각산, 북한산이 혼용되더니 1980년대부터는 북한산으로 통용되고 있다. 본명인 삼각산을 밀어내고 별명인 북한산이 본명이 돼버린 꼴이다. 1983년 삼각산과 도봉산을 합쳐 '북한산 국립공원'으로 공표되면서 북한산이 일반화되었다고 할 수 있다. 그러나 '삼각산'이라는 본명은 1천년전 이전부터 널리 불리워진 친근한 이름이다.

「고려사」와 「고려사절요」의 성종 13년(993년)글에 의하면 "

삼각산 이북도 또한 고구려의 옛 땅입니다", "목종이 숭교사에 있던 현종을 삼각산 신혈사로 옮겨 살게 하였다"는 가사가 나온다. 삼국시대 때부터 불리던 '부아악'이라는 산 이름이, 고려 성종 때부터 삼각산으로 바뀌어 정착되었다고 할 수 있다. 고려 숙종8년(1103년)에 제작된 '삼각산 중흥사반자' 명문, '태고사 원증국사탑비', '중흥사 청동누은 향로' 등에 각각 삼각산으로 표기된 것도 주목해 볼 만하다.

조선시대에 들어서도 삼각산은 그대로 통용되었다. 「세종실록지리지」, 「신증동국여지승람」, 「동국여지지」, 「여지도서」, 「증보문헌비고」, 「여지고」, 「북한지」, 「대동지지」 등의 역대 지리서와 「조선왕조실록」이 모두 한결같이 삼각산으로 기록하고 있고, 많은 선비들의 문집, 기행문들에도 삼각산은 널리 보편화된 이름으로 기록되었다. 백성들도 모두 삼각산으로 불렀음은 당연한 일이다.

삼각산을 오늘날의 북한산으로 잘못 정착되게 한 사연을 역사지리 연구가 김윤우씨는 다음과 같이 설명하고 있다. "북한산이란 산명은 본래가 산 이름이 아니라 백제 건국 이후 한강 이북 지역을 일컫던 지역명으로서의 땅이름이었다. 즉 본래는 백제 건국 초에 고구려에서 새로운 정착지를 찾아 남하한 비류와 온조 등 백제 건국 집단이 한강 유역 일대를 한산(漢山)이라 일컫기 시작한 것으로, 온조

왕 14년 한강 이북과 한강 이남의 지역을 북한산과 남한산으로 구분하여 일컫기 시작한 것으로 보이나, 이의 명확한 개념은 후대에 별로 보편화되지는 못하였던 것으로 추정된다.

엄밀히 말해서 삼국 사기의 '북한산'은 곧 '한강 이북의 한산 지역'이란 의미의 말이다(「북한산 역사지리」 29).

북한산과 남한산은 그러므로 오늘날 서울 시민들에 의해 쓰여지고 있는 '강북' , '강남'의 지역 이름으로 해석해야 한다는 견해다. 나의 생각으로는 산의 이름이, 시각적인 형태의 아름다움을 취한 '삼각산'으로 다시 환원되어야 함이 옳다는 생각이다. 통일로변에서 바라보이는 삼각의 정립, 하늘을 찌를 듯한 그 기개(氣槪)의 세 봉우리를 표현한 삼각산이야말로, 서울의 진산을 가리키는 이름이어야 한다는 생각이다.

오늘날 적지 않은 등산객들이 도봉산에 가면서도 '북한산에 간다'고 말한다. 도봉산이 '북한산국립공원'에 포함되어 있기 때문이다.

먼 훗날 우리의 후손들이 삼각산과 도봉산의 이름을 모두 잊고, 북한산으로만 부르지 않을까 걱정되는 것은 비단 나 혼자의 우려는 아닐 터이다. (1999)

대남문 아래 나무계단의 착시현상

서울 삼각산 대남문은 북한산성의 열두개 성문 가운데서도 서울 시민이 가장 많이 오르는 곳의 하나다. 시내 중심부에 가깝고, 교통편이 좋기 때문이다. 구기동 파출소 건너편 찻길을 들머리로 해서, 4킬로미터 정도를 오르면 대남문에 닿는다. 구기파출소에서 곧장 찻길 따라 이북 오도청 앞을 거쳐 비봉으로 올라 북동진, 대남문에 이를 수 있고, 구기동 아래쪽 서울미술관이나 그 아래쪽 세검정 삼거리에서도 오르게 된다. 평창동에서도 형제봉 능선이나, 계곡쪽으로 잘 나있는 길을 따라 어렵지 않게 대남문에 다다를 수 있다. 우이동 들머리의 위문, 대동문, 구파발 들머리의 대서문, 정릉 들머리의 대성문과 함께 대남문은 서울 시민들이 가장 사랑하는 산행의 목표지점이다. 지나해 가을 이 대남문에서 구기동으로 내려오면서 놀랄 만한 새 풍경을 만나게 되었다. 대남문 아래 쪽에서부터 5백여미터는 족히 됨직한 나무 계단이 설치돼 있었다. 아니, 산길에 웬 나무 계단이? 나 뿐만이 아니라, 함께 갔던 일행들도 모두 놀란 얼굴들이었다.

"국립공원관리공단이 입장료 쓸 곳이 없어 이런 데 돈을 쓰나?"

"차라리 빌딩 계단을 오르는 편이 낫지 이게 무슨 꼴이람!"

등산객들도 모두 한마디씩 던지며 못마땅해 하는 모습이었다. 5백여미터의 나무 계단은 한마디로 가관이었다. 왼쪽의 보현봉과 오른쪽의 문수봉 사이 골짜기 경관을 망쳐 놓았을 뿐 아니라, 일본식 목조 가옥의 층계를 연상케 하는 디자인이었다. 깔아놓은 널빤지 등

대남문 아래의 나무계단, 어지러울 뿐만 아니라 자연을 훼손시키는 본보기다

은 모두 반듯한 수입목인데, 널빤지마다 횡선으로 홈을 파놓아, 이 횡선들이 중첩됨으로써 착시(錯視)현상을 일으켰다. 착시현상이 계속되면 어지럽게 되고 발을 헛디디게 된다. 가까스로 계단 옆 구조물을 잡고 천천히 내려올 수 있었다.

국립공원관리사무소 직원에 의하면 이 나무 계단은 토사로 인한 등산로의 황폐화를 막고 길이 넓어지는 것을 방지하며, 길 주위의 풀과 나무를 보호하기 위해 만들어졌다고 한다. 일리가 있는 이야기다. 그러나 곰곰 생각해 보니 내가 20년이나 오르내렸던 이 길이 토사나 길 넓혀짐으로 인해 황폐화되었던 기억이 없다. 길 옆의 풀과 나무도 그대로이다 20년 전에도 대남문 아래 길은 넓었고, 그 길은 화강암의 튼튼한 받침돌로 계단이 되어 있었다. 또한 길 양편으로는 배수로를 만들어, 토사도 양쪽으로만 흐르게 되어 있었다. 이렇게 자연스럽게 수십년 동안 자연과 친화(親和)로 만들어진 산길을, 이번에 나무 계단의 인공(人工)으로 어지렵혀 놓았다. 사람이나 짐승이나 발디뎌 다져놓은 길은 그대로 자연이다. 그 길이 비록 넓어진다 하더라도, 그것 역시 자연이다. 왜 하필이면 대남문 아래 5백여미터만 나무 층계를 마련했어야 했는가? 그 아래에는 어떤가. 국립공원관리사무소의 논리라면, 그 아래 4킬로미터까지 모두 나무 계단을 만들어야 되지 않을까?

토사가 밀려 내려오고, 사람이 많이 다녀 산길이 넓혀진다면, 우리나라의 유명한 산들의 등산로는 모두 나무 계단으로 만들어야 한다는 이야기가 된다. 산에 오르는 사람은 자연 그대로의 산이 좋아 산을 찾는다. 토사가 밀려 길이 넓혀졌거나, 흙구덩이가 생겼거나 그것 그대로가 모두 자연일 수밖에 없다. 그것은 황폐화가 아니라 스스로 복원되기 마련이다. 산사태가 났다거나, 토사가 많이 쌓였다면 원형대로 보수하거나, 보완시키면 되지 않겠는가.

사람이 많이 다닌다고 해서 자연이 파괴되는 것은 아니다. 사람이 그곳에 무엇인가를 버리거나 새로 만듦으로써 자연이 파괴된다. 지난 주에 눈 쌓인 그 대남문을 다시 내려와 자세히 살펴본즉, 그 나무 계단을 설치하기 위해 적지 않은 자연파괴가 있었음을 확인하였다. 살아있는 나무를 잘랐거나, 바위에 철주를 박았거나, 옛 산길을 벗어나 길을 낸 곳곳이 눈에 띄었다.

지난주 내가 만난 등산객들은 한결같이 이 나무 계단이 잘못되었다고 말했다. 이 착시현상의 계단에서 넘어지고 쓰러져서 다친 사람이 적지 않다고 입을 모았다. 착시현상을 없애기 위해 계단에 고무를(타이어 고무를 잘게 썰어 부분적으로 부착해 놓았다)깔았다고 공원관리사무소 직원은 말했다. 빙판이 된 나무 계단을 내려가보았다. 판떼기마다 그어놓은 횡선, 착시현상은 그대로이고, 경사가 있는 곳마다 붙여놓은 폐타이어 고무는 여기가 무슨 쓰레기처리장인가 하는 느낌을 지울 수 없었다.

진정으로 산을 사랑하는 사람들은 손톱 한 조각도 산에 버리지 않는다. 하물며 인공으로 산에 쇠를 박거나, 무언가를 설치하거나 하는 일을 어찌 참을 수 있으랴. 국립공원관리사무소는 전직원이 산 사랑, 자연 사랑, 환경 사랑을 먼저 공부하고 실천할 일이다. (1999)

삼각산의 서북쪽

서울의 삼각산(북한산) 등산로는 요즘 자연 휴식년제에 묶여 통제 되는 곳이 적지 않다. 구기동 들머리에서는 탕춘대－비봉－대남문에 닿는 코스와, 구기동 매표소에서 계곡길을 따라 대남문에 이르는 코스만 개방되어 있을 뿐이다. 암릉이 아름다운 사자능선(일명 보현봉능선)과 형제봉능선(평창동－형제봉－보현봉)이 통제되어 있다. 따라서 사람들의 발걸음은 서북쪽 북한산성 유원지를 들머리로 하는 곳에 많이 몰린다.

북한산성 유원지 입구에서 출발할 경우 등산로는 크게 네 갈래로 잡는다. 네 군데 모두 입산이 개방돼 있으므로, 어느 쪽으로 오르든 상관 없으나, 원효봉－염초봉－백운대에 이르는 릿지(암릉)코스는 초행자들의 경우 삼가야 한다.

멋 모르고 앞 사람만 보고 따라갔다가는 큰 위험에 봉착해야 하는 곳이 여러 군데 있다. 가까스로 한 두 군데 어려운 곳을 통과했다 하더라도, 더 어려운 곳, 더 위험한 곳이 차례로 기다린다. 더 오르지도 못하고, 천신만고 끝에 올라온 곳을 다시 내려가지도 못하게 된다. 중간에 탈출할 수 있는 길도 쉽게 찾기가 어렵다. 이 코스에서 사고가 빈번하여 헬기가 자주 뜨는 것도 그 때문이다. 그러나 초심자라 하더라도, 운동신경이 발달하고 담력이 있다면 경험이 많은 리더를 따라 가 볼 만하다. 이때 리더는 반드시 20미터 짜리 보조자일을 준비해야 하고, 초심자의 몸을 보울라인 매듭으로 묶어, 벽을 내려가

원효릿지의 들머리 북문

거나 오를 때 위에서 확보해 주어야 한다. 리더가 자신의 기준으로 만 생각하여, 보조자일 없이 초심자를 끌고 간다면, 사고를 자초하는 결과가 올지도 모른다. 유원지 입구에서 백운대까지의 소요시간은 3, 4시간. 사람 수와 날씨에 따라서는 시간이 더 걸릴 수도 있다.

북한산성 유원지를 들머리로하여 쉽게 백운대나 대남문으로 오르기 위해서는 계곡길을 선택하면 된다. 자동차 길을 따라 대서문을 거쳐 30분쯤 오르면 널따란 주차장 위쪽으로 다리가 나타난다.

다리를 건너자마자 길은 두쪽으로 갈라지는데, 왼쪽이 백운대 쪽으로 오르는 계곡길이고, 오른쪽이 대남문, 대성문, 대동문, 보국문, 용암문 쪽으로 오르는 계곡길이다. 이 두 개의 계곡길은 어렵지 않게 주능선에 가 닿을 수는 있으나, 휴일이면 사람이 너무 많아 산행의 맛을 감소시킨다.

유원지 들머리의 네 번째 길이 의상봉 능선길이다. 사람이 많지 않고, 일곱 개의 봉우리를 오르락 내리락 해야 하므로 체력소모가 많다. 대남문까지 3, 4시간 정도 걸린다. 유원지 입구에서 차도를 따라 오르다가 매표소 직전 오른쪽의 북한산 초등학교 뒤로 오르는 길과, 차도를 따라 더 전진하여 대서문 성벽길로 오를 수가 있다. 또 유원지 입구에서 유원지 차도로 들어가지 않고 구파발 쪽으로 차도를 따라 되내려가 백화사 들어가는 길로 들어서서 왼쪽으로 붙어도 된다. 어느쪽으로 오르든 첫 번째 봉우리인 의상봉까지가 힘이 든다.

처음에는 완만하게 오르다가, 갈수록 경사가 급해진다. 북한산 초등학교로 오를 경우 급경사의 슬랩을 만나게 되는데, 굵직한 고정로프가 있어 이걸 붙잡고 오르면 된다. 의상봉에 올라 바라보면 건너편 북쪽으로 불꽃처럼 치닫는 원효봉-염초봉-백운대의 모습이 장관이다. 또 백운대에서 만경대로 뻗어내려가는 암봉군과 그 아래 노적봉이 우람하다. 이제부터 오르락내리락 해야 할 대남문까지의 봉우리들도 잘 보인다. 의상봉에서 평편한 길로 내려서서 성벽길을 한참 가면 청수동 암문이 나타난다. 암문이란 누각이 없이, 밀사나 시체 따위가 들어오고 나가는 문이다.

암문을 지나 두 번째 봉우리인 용출봉을 오른다. 의상봉보다 더 높고 뾰족한 봉우리이지만 그다지 힘든 편은 아니다. 용출봉을 내려서면 낭떠러지를 보게 되는데, 최근 수년 전부터 철제 계단을 만들어 놓아 어렵지 않게 내려설 수 있다.

제3봉인 용혈봉과 제4봉인 증취봉을 가볍게 넘어가면 부왕동암문(소남문)에 이른다. 이곳을 지나 제5봉인 나월봉 오르는 길이 가파르고 길어 다소 힘이 든다. 이어 나한봉과 가사당암문을 거쳐 문수봉을 끼고 돌면 대남문이다. 온몸이 땀에 젖어 있지만 일곱 개의 봉우리를 해냈다는 성취감 때문에 마음이 날아갈 듯하다. 대남문에 모인 사람들아. 그대들은 의상봉 능선을 거쳐 왔는가라고 묻고 싶어진다. (1999)

범굴능선과 밤골계곡

서울의 진산인 삼각산(북한산) 정상 백운대에 오르기 위한 등산로는 많다. 구기동, 평창동, 정릉, 삼양동, 수유동, 우이동, 녹번동, 불광동, 연신내, 구파발, 북한산성 유원지, 밤골, 사기막골 들이 모두 들머리가 되고 또 하산길이 되곤 한다. 이 가운데서 서울의 녹번동과 경기도 쪽의 밤골, 사기막골 들이 비교적 그다지 붐비지 않는 길이다. 백운대에 오르는 범굴 능선길과 하산길의 밤골 계곡길을 소개한다.

범굴 능선에 붙기 위해서는 우이동 도선사 주차장을 들머리로 삼는다. 우이동 버스 종점에서 도선사 주차장까지의 아스팔트 길 걷기가 지루한데, 이 경우 택시나 도선사 신도버스를 이용하면 된다. 주차장에서는 도선사 쪽으로 오르지 말고 매표소를 지나 백운대 오름길로 들어서야 한다. 매표소에서부터 하루재를 넘어 인수산장까지는 약 40분이면 닿는다. 대부분 잘 닦여진 돌밭길인데다가 사람들이 많아 길 잃을 염려는 없다. 하루재에서 자칫 왼쪽 능선길로 들어서기 쉬운데, 이 길은 현재 자연휴식년제에 묶여 있어 산행할 수가 없다. 하루재에서 곧장 직진하여 내려가 인수산장에 닿아 잠깐 휴식을 취한다.

인수산장에서 백운대 쪽으로 조금 올라가면 수덕암에 이르고 조금 더 올라가면 간이 화장실이 있다. 화장실 직전에서 오른쪽 길로 들어서야 범굴능선으로 가게 된다. 앞사람만 보고 큰길로 곧장 따라가

다가는 사람들로 바글거리는 위문(백운대 아래)에 닿게 된다. 따라서 화장실 못미처 오른쪽으로 방향을 틀어야 함을 잊지 말 일이다. 오른쪽으로 조금 오르다 보면 평편한 곳에 당도하고, 곧바로 널찍한 바위슬랩이 나타난다. 경사가 대략40도 쯤 되는 바위를 걸어 올라가면 곧 능선길이 시작된다. 능선길이라고는 하지만 좌우로 숲이 우거진 흙길이 아니라, 거의 바위로 된 길이다. 따라서 전망이 좋고 시야가 탁 트인다. 오른쪽으로 솟아있는 인수봉 바위 벽에, 암벽등반을 하는 사람들의 모습이 손에 잡힐 듯하다. 오른쪽이 낭떠러지인 바위에 사람 하나가 간신히 통과할 수 있는 크랙(틈새)이 있다. 바위 모서리와 나무뿌리를 잡고 이곳을 올라가야 한다.

바위로 된 능선의 곳곳에 소나무 그늘이 드리워져 쉬어가기에 알맞다. 북쪽으로 도봉산 오봉의 빼어난 자태가 자꾸 손짓을 보내는 것만 같다. 그 뒤로 멀리 만장봉, 자운봉, 선인봉의 모습도 보인다. 바로 곁에 있는 인수봉의 살갗은 봄 햇볕을 받아 더욱 팽팽한 탄력이 있어 보인다. 이 능선길에서는 갑자기 바위 벽이 길을 막거나, 낭떠러지를 만나 머뭇거리기 쉬운데, 자신이 없으면 침착하게 주위를 살펴 돌아가는 길을 찾아야 한다. 돌아가는 길은 반드시 있다. 인수산장을 출발한지 한시간이면 숨은벽 정상에 선다. 숨은벽 정상은 백운대와 인수봉 사이에 있는 자그마한 봉우리이다. 이곳에서 다시 남쪽 바윗길로 내려가면 작은 낭떠러지가 나타나는데, 이곳을 내려가 반대편 바위로 오르면 곧 범굴이다. 어두컴컴한 굴은 걸어서 통과할 수 없는 곳이다. 한쪽 바위에 등을 대고, 반대쪽 바위를 두 발로 밀면서 옆으로 이동해야 한다. 자꾸만 바닥이 있는 쪽으로 몸을 내려뜨리기 쉬운데, 이렇게 되면 운신의 폭이 좁아져 팔 다리 등에 상처를 입기 쉽다. 범굴을 빠져 나와 두군데의 약간 어려운 바위를 오르면 곧 백운대 정상이다. 사람들로 줄을 선 길이 아니라, 조금은 어렵고 색다른 길로 백운대에 올랐다는 감회, 그 성취감이 크다. 하산길은

숨은벽에서
백운대를 향하는
길목의 범굴 입구.
하단 갈라진
틈이 출발점이다

올라왔던 범굴을 되내려 갔다가, 아까 숨은벽 정상에서 내려오다 만났던 작은 낭떠러지 밑에서 서쪽으로 내려가야 한다. 그러니까 이 고개는 네거리인 셈인데, 동쪽으로 내려가면 백운산장으로, 서쪽으로는 밤골계곡으로, 남쪽은 백운대, 북쪽은 숨은벽 정상으로 각각 가는 길이 된다. 밤골계곡으로의 하산길은 처음 20여분 동안이 힘들다. 경사가 급한 돌밭길이기 때문이다. 길이 애매하고 한 두 군데 희미한 갈림길도 나타나지만 골짜기(계곡)길로만 계속 내려간다면 큰 문제는 없다.

이 계곡길은 군데군데 소(沼)와 폭포가 있어 마치 설악산 십이선녀탕의 축소판 같다는 생각이 든다. 넓고 깨끗한 암반이 많아 잠시 등산화를 벗고, 햇볕에 발을 쬐이는 것이 좋다. 이렇게 한적하고 아름다운 계곡이 삼각산에 숨어 있다니 놀라운 일이다. 밤골 매표소를 지나면 곧 구파발~의정부 사이의 국도에 이른다. 156번 시내버스와, 불광동~의정부를 오가는 시외버스를 탈 수 있다. (1999)

일본인들이 사랑하는 삼각산

지난 2월 하순께, 서울의 여러 신문에 등산인들의 눈길을 끄는 기사가 실렸다. 삼각산을 좋아한다는 일본인 기업가가 삼각산을 위해 1억원을 내놓았다는 기사였다. 일본 후쿠오카에 본사를 둔 환경오염물질 처리 업체인 사닉스사의 사장이 문화관광부를 방문, 장관에게 1천만엔(한화 1억5백만원)을 기탁했다는 것이다.

일본에도 산이 많고, 우리나라 산보다도 훨씬 높은 산들이 많은데, 왜 하필이면 삼각산을 사랑하게 됐을까? 그 사연을 알아보았더니 대충 이러하다.

그 일본인 사장은 1980년대 중반부터 자기 회사 직원들의 연수 프로그램에 한국 여행을 포함시켰다고 한다. 해마다 직원들과 함께 한국을 방문했던 그는 서울의 북쪽에 솟아 있는 삼각산에 시선을 빼앗길 수밖에 없었다. 그는 후쿠오카 부근의 호민산을 3백여 차례나 오를만큼 산을 좋아했기 때문이다. 1995년 2월 그는 한국의 여행사를 통해 직원들과 함께 삼각산에 올랐다. 이 때의 코스는 정릉 청수장-대성문-비봉능선-구기동이었다.

처음으로 삼각산에 올랐던 그들은 수도 서울에 그토록 아름다운 산이 있음에 놀랐고, 햇볕에 빛나는 화강암의 거대한 바위들에서 어떤 신령스러운 기운까지 느꼈다고 한다. 일본의 산들에서는 맛볼 수 없는 감정이었다. 일본으로 돌아간 그들에게는 계속 좋은 일이 생겼다. 도쿄 증권거래소에 회사가 상장되면서 회사는 번창일로를 치달

사계절 끊임없이 찾아드는 북한산 국립공원

았고, 직원들의 건강도 좋아졌다는 것이다. 그때부터 지금까지 6년 동안 그들은 모두 121차례, 1만여명이 삼각산을 올랐다.

"일본의 산과 달리 삼각산에선 사계절의 변화가 뚜렷해요. 봄에는 진달래 철쭉이 만발하고, 여름에는 싱그러운 푸르름을 만끽할 수 있으며, 가을에는 단풍과 낙엽을 보며 삶을 되돌아볼 수 있고, 겨울에는 영하 20도까지 떨어지는 추위 속에서 견디며 동료애를 확인할 수 있습니다."

1억원을 기탁한 일본인 사장의 말이다.

일본인들이 서울의 삼각산을 사랑하여 이를 기념하고 보호하려는 갖가지 행사를 벌여온 것은 1970년대 중반부터의 일이다.

일본의 젊은 록 클라이머들이 이 무렵부터 삼각산, 도봉산의 암장(인수봉, 선인봉)을 찾아 암벽 훈련을 하는 것을 흔히 볼 수 있었다. 이들은 백운산장이나 인수산장에 기거하면서, 열흘, 혹은 한달씩 훈련에 열중하는 것이 보통이었다.

1980년대에 들어 일본인 바위꾼들은 더욱 많이 삼각산 인수봉에 몰려 들었다. 바위벼랑에서 일본말 구령이나 구호를 듣는 일도 드물지 않았다. 그들은 한결같이 예의 바르게 행동했으며, 한국의 젊은 바위꾼들과 격의 없이 친해졌다. 1980년대 초에는 도쿄에서 '북한산을 사랑하는 사람들의 모임'이 조직되었다. 삼각산 바위에서 암벽등반을 경험한 적이 있는 일본의 각계 각층 인사 1백여명이 참여한 모임이었다. 이들은 삼각산의 환경보호와 우리나라 산악운동을 위해 적지 않은 도움을 주고 있는 것으로 안다.

1980년대 말, 삼각산 백운산장이 화재로 인해 내부와 지붕이 홀랑 타버렸다. 남은 것은 화강암 돌들로 쌓아 올린 벽채 뿐이었다. 이 화강암 돌들은 1960년대초부터 백운대를 오르던 산악인들이 하나씩 주워 올려 쌓았던 것들이다. 화재 당시에도 일본인 젊은이들이 이 산장에 머물며 암벽 훈련을 해왔다고 한다. 북한산국립공원관리사무소가 이 화재로 말미암아, 3대째 이곳에 살면서 산장을 관리해 온 이영구 씨에게 화재 복구를 못하도록 했다. 공단이 신축해 직접 관리하겠다는 것이었다. 이 때 국내 산악인은 물론 도쿄의 '북한산을 사랑하는 사람들의 모임'이 들고 일어났다. 일본에서 모아진 성금이 답지했으며, 일본의 신문들에 이 사실이 보도되기도 하였다. 이런 국내외의 압력 때문에 이 산장은 지금까지 옛 돌집이 보존돼 있으며, 건물을 보수하여 이영구 씨가 관리하고 있다.

1980년대 중반에는 일본에서 삼각산 인수봉과 도봉산 선인봉의 암벽등반 루트를 집대성한 책자가 발간되기도 했다.

일본인들이 삼각산의 사계절을 좋아하는 것 이상으로 좋아하는 것이 삼각산 바위들이다. 특히 젊은 록클라이머들은 단단하고 결이 고운 화강암 바위에 매력을 느끼는 것 같다. 일본의 산들이 대체로 석회질이 많고, 낙석의 위험이 크기 때문일지도 모른다. (1999)

3
지리산과 나

'지리산' 이라는 이름

산이 좋아 산에 오르는 사람 치고 '지리산' 이라는 이름을 모르는 이는 거의 없다. 한 두 번쯤 이 산의 정상인 천왕봉에 올라간 사람도 많을 테고, 천왕봉~노고단에 이르는 종주산행을 하는 사람도 적지 않은 추세에 있다. 남한의 육지에서 가장 높고, 가장 큰, 가장 넓은 산세를 지닌 데다, 역사적으로 숱한 사연과 사건을 품고 있는 산이어서 누구나 한 번쯤은 가보고 싶어하기 마련이다. 우리나라의 국립공원 제1호에 걸맞게 자연경관이 뛰어나고 생태 환경이 비교적 잘 보존돼 있는 곳이기도 하다.

그런데 이 지리산은 한자로 지이산(智異山)으로 쓰고, 지리산으로 읽는다. 왜 그럴까? 이 까닭을 이해 하는 사람은 산꾼들 사이에서도 많지 않은 것 같다. 이 산에 오르고 싶거나, 먼발치로라도 이 산을 바라보고 싶은 사람은 산 이름부터 이해하고 접근해야 한다는 생각이다. '아는 만큼 보인다' 라는 말도 있지 않은가.

지리산은 그 산세의 넓이 만큼이나 많은 이름을 지니고 있다. '지혜가 다른 산' 또는 '지혜로운 이인(異人)이 많은 산' 이라는 뜻의 지리산(智異山), '백두산의 줄기가 뻗어내려와 이루어진 산' 이라는 뜻의 두류산(頭流山), '삼신산의 하나' 인 방장산(方丈山) (삼신산은 중국 「사기(史記)」에 나오는 신선이 살고 있다는 산으로, 발해만 동쪽에 있는 봉래산(금강산), 방장산(지리산), 영주산(한라산)을 가리킨다), 조선조를 세운 이성계가 전국 명산을 순회하면서 기도를 드렸는데, 유독 이 지리산에서만이 소지(燒紙)가 타오르지 않았다고 해서 이름 붙였다는 불복산(不伏山), 불교의 문수사리에서 비롯한 지리산(地利山), 해방과 6.25를 전후해서 소위 빨갱이, 빨치산 소굴이라는 뜻의 적구산(赤拘山) 등등으로 불려졌다.

지리산이라는 이름의 가장 오래된 기록은 쌍계사 진감선사비 (국보 제 47호)에 나온다. 신라말 고운 최치원(孤雲 崔致遠)이 쓴 비문으로, 지금도 쌍계사 대웅전 앞에 세워져 있는 이 비석에서 '智異山' 이라는 글자를 확인할 수 있다. 조선시대에는 두류산이라는 이름이 널리 쓰인 것으로 보인다. 점필재 김종직이 지리산을 유람하여 쓴 「유두류록(遊頭流錄)」과 김일손이 쓴 「속유두류록」이 이를 뒷받침해 준다. 한편 정작 최치원이 '智異山' 으로 쓴 비문이 있는 쌍계사 일주문에는 '삼신산 쌍계사(三神山 雙磎寺)' 라는 현판이 걸려 있어 이상한 느낌을 준다. 최치원이 쓴 지이산은 왜 지리산으로 읽혀질까? 결론부터 말하자면 지이산 기록 이전부터 지리산은 '지리산' 으로 불려져 왔음을 알 수 있다. 순수한 우리말인 '둘러, 두루, 두리' 는 '두루 넓고 크다' 는 뜻의 말인데, '드리' , '디리' 로 간이화되었다가 다시 구개음화 과정을 거쳐 '지리'가 되었을 것으로 보인다. 지리산은 실제 크고 넓고 높은 장엄한 산이다. 따라서 '지리' 는 수천년 오랜 세월동안 불려져 온 이 산의 이름이며, 이것을 한자로 智異, 地利, 智利, 地理 등으로 혼용 표기해 왔다고 할 수 있다. (「삼국유사」, 「동국여지승람」 등에 이런 표기가 나온다) 굳이 한자로 쓸 것이 아니라 순수한 우리말인 '지리산' 으로 써야 옳다는 생각이다. 너무 지루하고 지리해서 지리산이라는 이름이 붙었다는 우스갯소리도 있다.

내가 지리산 최고봉인 천왕봉에 처음 오른 것이 1980년대 초였다. 천왕봉에 감자처럼 생긴, 사람 만한 크기의 표지석이 서 있었다. 앞면에 '지리산 천왕봉 1915 ' 라는 글씨가 음각돼 있었고, 뒷면엔 '

어머니의 산 정상에 오른 필자

'한국인의 기상 여기서 발원되다' 라고 새겨진 지리산 정상의 표석

영남인의 기상 여기서 발원되다' 라고 새겨져 있었다. 웬지 씁쓸한 기분이었다. 경상남도, 전라남도, 전라북도 삼도에 걸쳐 있는 지리산이 왜 유독 영남인의 기상만 발원시켜야 될까. 영호남 지역감정 때문에 말도 많았던 시절이었다. 1985년 그 천왕봉에 다시 올랐을 때, 그 표지석의 뒷면 글씨가 변경돼 있음을 확인하였다. '영남인…' 이 '한국인…' 으로 바뀌어져 있었다. 백번 잘 고쳤다는 생각이었다. 백두산이 그러한 것처럼 백두산 줄기 끝자락에 자리잡은 지리산 역시, 한국인 모두의 기상이 발원되는 곳에 틀림이 없다는 생각이었다. (1999)

청학동은 과연 어디인가

'청학동' 이라는 이름이 일반인들에게 차츰 알려지기 시작한 것은 1970년대 이후부터였다. 바깥 세계와 담을 쌓은 채 조선시대의 생활 모습 그대로 사는 산골 마을이라고 해서 심심찮게 매스컴에 오르내렸다. 옛날과 같은 서당에서 훈장에게 「동몽선습」을 배우는 어린이들, 흰옷 입고 머리를 길게 땋아 늘인 총각들, 상투 틀고 갓을 쓴 어른들의 모습들 해서 신기한 사진들이 신문과 텔레비전에 비춰지기도 하였다.

"이런 곳에 이런 사람들이 있다니!" 하고, 물어물어 그 마을을 찾아가 보는 사람들도 늘어났다. 도시 생활에 지친 사람들에게 잠시나마 청량제 구실을 해 주는 마을이었을 것이다. 그곳이 곧 행정구역으로는 경상남도 하동군 청암면 묵계리 학동으로, 지리산 남쪽 자락에 앉은 깊고 아늑한 마을이다.

그러나 청학동이 그곳 말고 지리산의 다른 곳에도 몇 군데 더 있으며, 적지 않은 고증이나 자료에 의하면 진짜 청학동은 다른 데일 가능성도 있다는 사실을 알고 있는 사람은 많지 않다. 같은 지리산 자락에 같은 하동군이면서도 청암 청학동과 화개 청학동, 악양 청학이골, 세석평전 청학동을 주장하는 사람이 각각 다르다. 지금까지 나온 여러 가지 문헌 자료를 살펴보아도 어디가 청학동인지 헷갈리기는 마찬가지이다. 그곳들에 사는 주민들도 각각 자기들 사는 마을이 청학동이라고 믿는 경우가 많았다. 청학동이란 도대체 언제부터 생겨난 것이며, 왜 사람들은 그곳에 가고 싶어하는 것일까.

'청학' 은 푸른 학이다. 푸른 학이 과연 실제에 있는지 없는지는 알 수 없지만, 푸른 학이 살고 있는 곳이라서 청학동이라고 한다. 중국쪽 문헌에는 청학이 '태평한 시절과 태평한 땅에서만 나타나고 또 운다' 는 전설의 새로 나와 있다. 따라서 현실에서는 볼 수 없는 새이며, 청학동 또한 비현실적인 태평성대의 '이상향' 이라고 할 수 있다. 다른 말로는 '무릉도원' 이라고 불리기도 하였다. 서양에서 쓰이는 '유토피아' 또는 '상그리라' 의 뜻도 표피적인 개념은 이와 비슷하다고 할 수 있겠다. 우리나라 문헌에서 청학동이 처음 나타난 것은 고려시대 문장가인 이인로의 「파한집」 에서다.

지리산은 두류산이라고도 한다. 처음 북쪽의 백두산에서 시작하여 꽃 같은 봉우리와 꽃받침 같은 골짜기가 끊이지 않고 이어져 대방군(지금의 전북 남원군)에 이르는데…옛날 노인들이 서로 전해 내려오는 이야기에 '그 사이에 청학동이 있는데 길이 아주 좁아 사람이 겨우 지나갈 만하다. 기어서 몇십 리쯤 가야 비로소 넓은 곳에 다다른다. 주위가 다 양전옥토*로써 씨 뿌리고 나무 심기에 알맞으며, 그 안에 오직 푸른 학이 서식하고 있어 청학동이라 부른다' 고 하였다. …드디어 화엄사를 지나 화개현에 이르러 신흥사*에서 묵었다. 지나는 곳마다 선경이 아닌 곳이 없었으니 천암만학이 다투어 솟고 다투어 흐르며, 대울타리와 떼집이 복숭아꽃 살구꽃에 어른거리어 정말 인간이 사는 곳이 아닌 듯했다. 그러나 청학동이라 부르는 곳은 끝내 찾지 못하고 바윗돌에 시를 남겼다…

이인로보다 앞서 신라 말엽의 학자 고운 최치원의 행적도 청학동

* 좋은 밭과 기름진 땅
* 쌍계사 북쪽에 있었던 절. 지금은 그 터만 남아 있다

청학동, 유토피아 또는 상그리라와 상통하는 뜻으로 지리산에는 여러곳이 있지만 그 대표적인 하동 묵계리의 청학동 민가

과 관련이 있어 보인다. 오늘날 화개면 쌍계사 입구 두 개의 큰 바윗돌에 새겨진 '쌍계' 와 '석문' 이 최치원의 글씨로 알려져 있으며, 이곳에서 동쪽으로 십 리(4㎞)거리에 있는 불일암, 불일폭포 부근이 청학동이라는 기록도 만만치 않게 보이기 때문이다.

이중환의 「택리지」에도 '서쪽에는 화엄사, 연곡사가 있고 남쪽에는 신흥사, 쌍계사가 있는데 이 절에는 신라 때 사람 고운 최치원의 화상이 있으며, 시냇가 석벽에는 고운의 큰 글자가 많이 새겨져 있다' 고 되어 있다.

「동국여지승람」에는 청학동이 진주에서 서쪽으로 백사십리 거리에 있다고 규정했다. 이 거리라면 청암면 청학동, 악양면 청학이골, 화개면 불일폭포 들이 모두 해당된다. 구례쪽 사람들이 청학동이라고 주장하는 전라남도 구례군 토지면 피아골 계곡도 쌍계사에서 서쪽으로 산능선(불무장등 능선)하나 넘으면 되는 곳이므로, '진주 서쪽 백사십리' 를 크게 벗어나지 않는다. 「정감록」 에는 청학동이 '진주 서쪽 백리, 석문을 거쳐 물 속 동굴을 십리쯤 들어가면 그 안에 신선들이 농사를 짓고 산다' 고 하였다. 또 조선 시대 학자 유운용은 지리산 주능선의 세석평전을 청학동으로 기록했으며, 주능선 선비샘 아래의 '상덕평 마을' 도 청학동으로 알려져 있다. 그러니까 지리산에 있는 청학동은 모두 일곱 군데가 되는 셈이다. 신라 때의 도선국사와 고려 말 조선 초기의 무학대사, 남사고도 각각 청학동을 기록한 것으로 전해진다. 조선시대 남명 조식, 율곡 이이, 서산대사, 이수광, 김일손 등의 글에서도 청학동이 언급되어 있다.

여러 기록, 문헌들을 종합해 볼 때, 청학동은 몇 가지 공통점을 갖는다. 첫째, 진주에서 서쪽으로 백리에서 140, 150리 거리의 남쪽 기슭에 있다. 둘째, 석문을 거쳐 험하고 좁은 길로 몇십 리를 들어가야 한다. 셋째, 평편한 지형에 집 지을 땅과 농사 지을 땅이 넓다. 넷째, 청학 한쌍이 산다. 다섯째 이곳에서 남쪽을 바라보면 광양 백운산 정상이 보인다….

현재 널리 일반화된 청학동은 진주에서 하동으로 가는 국도를 따라가다 하동 바로 못미처 횡천이라는 곳에서 오른쪽으로 꺾어 들어가야 한다. '청암면 청학동' 이라는 도로 표지판이 잘 보인다. 청암면까지는 22킬로미터, 옛 사람들은 이 길을 걸어서 들어갔을 터인데, 신선이 살았다는 곳을 자동차로 달리다 보니 어째 좀 이상한 느낌이 든다. 계곡 물을 막아 만든 하동댐과 그 위쪽에 자리잡은 또 하나의 댐을 지나, 구불구불 산구비 길을 한참 돌아 올라가면 청암면 사무소가 있는 마을이다.

여기서 더 올라가면 묵계리에 이르고, 묵계에서 비포장 도로로 4킬로미터를 더 올라가야 청학동 아랫녘에 닿는다. 왼쪽 계곡을 끼고 다랑이논이 층층으로 아름답다. 그 건너로는 대밭들도 많이 보인다.

불일암에서도
더 깊이 들어가
사철 아름다움을
뽐내는 불일폭포.
겨울 산꾼들의
명소이기도 하다

오른쪽은 경사가 진 산비탈에 잡목들이 빽빽하다. '청학선원', '청학서원', '청학산장' 들해서 띄엄띄엄 간판과 한옥들이 보이는데, 모두 이즈음 지은 듯 말쑥한 편이다. 등산을 좋아하는 사람이라면 자동차 길로 들어갈 것이 아니라, 지리산 주능선 북쪽 마을인 백무동에서 올라 한신계곡-세석평전-삼신봉-청학동으로 내려오기를 권하고 싶다. 여덟 시간에서 열 시간은 걸어야 하는 산길이므로 단단한 준비와 체력, 그리고 안내자가 필요하다.

해발 830미터가 넘는 이 산 중턱에 마을이 이루어진 것은 1910년 일본이 이 나라를 강점한 뒤부터였다고 한다. 1980년대 이후 관광 바람이 불어닥치자 이 마을의 모습도 많이 달라졌다. 여기저기 식당과 찻집, 산장들이 들어섰고, 머리를 길게 땋은 총각들이 식당과 주점의 손님맞이 심부름꾼이 되기에 이르렀다. 집집마다 가전 제품들이 갖추어졌으며, 텔레비전 안테나가 서 있어 이제 청학동은 세상 속으로 내려와 있는 셈이 되었다.

"농사 짓고 약초 재배하면서 살아야 하는데 그걸 할 수 없으니 장사할 수밖에요." 이곳에서 40여년을 살아 온 김덕준씨의 말이다.

김씨는 '유불선합일갱정유도 청학동청강' 으로, 이 마을의 촌장 격인 사람이다. 그러나 지금 식당을 운영하고 있는 김아무개씨의 말은 김씨의 말과 다르다.

"청학동 사람들은 이제 옛날 사람들이 아닙니다. 농사짓는 일은 하지 않아요. 저 아래 논들을 보세요. 해마다 놀고 있는 논들이지요. 식당, 민박, 찻집, 또 서당 위탁 교육들을 하면서 관광객을 상대로 사는 곳이 되었습니다."

일명 '진주암' , '도인촌' 이라고도 불리는 이 마을에는 현재 스물다섯 세대 백여 명의 주민들이 살고 있다. 이들은 모두 '유불선합일갱정유도' 의 신도들이다. 신도가 아닌 외지 사람들도 일부 들어와 식당들을 운영하고 있다. 진주암 아래쪽의 '가는 골' 에는 '유불선합일갱정유도' 와는 다른 단군 할아버지를 모시는 '삼성궁' 이 자리잡고 있어 이채롭다.

삼성궁 들어가는 초입에 '전통 찻집 백두대간' 이라는 이층 한옥이 눈길을 끈다. 우리나라 산악계에 잘 알려진 여자 산악인 남난희씨가 4년 전부터 이곳에 들어와 다섯 살짜리 아들과 함께 살고 있는 집이다. 청학동 뒤쪽으로는 높게 왼쪽으로 독바위와 오른쪽으로 내삼신봉 봉우리 바위가 올려다 보인다. 저 바위 틈에서 청학이 살았을까?

지리산 주능선에 넓게 펼쳐진 세석평전과 대피소. 산사람들의 사랑을 받고 있다

문득 청학동에서 백운산이 정면으로 바라다보인다는 옛 기록을 떠올리며 남쪽을 둘러본다. 섬진강 너머일 것으로 어림잡아 짐작되는 곳에 산줄기가 보이기는 하지만 백운산 정상은 아니다. 백운산은 저기보다 훨씬 오른쪽인 서쪽에 있어야 한다.

청암면 청학동을 뒤로 하고 다시 오던 길을 되돌아 나와 구례쪽으로 국도를 달린다. 하동읍을 지나 악양면 청학이골을 찾기 위해서다. '악양루' 를 지나 오른쪽으로 꺾어 십 리쯤 들어가면 면사무소에 닿는다. 면사무소에 이르기 전 왼쪽 건너편에 자리잡은 마을이 평사리다. 소설가 박경리 씨의 대하 소설 「토지」의 전편 무대가 된 평사리 그곳이다. 그러나 작가 자신은 이곳 마을을 잠깐 스쳐보았을 뿐 한 번도 들어가 본 적은 없다고 했다. "평사리를 감싸안은 지리산과 섬진강이 지닌 역사적 자취, 경상도 땅에서 좀체 찾아보기 힘든 넓은 들녘이 구상중인 소설의 배경과 어울려 보였다" 고 작가는 술회한 바 있다. 악양면 소재지에서 이십 리쯤 더 들어가면 왼쪽으로 조그마한 '청학사' 표지 팻말이 나타난다. 자동차 한 대가 겨우 들어

갈 수 있는 농로나 다름없는 길이다. 마을 가운데를 지나 보리밭 사잇길로 한참 더 올라가면 청학사에 당도한다. 대웅전과 오른쪽의 요사채, 왼쪽의 허름한 집 한 채가 전부인 절이다. 대웅전도 지은 지 얼마 되지 않아 보인다. 절에서 흔히 볼 수 있는 부도탑이나 석등 들을 찾아볼 수 없고, 스님도 한 분 없이 고즈넉할 뿐이다.

"…해공이 두 번째 가리키는 곳은 악양 북쪽이니 청학사 골짜기다. 아! 거기가 신선이 산다는 곳이 아닌가? 사람 사는 곳과는 그리 멀지 않은데, 이인로가 어찌 찾지 못했던가. 아니면 일 좋아하는 사람이 그 이름을 사모한 나머지 절을 짓고 붙인 이름이던가?"

지금부터 540여년 전 점필재 김종직이 지리산을 답사하고 쓴 「유두류록」에 보이는 청학동 관련 구절이다. 그이는 바로 이곳을 청학동으로 규정하고, 고려 때의 이인로가 왜 이곳을 찾지 못했는지 안타까워 하고 있다. 청학사에서 내려다보이는 왼쪽, 오른쪽 산세가 과연 좋은 자리라는 느낌이 든다. 앞으로 광활하게 트인 들판과 물줄기로 보아 먼 옛날부터 이곳에 사람들이 모여 사는 마을이 있었을 것이라는 확신을 갖게 한다. 청학사 옆으로 대밭이 있고, 대밭 너머가 평퍼짐한 잡초밭이다. 이 잡초밭이 바로 청학골이라는 곳인데, 한국전쟁 전까지만 해도 도인들이 살았다는 곳이라고 마을 사람이 귀띔해 준다. 그러나 지금은 집터였을 것으로 추정되는 흔적만 있을 뿐이다. 청학사 뒤쪽 멀리 산줄기에 산허리를 가로지르는 산판 도로가 두 군데 눈에 뜨인다. 한쪽 길이 청암면 청학동쪽으로 넘어가는 임도라고 한다. 여기서 임도로 사십리를 가면 그 청학동이 나온다.

화개면 청학동, 곧 쌍계사 뒤쪽 불일암을 보기 위해서는 다시 하동~구례 간 국도로 나와 구례 쪽으로 가다 화개에서 우회전해야 한다. 섬진강과 맞닿아 있는 화개는 김동리의 소설 <화개장터>와 조영남의 노래가 아니더라도 일반인들에게 널리 알려진 곳이다. 전라도와 경상도의 경계선에 자리한 마을로, 이곳 사람들이 경상도 말과

신비스러운 바위 틈에서 나오는 생명수, 그래서 음양수라 했는가

전라도 말을 함께 쓰는 독특한 사투리의 억양이 재미있다. 쌍계사의 벚꽃 십리 길과 은어회가 유명하고, '화개동천' , '칠불암 아자방' , '쌍계사 범패' 들 해서 연중 내내 관광객의 발길이 끊이지 않는 곳이다. 그뿐인가. 많은 등산객들은 이곳을 거쳐 대성리와 칠불암으로, 쌍계사와 황장리로 들어가 산행을 시작하기도 하고, 반대로 넘어 내려와 이곳을 거쳐 나가기도 한다. 대성리는 대성골로 올라가 세석평전에 이르는 산행 들머리가 되고, 칠불암은 지리산 주능선 상의 토끼봉에 이르는 가장 가까운 들머리가 된다. 쌍계사는 동쪽으로 불일암과 불일폭포를 거쳐 삼신봉, 세석평전에 닿는 긴 등산로의 시발점이며, 황장리 역시 통곡봉, 불무장등, 삼도봉에 이르는 지리산 남부능선의 시발점이다. 그러나 이 화개 골짜기야말로 옛 선인들이 찬탄해 마지않았던 지리산의 비경이 엄청나게 많이 숨어있는 곳이며, 또 하나의 청학동이 바로 여기에 있음을 알고 있는 사람은 그리 많지 않은 것 같다. 지금부터 5백여 년 전 김종직의 제자인 김일손은 「속

두류록」에 다음과 같은 글을 남겼다.

쌍계의 동쪽을 향해 간다. 대지팡이를 짚고 절벽을 오르며, 위태로운 사다리를 타고 몇 리를 나아가니 평편한 동구가 나왔다. 골짜기는 다소 넓어 농사를 지을 만한데 여기가 세상 사람들이 청학동이라 부르는 곳이다. 생각해 보면 우리가 여기를 찾았는데 미수 이인로는 어찌 이곳을 찾지 못했는지, 그이가 여기에 오고서도 살피지 못했는지, 아니면 실제로 존재하지 않는 청학동이 세상에서 그대로 말로만 전해 내려오는, 하나의 공상적인 상상 세계인지 알 길이 없다… 몇십 걸음 나아가서 절벽 골짜기에 걸린 나무다리를 타고 불일암에 이르렀다… 암자의 스님이 말하기를 '해마다 늦은 여름에 몸뚱이는 푸르고 이마는 붉은 긴 목의 새가 향로봉 소나무에 모여들어 못의 물을 마시고 떠나기 때문에 이 새를 청학이라 부른다'고 했다….

남명 조식도 그이의「유두류록」에 이렇게 썼다.

…다섯 걸음마다 한 번씩 쉬고 열 걸음에 아홉 번씩 돌아보면서 겨우 불일암에 이르렀다. 여기가 세상에서 말하는 청학동이라는 곳이다. 동쪽을 떠받친 듯 험하게 솟아 서로 다투는 듯한 봉우리가 향로봉이고, 서쪽으로 푸른 소나무 언덕이 깎아지른 듯 아슬하니 서 있는 것이 비로봉이다….

김일손과 조식이 불일암 부근을 청학동이라고 한 것은, 실제에 없는 이상향으로서의 청학동을 인정하지 않고, 마을 사람들이 부르는 대로 따랐던 것 같다. 신라의 최치원도 삼신동(신흥, 영신, 의신)골짜기와 쌍계사 부근을 오르내리면서 '삼신동', '세이암'*이라는 각자를 남겼는데, 그만큼 이곳이 세상 사람들에게 알려질 것을 꺼려했다고 한다. 휴정 서산대사도 한때 이곳에서 은거하며 그 빼어난 경개를 아끼는 글을 남겼다.

피아골은 화개에서 구례쪽으로 조금 가다 외곡리 갈림길에서 오른쪽(북쪽)으로 들어가야 한다. 왼쪽으로 연곡천을 끼고 산비탈을 일궈 만든 수많은 다랑이논을 바라보며, 이 깊은 골까지 들어와 살아야했던 고달픈 사람들의 삶의 의미를 새삼 생각해 본다. 이곳은 6·25를 전후해서 빨치산과 토벌군과의 격전지로 잘 알려진 곳이다. 피아골이라는 이름도 피아간에 죽은 사람들의 피가 계곡을 붉게 물들였기에 붙여진 것이라고 말하는 사람들이 있다. 그러나 피아골은 옛날부터 이곳에서 오곡 가운데 하나인 식용 피를 많이 가꾸었기 때문에 피밭골로 불려졌다가 피아골로 바뀐 것이다. 자동차 도로가 끝나는 곳에 자리잡은 직전리는 한자로 피를 나타내는 '직' 자에 밭 전(田)자이므로 곧 피밭골이 된다. 직전마을 부근을 가리켜 청학동이라 일컬을 만했다. 오른쪽으로 경남과 전남을 가르는 불무장등 능선이, 왼쪽으로 왕시루봉 능선이 장엄하게 펼쳐져 있고, 몸을 돌려 남쪽을 바라보면 섬진강 건너 백운산이 정면으로 보인다.

세석평전은 다른 이름으로 세석고원 또는 잔돌평전이라고도 부른다. 지리산 주능선의 해발 1,600미터 고지에 자리잡은 사방 십리에 걸친 광활한 고원 지대다. 초여름에 만개하는 넓은 철쭉밭은 세석평전을 온통 연분홍 빛깔로 물들여 장관을 이룬다. 신라 때에는 화랑도의 수련장으로 쓰였다고 전해진다. 평전 일대를 청학동이라 한다면 왼쪽 오른쪽으로 높게 솟은 촛대봉과 영신봉 때문에 쉽게 찾아들어 올 수 없는 은둔지로서의 지형 때문일 것이다. 세석산장에서 대성리 계곡 쪽으로 2킬로미터를 내려가면 '음양수' 라는 샘터가

* 귀를 씻는 바위

나온다. 주변에 논밭의 흔적이 뚜렷해 마을이 있었음을 느끼게 한다. 관군에 쫓기던 동학 농민군과 의병들의 산채가 이곳에 있었다고 여러 기록들은 전한다. 세석평전과 음양수에서도 광양 백운산은 정면으로 잘 보인다. 그러나 세석평전이 농사를 지을 만큼의 기후 조건은 아니라는 생각이다. 한여름에도 추위와 비바람이 많이 몰아치기 때문이다.

사람들은 누구나 '이상향' 을 꿈꾼다. 그 이상향은 끝내 땅 위에 없는 곳일지도 모른다. 그러나 아름다운 경치에 험한 세상을 피해 숨어 살 만한 곳이며, 근심 걱정 없는 곳이라면 그곳이 곧 이상향이자 청학동이 아니겠는가. 그렇다면 지리산 일대의 골짜기는 모두 청학동이라 해도 괜찮을 성싶다. 아니 우리나라의 큰 산들에는 모두 청학동이 숨어 있을 것임에 틀림없다. (1997)

산 속으로 뻗은 시의 길

1

1980년 5월은 잔인했었다. 그때 나는 신문기자였다. 나는 아무 일도 손에 잡히지 않았고 아무런 말 한마디 내뱉을 수도 없었다. 가슴이 터질 것 같은 노여움과 서러움을 안으로 안으로 삭이느라, 밤이 되면 술만 퍼마셨다. 나는 자꾸 동료나 친구들로부터 떠나 외진 곳으로만 돌았다. 광주는 내가 태어나고 자라고 공부했으며, 내 문학에의 열정을 키워준 고향이었다. 그 고향이 온통 무너져 가는 것을 들으면서, 그것도 군부독재에 의한 왜곡과 훼절에 힘입어 일그러져 가는 것을 보면서, 나는 날마다 절망의 나락으로 떨어지는 나를 보았다. 모든 시라는 것, 아니 모든 말과 문자로 씌어지는 것들에 대한 불신과 혐오가 나를 가득 채웠다. 이 무렵 시와 언어와 문자를 경멸하는 시를 몇편 썼으나, 가슴만 더욱 더 답답해질 뿐이었다.

나는 아예 시쓰기를 단념하고, 내가 다니던 신문사의 기획물에 매달려 옛 예인(藝人) · 장인(匠人)들을 만나 옛 이야기를 듣고 쓰는 것으로, 그 견디기 어려운 세월을 살아야 했다. 그해부터 몇 년 동안은 시를 생각할 수도 없었고, 쓰지도 않았고, 다른 시인의 시를 읽지도 않았다.

10여년 동안 해오던 새벽 운동(조기축구)도 그만 두었다. 거의 날마다 밤 늦게까지 술을 마셨으므로, 제 시간에 일어날 수가 없었다. 어쩌다가 일어나 운동장에 나가 뛰면 허리를 다치거나 부상을 당하곤 하였다. 허리를 다쳐 보름쯤 운신을 못하고 출근을 못했을 때, 멍청하게 몽상에 사로잡힐 때가 많았다. 시지프스의 고통의 되풀이와 파우스트의 악령에의 유혹이, 낮과 밤을 가리지 않고 내 꿈속을 파고 들었다. 나는 그냥 파충류와도 같이 꿈틀거릴 뿐이었다.

어느 날 나에게 산이 왔다. 내가 산으로 간 것이 아니라, 산이 나에게로 왔다. 직장 산악회를 띄엄띄엄 따라가면서 동료들의 발뒤꿈치만 보고 걸어 정상에 오르곤 하였다. 무덤덤한 산행이었다. 땀 흘리고 숨 헐떡거리며, 그냥 그렇게 되풀이 되는 산행을 1년쯤 했다. 그런데 이상한 일이 생기기 시작했다. 내가 꿈꾸는 세계가 온통 산으로 뒤덮여졌다. 어디선가 본 것 같기도 한 첩첩산들이 나를 가득 채우면서, 지도와 나침반과 산악 관련 책들을 매만지는 시간이 많아졌다. 회사의 책상머리에 앉아서도 지도만 들여다보면 가슴이 설렜다. 광화문 네거리에서 바라보면 북쪽으로 멀리 이마를 쳐든 삼각산(북한산) 보현봉 봉우리가 나를 손짓하는 것만 같았다. 수없이 많이 올랐던 그 봉우리였으나, 볼 때마다 새롭게 건네지는 유혹의 손길에, 나는 그대로 나를 맡겨 버리는 것이 좋았다.

서울 근교의 산에서 먼 데 산을 찾기 시작했다. 산의 대상을 넓히고 고도를 높여 나갔다. 쉬는 날이면 2, 3명 동료들과 함께 기차를 타거나 시외버스를 타고 떠났다. 때로는 지도 한 장 달랑 들고 안 가 본 산을 혼자 오르기도 하였다. 삼각산과 도봉산을 오를 때에도 혼자서 가는 날이 많아졌다. 서울 근교 산의 단독 산행은 배낭을 짊어지지 않았다. 도시락이나 마실 물을 준비하지 않았다. 빠른 걸음으로 3, 4시간이면 끝내고 내려왔다. 간식과 물을 갖추지 않은 산행을, 나는 가혹하게 나를 단련시키는 훈련으로 삼았다. 정신이 육체를 학대한 셈이다. 지리산 종주 산행은 1박 2일로, 덕유산 종주와 설악산은 무박으로 해치우는 것이 보통이었다. 이런 무리한 산행은 육체가 고단하기는 하지만 정신은 오히려 더 풍요로움을 얻게 마련이다. 이렇게 하여 돌아온 내 방에는 지리, 설악, 덕유의 그 풋풋한 내음이 한달 내내 가득했다.

문학 쪽에는 애써 등을 돌렸다. 어떤 문학 행사나 모임에도 나가지 않았다. 어쩌다가 우연한 기회에 문인들과 술자리를 갖더라도, 문학 이야기나 세상 돌아가는 이야기에는 입을 다물었다. 나는 세상의 전면에서 뒤편으로, 드러남에서 숨겨짐으로 사는 삶이 더 좋았다. 죄지은 사람들의, 잠적의 심리를 나는 이해할 수 있을 것 같았다. 당시의 나는 내가 '살아 있다' 는 사실 하나만으로 죄인이었다. 나의 문학적 이상이 군화 발바닥에 의해 짓뭉개졌을 때, 이미 나는 시인일 수가 없었다. 진실과 허위, 정의와 불의, 삶과 죽음 따위의 가치가 뒤바뀐 사회에서, 많은 사람들이 숨을 죽이고 살아야 했다. 현실 도피와 자기 학대를 겸한 산행은 이처럼 나의 비겁함으로부터 시작되고 강행되었다.

2

사람들로 바글거리는 산길이 마음에 들지 않았다. 나는 되도록 인적이 드문 길을 찾아 온 산을 헤매고 다녔다. 삼각산과 도봉산의 경우, 사람들로 붐비지 않는 코스는 대체로 위험한 바윗길이거나, 경사도가 높은 봉우리를 오르락내리락 되풀이함으로써 체력소모가 많아지는 길이다. 나는 이런 길들을 올라, 피인(避人)코스라 이름 붙이고, 다른 산 친구들에게 소개하곤 하였다.

혼자 가는 산길은 외롭다. 그 외로움이 나는 싫지 않았다. 어쩌다가 앞서가는 사람을 보았을 때, 반가우면서도 한편으로 나를 가로막는 것같았다. 걸음을 빨리하여 따돌리거나, 아예 뒤처져 보이지 않을 때까지 기다렸다가 걸었다. 뒤에 누군가가 따라오는 것도 거추장스러워 내빼버리기 일쑤였다. 나의 앞과 뒤에 사람이 없어야만 나는 산에서 자유로웠다. 나의 자유는 그러므로 외로움과 동의어였다. 혼자 가는 산길은 또한 무섭다. 바위 벽을 오르거나, 낭떠러지 위를 기어갈 때, 까악까악 까마귀가 울곤 하였다. 여기에서 떨어지는 날이면 한 주일 후에나 시체가 발견될 것이었다(그 무렵 나는 일요일에 출근하고 월요일이 쉬는 날이었기에 월요일마다 산에 올랐다. 월요일에는 산에 사람이 별로 없었다). 어려운 바위를 기어올라 땀을 닦고 담배를 한 대 피워 물었다. 내가 왔던 길, 내가 살아 왔던 길이 빤히 내려다 보였다.

어떤 어려운 바위에서는 아무리 안간힘을 다해도 오르지 못하는 경우가 있었다. 전에는 이곳을 쉽게 올랐는데, 왜 오늘은 되지 않을까 생각하며, 손쉬운 곳으로 돌아 오르기도 하였다. 이런 날은 하산 후 마음이 개운하지 못하였다. 두고 두고 부끄러운 기억이 되어 지워지질 않았다.

이 길에 붙으면
나는 항상 몸과 마음이 따로 논다
썰물처럼 나에게서 빠져나온 마음이
높은 데서 나를 내려다본다
잘 드러난 바다
뻘 같은 몸 보인다
쩔쩔매고 어리석기가
삼장법사 손아귀에서 날뛰는 원숭이 같다
입김이라도 불어 떨어뜨리고 싶다
잘못한 일 너무 많아서
저리 땀흘리며 안간힘을 쓰나
그래도 살겠다고 저리 부비적거리나
어거지로 올라와서 두 팔 벌리고

푸른 하늘 읽어본들
무슨 소용이더냐
올라오는 과정 이미 바르지 않았으니
—<부끄러운 등반> 전문

그 부끄러운 등반의 원인은, 날씨 환경 등 외부적 조건에 있었던 것이 아니라, 바로 내 자신에게 있었다. 내가 내 몸과 마음을 알맞게 추스르지 못했기 때문이었다. 한 주일 내내 지나치게 술을 마시지는 않았는가, 내 몸을 너무 혹사시키지는 않았는가, 긴장을 풀어 느슨해지지는 않았는가, 이런 후회 속에서, 나는 나를 들여다 보는 일에 익숙해졌다.

산과 관련한 시와 산문을 쓰기 시작한 것이 산에 빠진 지 10년 쯤 뒤의 일이다. 1990년을 전후해서다. 산 체험을 바탕으로 한 시와 에세이를 여기저기에 발표했다. 이 무렵은 또한 바위에 미쳐 바위를 공부하고 훈련에 열중하던 시기이기도 하다. 시를 버리고 산에만 열중했던 내가, 그 산으로 말미암아 다시 시를 되찾게 된 셈이었다. 그러나 이 시기를 기점으로 해서 나의 시는 과거의 시와는 적지 않게 달라졌다는 생각이다. 우선 그 주제에 있어, 사회적 삶이나 서민 정서의 표현이 반드시 산이라는 매체를 통해 걸러지고 주관화되어 간다는 점이다. 산 자체를 주제로 삼는 경우에도, 자연현상으로서의 정서뿐만 아니라, 거기에 사람의 삶을 보태고 나의 고통을 얹혀 주는 것으로 되었다. 과거의 나의 시가 힘과 부정의 미학에 쏠렸던 데 반해, 산에서는 부드러움과 긍정의 아름다움으로 세상의 삶을 본다. 뿐만 아니라 사유와 자기성찰의 기회가 많아짐으로써 산과 자아(自我)가 하나가 되는 것을 확인하기에 이르렀다.

바위가 손짓하며 나를 부를 때

내 정신은 이미 발정난 수캐처럼 헐떡거린다
끓는 피 뜨거워
나는 이미 나를 주체할 수 없다
내 안에 도사리고 있는 또 다른 문학적 악령이
쫓겨나는 순간이다
천경자의 뱀들 사람의 편안함을 무너뜨려
사람들 아프게 눈뜨듯이
자 이제 오르자 빛나는 슬픔 덩어리를
몸뚱아리 엉켜 또아리진 상처의 큰 덩어리를
이제 오르자

사랑하는 사람들 되도록 멀리 떨어져서야
참으로 보인다
외로움 속에서 무서움 속에서
비로소 열리는 세계—이 몸 떨리는 합일(合一)!
—<바위타기 5> 전문

내가 바위에 '눈뜨기' 시작한 것은 산행을 시작한 지 3, 4년 후일터이다. 동료들과의 평범한 걷기 산행에서 더 어려운 곳으로, 더 먼데 산으로의 열정이 한참 불붙었을 때였다. 삼각산에서도 어려운 코스의 하나라는 원효봉—염초봉—백운대까지의 릿지(암릉)를 하기 위해, 20미터짜리 보조 자일 하나를 챙겨 동료들과 함께 떠났다. 원효봉과 북문을 거쳐, 염초봉 오름길에서부터 심상치 않은 바윗길이 나타나기 시작했다. 어려운 데를 한두 군데 통과했다 싶으면 이번에는 더 무섭고 더 어려운 벽이 우리 앞에 나타나곤 하였다. 중도에서 도로 내려가자는 친구가 있었으나, 그 역시 내려갈 엄두를 내지 못하였다. 지금까지 안간힘을 다하여 올라온 길을 되내려가기란 더욱 어렵고 위험했기 때문이었다. 중간에 탈출로가 없기 때문에 계속하여 전진할 수밖에 없었다. 벽을 오르거나 내려갈 때마다 내가 앞장을 섰다. 그리고는 가지고 간 보조자일을 나무 밑둥에 묶거나 바위에 묶었다. 담력도 없고 기술도 없었던 내가, 어떻게 그런 선등의 용기를 내서 동료들을 모두 올라오게 했는지, 지금 생각해도 아슬아슬하기만 하다. 그날 우리는 무려 다섯 시간이나 걸려서야 백운대 정상에 오를 수 있었다.

그날 나는 처음으로 바위의 맛을 알았다. 알맞게 햇볕을 받은 봄날의 바위 표면은 거칠기는 했지만 사람의 체온과도 같은 따스함이 있었다. 그런 느낌은 전혀 새로운 체험으로 내 속에 들어와 앉았다. 나는 그 다음 주에도 원효릿지를 찾았으며, 그 뒤로는 혼자서도 그 곳을 오르내리는 단골 코스로 삼았다. 바위의 살갗은 따스할 뿐만 아니라, 그 안에 피가 돌고 맥박이 뛴다 라고 나는 생각했다. 청마 유치환의 바위가 '애련에 물들지 않은' 의지의 상징이었다면, 나의 바위는 분명 희로애락의 감정이 있고 열정이 있는 유기체로서의 생명으로 자리잡았다. 바위와 내가 한 몸이 되는 것을 나는 감지할 수 있었다. 나는 더 어려운 바위를 찾아 나섰다. 삼각산의 만경대 릿지와 숨은벽릿지를 혼자서 아무런 장비 없이 오르내리고, 설악산으로 달려가 용아장성 릿지에도 붙었다. 후배 등산가를 따라 인수봉에 오르고, 이때부터 바위를 공부하며 훈련하는 주말이 계속되었다. 나이 50이 다 되어 인수봉에 매달리는 나를 보고 친구들이 비아냥거렸다. '미친 짓이다' , '죽을려면 무슨 일인들 못해?' 하는 따위의 말들을 들으면서도 암장으로 가는 내 발걸음은 항상 가벼웠다.

대부분의 등산객들은 그냥 걷기 산행만으로, 자연을 만끽하고 스스로의 체력을 다지며, 함께 가는 친구들과 더욱 우정을 돈독히 한다고 생각한다. 틀린 생각은 아니지만, 그것으로 만족해 버릴 경우 사람의 본질적 가치와는 멀어진다고 나는 생각한다. 사람의 가치는

봄날 햇볕을 받은 바위. 살갗은 거칠지만 따스한 체온을 함께 한다

자기를 변화시키고 발전을 시도하며, 자기 향상을 이루는 데 있지 않을까? 안일과 안정과 안주에 길들여진 사람은 결코 다른 세계로의 열림을 볼 수 없다. 끊임없는 호기심과 모험심은 청소년들만의 몫이 아니다. 장년이 되고 노년에 이르러서도 자기를 향상시키고자 하는 노력이 계속될 때, 그의 삶이 큰 동력(動力)을 얻으리라는 생각이다.

문학이 가는 길도 마찬가지다. 편안한 길보다는 되도록 어렵게 가는 길목에서, 스스로 깨달음을 얻고 감동을 만나게 된다. 이렇게 하여 태어나는 문학이야말로 다른 사람들을 울리고 감격케 할 것임에 틀림없다. 안주와 안일을 떠나, 늘 새롭고도 어려운 길을 찾아 팽팽한 긴장으로 세계를 붙들어야 한다는 것이 나의 믿음이다. 많은 고난과 어려움을 거쳐 성취된 인생이 아름답듯이, 그런 어려운 과정을 거쳐 열매 맺는 문학 또한 아름답지 않겠는가.

3

최근 수년동안 나는 바위에서 조금쯤 물러나 있다. 장비를 지니지 않는 릿지 등반은 계속하고 있으나, 자일파티와 줄을 연결하고, 바위의 살갗에 흠집을 내는 등반은 하지 않는다. 나의 나이도 이제 60이 되었으니 몸놀림이나 순발력에 있어 예전만 같지 못하다. 바위 대신 나는 수년전부터 백두대간의 마루금을 구간 종주하고 있다. 토막토막 끊어서, 한 달에 한번 꼴로 하는 종주 산행이기에, 시간도 많이 걸리고 체력 소모 또한 크다. 백두대간 종주는 한마디로 우리나라 땅의 척추라 할 수 있는 산마루를 밟는 산행이다. 백두산을 할아버지 산으로 삼고, 남쪽으로 뻗어내려와 허항령, 두류산, 금강산, 설악산, 오대산, 태백산, 소백산, 이화령, 속리산, 추풍령, 덕유산, 육십령, 지리산 천왕봉까지 이어지는, 우리나라에서 가장 형세가 큰 산줄기가 곧 백두대간이다.

백두대간이라는 이름은 조선조 영조때의 실학자 여암 신경준이 편찬한 것으로 알려진 「산경표」에 나온다. 「산경표」는 우리나라의 모든 산줄기를 실제 지형에 맞게 체계적으로 정리한 책인데, 이 책에서 산줄기 이름은 '대간', '정간', '정맥' 으로 나누어진다. 신경준 이전부터 수백 년 동안 수많은 선인들에 의해서 실측 · 확인되고, 이어져 내려온 산줄기 개념을 신경준이 정리해 놓은 것이다. 그런데 이렇듯 분명한 우리의 산줄기 이름과 지리서, 지도 (「동국지도」, 「대동여지도」 등)들을 두고도, 일제 강점 치하 때부터 '산맥' 이라는 이름이 등장해, 지금까지도 각급 학교 교과서, 사전류들에 그대로 통용되고 있다. 태백산맥, 소백산맥, 노령산맥 따위의 이름이 처음 사용되기 시작한 것은 1900년대 초부터이다. 당시 일본인들은 우리나라 땅 속에 묻혀 있는 광물에 잔뜩 눈독을 들였으며, 몇몇 지리 · 지질 학자들이 건너와 우리 국토의 지질을 조사해 갔다. 이 때 만들어진 것이 무슨 무슨 '산맥'이라는 이름과 그 개념이었다. 그러나 일본인 학자의 산맥 분류는 땅 속의 지질 구조에 따라 이루어진 것이므로, 실제로 땅 위의 지형이나 산세에는 맞지 않는다. 산줄기가 물을 가르는 분수령이 아니라, 강을 건너 뛰기도 하는 모순과 불합리를 만들어 놓았다. 또 실제 우리나라의 산줄기는 대개가 끊임없는 곡선과 중첩으로 돼 있는 것임에도, 산맥 지도는 거의 모든 직선으로 그어졌고, 토막토막 끊어져 있다. '산맥'은 또한 백두산을 애써 무시하여 마천령산맥으로 독립시킴으로써 우리 산줄기의 무게 중심을 여러 곳으로 분산시켰다. 이같은 지리 왜곡은 결과적으로 우리의 지리 인식을 흐리게 하고, 우리의 역사나 문화 인식에 혼란을 가져왔음은 물론이다.

일본인들이 창작한 산맥, 또는 창씨 개명시킨 산맥을 버리고 「산경표」에 의한 대간, 정간, 정맥을 회복시켜야 한다고 광복 후 처음 주장한 사람은 산악인들이었다. 1980년대 초부터의 일이다. 산악인들은 '거기 있는 산'을 실제 발로 밟으며 올라감으로써, 강물은 결코 산줄기를 넘지 않는다는 「산경표」의 원리와 과학성을 입증시켰다. 최근 사오년 사이에 백두대간이라는 말이 자주 쓰여지고, 이를 종주하는 사람들도 많아졌다. 산 좋아하는 사람들 사이에서 백두대간은 이미 복원된 셈이다. 그러나 각급 학교 교과서와 여러 사전들은 아직 그대로 '산맥'이며 '태백산맥'이다. 답답한 일이 아닐 수 없다.

4

백두대간의 종주는 끝자락인 지리산 천왕봉에서부터 시작하는 것이 보통이다. 물은 높은 곳에서 아래로 흐르고, 산은 낮은 곳에서 위로 위로 높게 치닫기 때문이다. 지리산은 곧 백두산의 발 끝에 해당하는 산이라고 할 수있다. 그래서 지리산의 또다른 이름을 옛 사람들은 두류산(頭流山)*이라고 했다. 지리산에서 출발하여 한번도 물을 건너지 않고, 능선으로만 걸어 백두산에 닿는 길이 백두대간의 마루금을 따라 걷는 길이다. 물론 중간 여러 곳에서 자동차 도로를 건너고, 논밭과 마을을 지나기도 하지만, 이것은 모두 후세 사람들의 손에 의하여 만들어졌을 뿐 대간 자체가 사라진 것은 아니다.

내가 지리산에 처음 오른 것이 1980년대 초의 일이고, 이 산을 1박 2일로 처음 종주한 것도 1980년대 중반의 일이다. 그 때부터 지리산은 나에게 '고향' 이 되었다. 계절이 바뀔 때마다, 휴가를 얻을 때마다 나는 배낭을 짊어지고 훌쩍 지리산으로 떠났다. 무박이든 1박 2일이든 그 산에 파묻힘으로써 나는 활기를 찾아서 돌아왔다. 중

* 백두산과 흐름을 같이하는 산,
또 다른 두류산이 함경도와 평안도에도 있다

산리에서 쳐다보이는, 천왕봉 아래에 걸친 흰구름에 왜 가슴이 그토록 뛰는지, 제석봉의 고사목들이 왜 이 산에서 죽어간 수많은 영혼들의 부릅뜬 눈으로 보이는지, 나는 그 까닭을 캐기 위해 끝없이 지리산을 찾는 것인지도 모른다. '만고의 천왕봉이여, 하늘은 울어도 산은 울지 않는다' 라는 시를 남긴 남명 조식의 기개, 이 산에서 신선이 되었다는 고운 최치원의 발자취, 절명시를 쓰고 스스로 목숨을 끊은 매천 황현의 의분 등등을 이 산에 오를 때마다 되새겨 보는 것은, 나로서는 다시 없는 자기 성찰의 기회이자 감격이 되었다. 뿐만 아니라 그 산은 나에게 그 산을 공부하도록 만들었다. 지리산으로 떠나기에 앞서 나는 내가 가야 할 산길과, 그곳에서 찾아보아야 할 특정 지점과 사람들에 관하여 숙지하지 않으면 안되었다. '아는 만큼 보인다' 라는 말은 그 산에서도 옳았다.

킬리만자로의 표범처럼 짐승은 먹이를 찾아 헤매다가 자꾸만 높은 곳으로 올라갔을지도 모른다. 그러나 사람은 정신의 먹이를 찾아 산에 오른다. 고도를 높여 갈수록 정신은 더 풍요해지게 마련이다. 이 일은 힘이 들고 어렵고, 때로는 죽음에 이를지도 모르는 위험을 동반한다. 이 일에는 또한 관중이 없고 박수소리가 안들린다. 자유와 고독과 야성을 찾아 가려는 이 행위야말로 나의 시가 가야 하는 길과 닮아 있는지도 모른다. (2000)

저 시커먼 산을 또 넘어야 하나요?

– 지리산 당일 종주기

1

지리산(智異山)을 가리켜 '하늘이 울어도 울지 않는 산' 이라고 했다. 조선 시대 남명 조식(南冥 曺植)의 시에 보이는 말이다. 세상을 피해 지리산 아래에 은거하면서, 날마다 천왕봉을 올려다 보았음직한 남명이, 이런 절창을 남긴 것은 당연한 귀결처럼 보인다. 어쩌면 그는 '하늘이 울어도 울지 않는 산'을, 스스로의 기개(氣槪)에 빗대어 말했거나, 스스로의 정신적 지향을 산에 견주어 나타내고자 했을지도 모른다.

지리산은 그렇게 크고 넓고 장엄하고 아름답다. 그 산은 또한 그 산에 들어서는 사람들에게 많은 가르침과 깨달음을 준다. 그 산에 우리의 역사(歷史)가 살아 숨쉬고 있기 때문이다. 그러므로 그 산에 발길을 들여놓는 순간부터, 우리는 역사 속을 거슬러 올라갈 뿐만 아니라, 우리의 현재와 미래까지를 내다보며 걷는, 긴 고행의 출발점이 되는 셈이다.

최근 수년 사이 백두대간 종주, 또는 구간 종주가 산꾼들 뿐만 아니라, 일반인들에게도 널리 실행되고 있다. 백두대간 종주의 첫 번째 구간이 경남 산청군 중산리에서 시작하여 천왕봉을 거쳐 전남 구례군 노고단 성삼재에 이르는 지리산 주능선 일백이십리를 걷는 일이다. 대부분의 종주자들은, 이른 새벽에 산청군 중산리를 출발하여 천왕봉에 오르고, 제석봉 · 장터목산장 · 연하봉 · 삼신봉 · 촛대봉 · 세석산장 · 영신봉 · 칠선봉 · 덕평봉을 거쳐, 벽소령 산장에서 고단한 몸을 하룻밤 눕히게 된다. 벽소령은 지리산 주능선의 한복판이다. 그 다음 날에라야 노고단에 도착하게 된다. 그러나 최근 드물기는 하지만, 일부의 종주자들 가운데는 벽소령에서의 하룻밤 숙박을 거치지 않고, 그대로 강행하여 하루에 노고단과 성삼재까지 주파하는 경우도 생겨났다. 하루 당일로 일백 이십리 산길을 걷는 사람들이 나타나기 시작한 것이다.

이른 새벽에 중산리를 출발했다면 캄캄한 밤에 노고단 산장에 도착하는데, 하루에 열다섯 시간 이상을 걸어야 가능하다. 물론 한시간 운행에 5~10분 정도를 쉬면서, 간식과 물을 섭취해야 하고, 다리에 쥐가 나거나 아픔을 느낄 때, 스프레이 파스를 분사해 주어야 한다.

지리산 주능선상에는 일천오백미터~일천구백미터의 봉우리들이 열네개나 있다. 주능선의 평균 높이가 일천사백미터이므로, 열네개 봉우리 이외에도, 크고 작은 봉우리와 고개를 삼십여개 쯤 오르내려야 한다. 그래서 지리산을 종주해 본 사람이라면 '지긋지긋하다' , '지루해서 견디기가 어렵다' 라는 말을 흔히 하게 된다.

내가 처음으로 지리산을 찾은 것이 팔십년대 초의 일이다. 그때는 중산리에서 천왕봉에 올랐다가 함양 백무동으로 내려왔었다. 산의 크기와 깊이에 압도되었을 뿐만 아니라, 그 넉넉한 가슴과 품안이야말로, 얼마든지 쫓기는 사람들을 감싸줄만 하다고 생각되었다. 그토록 크고 깊은 모성(母性)의 산이기에, 그렇게 많은 구전과 설화, 그리고 역사가 배어있음을 알 수 있었다. 가사는 전해지지 않았으나 그 내용이 아름다운 <지리산가>, 백제에 쫓겨 달궁골로 들어왔다는 마한의 왕족과 유민들, 백제 · 신라 · 가야의 싸움, 고려 말 왜구의

지리산의 제2봉 반야봉. 부드러운 선이 매우 육감적이며 반달곰이 있을 정도로 생태계가 잘 보존돼 있다

침입과 격퇴, 임진왜란, 동학농민전쟁, 항일 의병활동, 해방 공간의 여순사건, 한국전쟁…. 이 산의 골짜기 골짜기마다, 산기슭 산마루 산자락마다, 민족사의 아픔이 서려 있지 않는 곳이 없었다.

내가 지리산 종주 산행을 처음 한 것이 팔십년대 중반의 일이다. 그때 나는 열네살 짜리 중학생 아들과, 직장 동료 한 사람 등 셋이서 구례 화엄사를 출발해 산청 중산리로 내려왔는데, 중간에 세석산장에서 하룻밤을 묵었다. 두 번째로 이 산을 종주한 것이 팔십팔년 여름의 단독산행이었다. 이때는 거꾸로 중산리를 출발해 화엄사로 내려왔다. 중간에 뱀사골 산장에서 하룻밤을 잤는데, 해가 지기 전에 산장에 도착할 수 있었다. 이같은 경험 때문에 나는 언제든 당일로 지리산을 종주해 보아야겠다는 꿈에 사로잡혀 있었다. 무슨 모험심이나 기록을 세우자는 것이 아니라, 내 자신에 대한 가혹한 육체적 실험과, 거기에서 얻어지는 정신의 풍요를 체험해 보고 싶어서였다.

그러나 나이가 들어가고, 체력도 예전만 못해 쉽게 엄두가 나지 않았다. 함께 갈 만한 마땅한 친구도 나타나지 않았고, 단독행은 웬지 마음에 내키지가 않았다. 무박*으로 지리산 곳곳을 누비며 수십차례 오르내리기는 했지만, 종주 무박 산행은 벼르고만 있었지 십여년 동안 엄두도 내지 못했다.

내가 소속한 만고산악회의 젊은 후배들이 어느날 나에게 말했다. '지리산 종주를 하고 싶은데 형님은 경험자니까 우리와 함께 갈 수 없느냐' 는 거였다. '불감청 고소원' 이 아니겠는가. 나는 즉석에서 승락하고, 필요한 장비와 준비물들을 일러 주었다. 아울러 체력 단련을 위해 술을 줄이고, 정신력을 강화해야 하는 등의 이야기를 당부했다. 이것은 후배들에게만 해당되는 것이 아니라, 가장 나이가 많은 나 자신에 대한 다짐이기도 하였다.

2

이천년 유월 칠일 하오 열시.

우리 일행 네명은 강남 고속버스 터미널에서 진주행 야간 우등고속을 탔다. 이대석(쉰두살 · 화가), 신원섭(마흔다섯살 · 화가), 박규희(마흔네살 · KBS사회부차장), 그리고 나(예순살), 산악회에서 베풀어준 저녁을 겸한 장도주*로, 각자 소주 한병씩을 마셨으므로, 쉽게 잠이 들 줄 알았으나 잠이 오지 않았다. 쾌적한 우등고속이긴 했지만, 가벼운 흥분과 설렘으로 우리는 눈만 감고 있었을 뿐이었다.

일기예보에 의하면 내일(팔일) 전국적으로 비가 내릴 것이라고 했다. 그것도 5십~일백밀리의 만만치 않은 강수량이다. 지리산에 이

---

* 밤 기차나 버스로 내려가 이튿날 새벽부터 산행을 하고 그날로 상경한다.
* 장도에 오른다는 뜻의 술.

지리산의 상징이기도 한 고사목

같은 비가 계속 내린다면, 종주니 백두대간이니 할 것 없이 산행을 중도에서 포기하거나 탈출해야만 한다. 한두 시간 정도 비를 맞는 산행은 모르지만, 열다섯시간 이상 비를 맞는다는 것은, 곧 저체온증(하이포서미아)에 걸려 죽음에 이르는 길이 되기 때문이다. 이런 걱정 때문에 잠은 이미 천리 밖으로 사라졌다.

진주에 도착한 것이 새벽 두시 삼십분. 내리자마자 하늘을 쳐다보니 별빛이 한 두개 보인다. 안심이 된다. 그런데 이제 어디로 가야 하나. 버스도 없고 택시도 없고, 무엇보다도 한두 시간만이라도 잠을 좀 자두어야 할게 아닌가. '비디오방' 이라는 곳을 처음 들어갔다. 이화백의 의견이다. 남녀의 알몸, 거친 숨소리, 눈을 감아도 잠들 수가 있겠는가. 그냥 모두들 일어나 나가기로 한다. 진주 중앙시장을 돌아다니다가 새벽 네시 삼십분에야 해장국으로 아침을 때웠다. 그러나 김밥집은 아직 문을 열지 않았다. 지금 시각이라면 중산리의 가게나 식당들도 아직 문을 열지 않았을 것이다. 저마다 간식들은 준비했으나, 정작 오늘 점심의 '밥'이 문제였다. 밥은 곧 생명이니까. 택시 기사의 친절한 안내로 진주 시내 철야 김밥집에서 각자 세줄씩의 김밥을 챙겨 배낭에 넣었다. 이제는 안심이다.

중산리 매표소에 도착한 시간이 새벽 다섯시 오십오분. 우리의 계획표에서 이미 한시간이나 늦어졌다. '우천 허만수 기념비'를 지나 나지막한 경사의 등산로로 들어선다. 허만수라는 이는 일제 강점 치하 때 일본유학을 했던 지식인으로, 해방후 진주에서 서점을 운영하다 '산사람' 이 돼버린 사람이다. 세속을 버린 채 지리산에 들어와 등산객을 구조하고, 이정표를 세우며 산짐승처럼 살았다는 전설적인 인물이다. 산이 좋아 처자식도 진주에 남기고, 홀로 산에서 살다가 언제 어디서 죽었는지도 모르게 사라졌다. 그래서 중산리 사람들은 그가 신선이 되었다고 말하기도 한다. 지리산에서 신선이 되어 가야산을 오고갔다는 신라 사람 고운 최치원의 전설이 떠오른다.

비가 오겠다는 기상청의 예보는 빗나갔다. 하늘이 너무 맑다. 이런 날씨라면 저녁 여덟시 쯤이면 노고단 산장에 닿을 수 있을 것이다. 하늘도 우리를 돕고 있다.

중산리에서 천왕봉까지는 이십오리에 네시간이 소요된다. 물론 사람에 따라 차이가 있다. 나는 50대초에 두시간만에 이곳을 올랐었다. 천왕봉에 이르는 가장 가까운 길이지만 그만큼 경사도가 높다. 따라서 종주자들이 여기에서 힘을 소진하면 안된다. 자기 체력의 칠십 퍼센트 정도를 발휘해서, 천천히 여유있게 올라가야 한다. 대부분의 등산객들이 천왕봉에 올라서서 탈진하는 것과는 달리, 종주팀은 천왕봉에서 비로소 새로운 힘이 솟아야 한다.

중산리 매표소를 출발한지 삼십여분만에 칼바위에 이르렀다. 칼로 썰어 세워놓은 듯한 뾰족한 바위가 하늘을 향해 솟아 있다. 쉬어 가기에 알맞은 곳이다. 지금까지는 완만한 길을 올라왔으나, 이제부터 경사도가 높아지며 온통 돌밭길이라는 것을 잘 알고 있다.

힘겨운 산길을 오를 때마다 시지프스의, 끝없는 고통의 되풀이를 내가 안고 가는 것은 아닌가 생각하게 된다. 시지프스는 거대한 돌을 밀어 올려 산정에 이른다. 잠시 숨돌릴 사이도 없이, 그 돌은 아래로 굴러 내려가 버린다. 시지프스는 다시 내려가 그 돌을 산정으로 밀면서 올라가야 한다. 이것의 끊임없는 되풀이가 곧 시지프스의 운명이다. 산길에서는 오르막길이 있으면 반드시 내려가야 하는 길이 있다. 편편한 길도 있다. 오르막길의 고통은 조만간 내리막길의 편안함을 예고해 주는 것에 다름아니다. 내리막길의 편안함은 또 반드시 머지않아 오르막길의 힘겨움이 온다는 것을 일깨워 준다. 종주산행의 이 되풀이는 인생살이의 그것과도 같다. 행복과 불행, 슬픔과 기쁨, 편안함과 어려움 따위의 그 끊임없는 되풀이를 통해서, 사람은 생의 의미를 터득하면서 살고 있지 않는가.

산에서는 한시 바삐 내려가 집으로 돌아가고 싶어진다. 집에 돌아와서는 하루도 지나지 않아 다시 산이 그리워진다. 고통에의 유혹이 고개를 쳐들고 나를 손짓한다. 나는 그 유혹에 나를 맡겨 버리는 일이 좋다. 파우스트가 악령 메피스토페레스에게 자기를 맡겨, 진정한 자기를 다시 태어나게 하였듯이, 유혹에 빠질 수 있는 사람이야말로 참으로 인간적이라고 나는 생각한다.

3

칼바위를 떠난 지 오십분만에 '망바위' 에 이르렀다. 바라볼 망(望)자이므로, '바라보기에 좋은 바위' 라는 뜻의 이름인지, 아니면 숨어 사는 이들이 '망을 보았다' 고 해서 붙여진 이름인지 알 수 없지만, 과연 전망과 조망이 좋은 곳이다. 네 사람이 나란히 앉아 간식을 취하고 물을 마셨다.

아침 일곱시 오십분 로타리산장에 도착했다. 법계사 바로 아래에 위치한 곳으로, 수통에 가득 물을 채운다. 여기에서부터 천왕봉 오르막길이 계속 가파르다. 급경사의 바윗길이 나타나는가 하면, 자칫 발목을 삘 수 있는 돌길 · 자갈길의 연속이다. 위험 지대에는 예전에 없던 철제 계단과 난간이 설치돼 올라가는 데 어려움이 없다. 갑자기 전망이 트인 편평한 곳에 이르게 된다. 앞에 큰 덩치의 산이 버티고 있다. 내려가라, 내려가라고 가까이에서 손짓으로 나를 떠다 미는 것만 같다. 천왕봉을 떠받들고 있는 육중한 산의 몸이다. 평지도 잠깐일 뿐, 다시 가파른 돌밭길을 올라가야 한다.

천왕봉을 오른쪽으로 돌아 오르는 데에 천왕샘이 있다. 바위틈으로 뚝뚝 물방울이 떨어지지만 가뭄 때에는 말라 있을 경우가 많다. 예전의 너덜지대와는 달리, 돌로 잘 정비된 등산로를 따라 오른다. 숨소리가 더욱 가빠진다.

아침 아홉시 삼십분, 마침내 지리산 정상에 섰다. 중산리를 떠난지 세시간 삼십분이 걸렸다. 정상에는 큰 감자처럼 생긴 바윗돌에, '지리산 천왕봉 1915' 라 음각돼 있고, 뒷면에 '한국인의 기상 여기서 발원되다' 라고 새겨져 있다.

천왕봉에서 하늘을 본다. 파랗고 맑다. 간간히 하얀 안개가 우리들의 발 아래로 스쳐 지나간다. 이제부터 우리들이 가야 할 노고단 성삼재까지의 서쪽 일백이십리 능선을 바라본다. 안개와 구름이 많이 깔려 있어 반야봉과 노고단 봉우리가 시야에 들어오지 않는다. 기상 변화가 잦고, 소나기가 자주 쏟아지는 지리산의 속성을 알기 때문에, 정상에서 삼십분을 머문 뒤 곧 출발했다. 철계단으로 다듬어 진 통천문을 거쳐 내려가 제석봉을 넘는다. 하늘로 통하는 문이라는 뜻의 통천문은 1980년대 까지만 해도 나무 사다리 같은 것을 타고 오르내렸다. 불안하기 짝이 없었다. 이 바위 문을 통해서라야 사람이 신선이 된다고도 했는데, 철계단이 놓여짐으로써 그 신비감이 사라졌다.

고사목 지대를 완만하게 내려간다. 언제 보아도 하늘을 찌를 듯 아름다운 고사목들이다. 그러나 이 고사목들이야말로, 나로서는 이

지리산 종주산행의 안식처 중 하나인 연하천 산장

산에서 죽어간 수많은 영혼들의 '부릅뜬 눈' 으로 생각되는 것은 웬 일인가. 이기형시인은 저 나무들을 말라 죽은 나무가 아니라, 죽었다가 살아난 '사생목(死生木)' 이라고 했다. 옳은 이야기이다. 이 산에서 죽어간 영혼들은 역사 속에서 항상 살아 있기 때문일 것이다.

상오 열시 사십분 장터목 대피소에 도착했다. 예전의 허름한 단층 돌집이 아니라, 수입목으로 새로 지은 삼층집이다. 옆에 취사장도 마련되어 있다. 천왕봉에 오르거나 내려갈 때, 많은 사람들이 거쳐야 하는 곳이므로, 여름 휴가철에는 그야말로 '장터'처럼 붐비기 마련이다. 그러나 장터목이란 이름 그대로, 이곳은 조선시대 때 장터가 섰던 곳이라고 한다. 하동 · 구례쪽 바다와 가까운 데서 살았던 사람들이, 소금과 건어물 따위를 가득 짊어지고 장터목으로 올랐다. 반대로 지리산 북쪽 기슭, 남원과 함양쪽에 살았던 사람들은 쌀과

밭곡식, 필목 들을 지고 백무동을 거쳐 올라와 장터목에서 물물교환을 했었다고 한다. 가벼운 배낭을 지고 올라가기에도 힘드는 길을, 그 무거운 소금과 곡식을 지게에 가득 짊어지고 오르내렸을 것을 생각하면, 삶이란 예나 지금이나 고단한 것이라는 것을 새삼 깨닫게 된다. 옛 사람들은 여러날이 걸려 이곳에 올랐고, 이곳에 오르는 길을 '소금길' 이라고도 불렀다. 소금을 짊어지고 올라가야 하며, 그 길에서 소금밥을 해먹었기 때문이다.

장터목을 뒤에 두고 세석평전으로 향한다. 길은 부드럽고 완만하다. 그러나 중간에 연하봉 · 삼신봉 · 촛대봉 등 일천칠백~일천팔백 미터 봉우리 세 개를 넘어야 한다. 뿐만인가. 세 개 봉우리 이외에도, 대여섯 개의 만만치않은 돌밭 고개를 오르내려야 할 수밖에 없다.

촛대봉 오름길이 힘에 벅차다. 오른쪽으로 안개에 쌓인 뾰족뾰족한 바위 봉우리들이 모습을 드러냈다가 사라지곤 한다. 여러 개의 촛대를 세워 놓은 것도 같다. 잠시 걸음을 멈추고 서서 숨을 고른 다음, 다시 오르막길을 천천히 올라간다. 촛대봉 고개를 넘어 내려가면서 시야가 넓게 트인 고원지대가 나타난다. 세석평전이다. 세석고원, 잔돌평전이라고도 하는데 사방 십리에 걸친 철쭉밭이 장관이다. 지대가 높기 때문에 유월인데도 한창 철쭉이 만발해 있다. 여기서 오른쪽(북쪽)으로 떨어지면 한신계곡을 거쳐 함양땅 백무동이 될 것이고, 왼쪽(남쪽)으로 내려가면 각각 거림(산청), 청학동(하동), 대성리(하동)로 가는 길이 갈리게 될 것이다.

세석 대피소 역시 장터목과 마찬가지로 최근 새로 집을 크게 지어 깨끗하다. 팔십년대에 왔을 때의 그 적요하고도 옛스러운 돌집의 정취를 찾을 수가 없다. 어떤 빨치산 수기에서 읽은 적이 있는데 오십년대에도 이곳에 오두막 한 채가 있었다고 한다. 황량한 벌판과 같은 고원지대의 초가집 한 채, 눈보라와 바람과 짐승들의 울부짖음

속에서 약초를 캐며 살아가는 노인 한 사람, 마치 추사(秋史 金正喜)의 '세한도' 에 나오는 그 쓸쓸한 집 한 채가, 어느날 갑자기 사라져 버렸다는 것이다. 토벌대가 불을 질렀고, 그 불탄 잔해 속에서 노인의 시신이 보였다고 그 수기는 전했다. 그 오두막이 있었던 자리가 어디인지는 확인할 수 없지만, 새로 지은 대피소 앞 식탁에서 점심을 먹는다. 진주에서 싸온 김밥을 펴놓고, 단무지와 함께 맛있게 먹어 치운다. 함양에서 남편이 병원을 한다는 아주머니가 쑥떡을 주먹만큼 칼로 썰어 우리 일행에게 나누어준다. 배고픈 어린 시절에 맛보았던 그 쑥떡이 아닌가.

4

하얀 안개구름이 쉼없이 산봉우리를 가렸다가 벗겨 가기도 한다. 우리들 식탁으로도 안개가 몰려왔다가 사라진다. 안개 속의 식사, 에두아르 마네가 그린 '풀밭 위의 식사' 의 누드 여인이 떠오른다. 신선이 따로 없구나 하는 생각이다. 우리가 가야 할 서쪽을 바라보니 심상치 않은 먹구름이 잔뜩 끼어 있다. 이 쪽으로 몰려오는 것도 같다. 비가 오면 큰일인데, 아직 가야할 길의 삼분의 일도 못했는데…. 속으로 걱정하면서 하오 한시 오분 세석 대피소를 출발했다. 이슬비가 내리기 시작했으나, 이 정도라면 얼마든지 갈 수 있을 것 같았다.

지리산 주능선상의 한복판인 벽소령에 이르기 위해서는 이제부터 영신봉, 칠선봉, 덕평봉 등 일천오백~일천칠백미터급 세 봉우리와 크고 작은 고개를 수없이 오르내려야 한다. 덕평봉을 내려와서부터는 거의 평지길이다. 한시간 정도의 평지길이 지루하기 한량없다. '벽소령 일킬로미터'가 왜 그리 길고 멀었을까. 벽소령에는 육십년대에도 화개 -벽소령- 함양까지의 자동차 길이 뚫렸었다고 한다.

지리산 한복판을 관통해 넘나드는 도로다. 현재 통용되는 산행 개념 지도에도 그렇게 도로로 표시되어 있다. 그러나 이 도로는 이미 사라진지 오래이고, 잡목과 잡초들로 우거져 등산로마저 없어졌다. 오십년대에 나무를 베어 실어내리기 위한 산판길이거나, 토벌대의 진입을 위해 닦여졌을 길일지도 모른다. 벽소령까지의 평지 길이 넓고, 왼쪽으로 군데군데 축대를 쌓은 낭떠러지, 오른쪽의 낙석 위험 표지판이 자주 보이는 것도, 지난 날 산을 허물고 깎아 길을 냈던 사연과 무관하지 않을 터이다.

하오 세시, 벽소령 대피소에 도착했다. 보슬비가 계속 내리고, 먹구름은 서쪽의 산봉우리들을 모두 가렸지만 우리는 아직 여유가 있다. 배낭에 간식과 물이 넉넉하고, 저마다 헤드랜턴을 갖추었으며, 비가 올 때에 대비한 우의와 갈아입을 옷들도 챙겨져 있다. 벽소령에서 뜨거운 컵라면으로 간식을 취한다. 속이 뜨뜻해지면서 새로운 힘이 솟는 것도 같다. 팔십년대 중반, 내가 이곳을 통과했을 때에는 산장이 없었다. 천막을 치고 젊은 총각이 부침개와 막걸리를 팔았었다. 그 부침개와 막걸리 한사발을 지금의 벽소령에서는 맛볼 수가 없다.

벽소령 남쪽 이십리 지점에 빗점골이라는 골짜기가 있다. 오십년대 남부군* 총사령관인 이현상이 토벌대에 의해 사살된 곳이다. 구십년대초에 나는 두 번이나 그 현장을 찾아 의신까지 시외버스를 타고 들어왔다가, 끝내 벽소령 오름길을 찾지 못하고 돌아서야만 했었다. 여러 기록들에 보이는 이현상의 족적과 그 외로움이 나에게는 적지않은 시의 소재가 되었다.

벽소령에서부터 다시 오름길이 시작된다. 형제봉까지의 오르막이 한 발 한 발 숨가쁘다. 어느덧 비바람이 몰아치고 주변 경관도 보이

* 남쪽 빨치산의 총칭

노고단에서 내려다 본 초여름의 노고단 산장

지 않으므로, 산행이 힘겨울 수밖에 없다. 안개와 비바람 속에서 잠깐잠깐 옷을 벗는 두 개의 큰 바위 봉우리가 왜 이곳이 형제봉인가를 일깨워줄 뿐이다. 하오 네시 오십분 연하천 대피소에 도착했다. 비는 어느덧 장대비로 변하고, 우리가 여기서 더 전진해야 할지 말아야 할지 망설여진다.

연하천 대피소에서 노고단 산장으로 전화를 걸었다. '어제 예약한 사람인데, 밤 아홉시 쯤에는 도착하겠다' 는 내용이었다. '밤 열한시가 돼도 도착하기 어려우니 그곳에서 자고 오라' 는 대답이다. 박규희차장이 '우리가 날아 가서라도 갈테니 걱정 말라' 고 소리친 뒤, 우리는 더운 커피 한잔씩을 마시고 출발했다. 연하천에 머물던 젊은 산꾼들이 "어르신네들 존경합니다. 어떻게 중산리에서 여기까지 하루에 오셨다니…" 하고 놀라워 한다. 너댓명의 젊은이들이 우리를 걱정스런 눈으로 배웅했다.

하오 다섯시 삼십분, 연하천 산장을 떠난 우리는 다시 명선봉 오르막길에 들어섰다. 명선봉, 토끼봉, 화개재, 삼도봉, 노루목, 임걸령을 거치면 목표 지점인 노고단에 이르게 된다. 빨리 걸어도 네시간은 족히 걸리는 거리다. 지리산 종주 경험이 없는 일행들에게 '이제 거의 다 왔다' 는 말밖에 달리 할 말이 없다. 명선봉 오름길도 만만치가 않다. 길고 긴 나무 계단을 만들어 놓았고, 계단 한쪽마다 프라스틱인지 고무판인지, 알 수 없는 것들을 깔아 놓아 짜증이 난다. 한 발 한 발 떼어 놓을 때마다 엉뚱한 욕설이 튀어 나온다. 토끼봉 오름길도 힘들기는 마찬가지이다. 왜 이런 고생을 돈주고 사서 하는지, 하는 탄식과, 그래도 가야 한다는 집념에 천근같은 다리를 옮길 수밖에 없다. 하오 일곱시 삼십분 화개재에 이르렀다. 우리들은 이미 물에 빠진 생쥐꼴이 되었다. 고어텍스 의류니 방수 등산화니, 아무 소용이 없다. 아직 길은 어둡지 않았는데, 신원섭화백이 몸을 떨고 있다. 이빨까지 딱딱거리는 것같다. "산행을 여기서 중단하고 이 아래 뱀사골 산장에서 자고 가면 어떻겠느냐?" 고 내가 물었다. "뒤에 오는 두 사람과 상의해 보자" 고 그가 말했다. 이대석화백은 이미 무릎인대가 고장나 내려오는 길에 애를 먹고 있고, 박차장은 이화백과 함께 오면서 배탈이 나 기진맥진인 채로 올라왔다. "계획대로 노고단까지 가자" 가 두 사람의 의견이었다. 선무당이 사람 잡는 것처럼 지리산을 잘 모르니까 나오는 소리다. 그러나 나의 속내도 강행하자는 쪽으로 기울었다.

배낭을 열어 폴라텍 스웨터를 신화백에게 갈아입혔다. 그는 금세 몸떨림을 멈추면서 '날아갈 것같다' 고 했다. 다시 행군이 시작되었다. 우리는 모두 랜턴을 꺼내들고, 어둠과 비바람 속을 뚫고 나아갔다. 되도록 전지를 아끼기 위해 길이 보이는 데까지 켜지 않았다가, 하오 여덟시가 넘어서야 불을 켰다. 칠흑같은 밤과, 장대비와 강풍과, 이미 지칠대로 지친 자기와의 싸움이 시작되었다.

5

삼도봉 오름길 역시 나무 계단의 연속이다. 계단은 끝이 보이지 않는다. 끝났다 싶으면 구비 돌아 또 시작이다. 사람은 왜 사람이 만들어 놓은 이런 시설물들이 싫어져 짜증이 나는 것일까. 사람은 본질적으로 원시성을 그리워하는 것은 아닌가. 사람이 애써 산을 찾는 것도, 일상의 틀에서 벗어나고자 하는 자유와, 온갖 제도 · 규격을 털어 버리고 싶은 야성 회귀에 그 참뜻이 있는지도 모르겠다.

삼도봉을 넘어 노루목 삼거리에서 뒷사람들을 기다린다. 아무리 '만고'를 외쳐도 대답이 없다. 나도 몸이 떨리기 시작했으므로, 되돌아 내려가면서 뒤에 오는 일행들을 부른다. 신화백이 오고, 뒤이어 이화백, 박차장이 왔다. 장대비 속에서 담배를 한 대씩 태우기로 한다. 가까스로 불을 붙이고, 고개를 숙여 모자챙 아래에서 맛있게 담배들을 피운다.

다시 빠른 걸음으로 앞장서서 나아갔다. 그런데 이게 웬일인가. 오한이 심해지고, 이빨까지 딱딱 부딪치는 저체온증 조짐이 내게 나타나지 않는가. 나는 달리기 시작했다. 한시라도 빨리 노고단 산장에 도달하는 것이 저체온증을 극복할 수 있는 길이라고 생각되었다. 한참을 달리다 보니, 뒷사람들의 불빛이 보이지 않았다. '저 사람들은 길을 모르고 방향을 모른다'라는 생각에 미치자, 그들과 함께 가야겠다고 마음먹었다. 몇 번씩이나 소리쳐 불러도 대답이 없다. 다시 오던 길을 달려 되내려간다. 신화백이 나타나고, 오분쯤 뒤에 이화백 · 박차장이 축 처져서 올라온다. 신화백의 배낭 속 젖지 않은 바지를 내가 갈아입었다. 신기하게도 온몸의 떨림이 가시고, 새롭게 정신을 가다듬을 수 있었다.

임걸령과 돼지평 공터에 길이 여러 갈래로 뚫려 있다. 플래시로 찾아 보아도 표지기가 보이지 않는다. 당황해진다. 시계에 붙은 나침반으로 서쪽(W)을 향한 길에 들어선다. '나침반은 곧 생명을 가리킨다'라고 나는 여러차례 생각하고 또 확인할 수 있었다. 신화백이 다시 떨기 시작한다. 이빨 부딪치는 소리가 빗 속에서도 크게 들린다. '먼저 달려가 산장으로 가라' 고 지시하고, 뒤 사람들을 기다린다. 다시 오던 길을 되짚어 내려간다. 두 사람을 만나고 보니 앞에 보낸 신화백이 엉뚱한 곳으로 가지는 않았을까 또 걱정이 된다. 여기서 길을 잘못 잡으면 정말 큰일이 난다. 이렇게 되풀이되는 앞사람과 뒷사람 둘을 연결하느라, 나는 엄청나게 많은 체력 소모를 했다. 아니 거의 짐승같은 근성이 작용했는지도 모르겠다. 칠흑의 어둠 너머로 시커먼 산이 하늘을 가리고 있다. 노고단의 웅장한 모습이다. 저것을 넘어가야 산장일 터이다. 신화백이 묻는다. '저 시커먼 산을 넘어가야 합니까?' 어딘가 절망스런 목소리다. '아니야 저 봉우리를 넘는 것이 아니라, 오른쪽으로 우회하면 곧 산장이야' 선의의 거짓말을 하고 걸음을 재촉한다.

밤 열한시가 다 되어 우리는 노고단 산장에 도착했다. 모두들 탈진과 오한에 떨었으나, 우리는 지리산 종주를 당일로 해냈다는 자부심에 행복해졌다. 그것도 악천후 속에서 감행된 일이기에 더욱 그랬다. 하루 열일곱 시간의 산행, 어쩌면 대형 사고로도 이어졌을지 모르는 그 산행이야말로, 평생동안 잊혀지지 않을 추억과 교훈이 될 것임에 틀림없다. 내가 걷는 삶과 시의 길도, 그렇게 어려움의 되풀이 속에서 성취되는 것이라야 한다는 생각이다. (2000)

4

발과 다리를 가꾸자

일제가 왜곡시킨 '김정호' 이야기

'김정호' 라면 누구나 「대동여지도」를 떠올린다. 이 지도가 어떻게 생겼는지, 왜 훌륭한지 잘 알지 못하면서도 이 지도를 '발로 뛰어' 만든 사람으로 김정호를 연상하는 사람들이 많다. 나와 같이 오십년대에 초등학교를 다닌 사람들은 특히 김정호의 불우했던 삶에 안쓰러워 하면서, 그이의 위대한 업적을 생각하는 사람들이 적지 않을 것이다. 그이가 옳고 훌륭한 일을 평생 동안 어렵게 해 놓았는데도, 국가기밀을 새어 나가게 했다 하여 옥에 잡아가두고, 끝내 옥중에서 죽었다는 것을 선생님으로부터 들었기 때문이다. 물론 당시의 교과서에도 이런 이야기가 실렸던 것으로 기억한다.

김정호는 조선 팔도강산을 평생 동안 걸어다니며 실제 측량하고 답사한 결과로 「대동여지도」를 만들었다, 백두산에도 열일곱 차례나 올랐다, 「대동여지도」 목판본을 대원군에게 바쳤더니, 팔도지리의 기밀을 새어 나가게 했다 하여 김정호와 그 딸을 감옥에 가두었다, 그리하여 목판과 목판 인쇄본을 모두 거두어들여 불에 태워 버렸다, 김정호와 그 딸은 옥중에서 죽었다…. 대충 이런 이야기들이 김정호에 관한 상식으로 널리 알려져 있다. 이야기의 전개가 극적이고, 종말이 비극적이기에 감동하는 사람들이 많고 그만큼 설득력도 있다. 요즈음 십여년 사이에 나온 김정호의 생애를 다룬 위인전과 장편 소설들 역시 이와 같은 이야기들을 거의 모두 따르거나 군데군데 조금씩 다른 상황으로 묘사하고 있을 뿐이다. 그러나 과연 이 이야기들은 모두 사실일까? 이 이야기들은 무엇에 바탕을 두고 나온 것일까?

1980년대 초부터 등산에 빠져 든 나는 평소 우리나라의 명산들을 다 오르고 싶다는 꿈을 키워왔다. 그리고 그 꿈을 이루기 위해 주말마다 열심히 지도와 나침반을 챙겨 산행을 계속하고 있다. 그러나 지금의 생각으로는 내가 살아 있는 동안 이 꿈은 결코 이루어질 수 없으리라는 결론이다. 산에 오르면 오를수록 안 가 본 산은 더더욱 많아지고, 우리나라는 온통 산뿐이라는 느낌에 기가 질리곤 하기 때문이다. 고산자 김정호는 자동차나 자전거도 없었던 그 시절에 어떻게 우리나라의 산천을 다 돌아다녔을까. 산에 다니면서부터 김정호를 다시 살피게 된 것은 결코 우연한 일이 아니었다.

인명사전이나 백과사전, 국사사전들을 들추어 보아도 김정호는 태어난 해와 죽은 해가 분명하게 나타나 있지 않다. 막연하게 조선시대 순조, 헌종, 철종, 고종 조에 살았으며, 서기로는 1800년경에서 1864년경까지 살았을 것으로 미루어 짐작될 뿐이다. 이것은 그이가 당대의 실학자 최한기와 친구였다는 점, 그이의 「대동지지」가 고종 원년인 1864년에 완성되었음을 근거로 하여 짐작한 것이다. 생몰년이 확실하지 못하므로 그이의 가계, 가족관계, 태어난 곳과 죽은 곳, 인간적인 품성 따위도 거의 드러나지 않는다.

김정호에 관한 맨 처음의 기록은 1803년에서 1875년까지 살았던 그이의 벗 최한기가 「청구도」에 붙여 쓴 다음과 같은 글이다.

나의 벗 김정호는 소년 시절부터 지지에 뜻을 두고 오랫동안 섭렵하였다. 모든 방법의 좋고 나쁨을 자세히 살피며 매양 한가한 때에 사색을 하여, 간편한 집람식을 발견하였다. 가로금과 세로금을 그어 부득이 산수를 끊고 고을을 배열했는데, 선에 의하여 경계를 살피기는 어렵다. 그래서 그는 전폭을 구분하되 가장자리에 선을 긋고 우고 우리나라의 역산표를 모방하여 한쪽은 위로, 한쪽은 아래로 하여 길고 넓은 형세가 제 강토대로 접학되고, 반청반홍으로 수 놓은 듯한 강산이 같은 색을 따라 찾을 수 있게 되었다.

김정호가 만든 지도책인 「청구도」에 대한 간단한 해설이자 그이가 소년 시절부터 이 방면에 깊이 파고 들어 순조 말년인 1834년경 「청구도」 상하 두 책을 완성했다는 사실을 증언하고 있다.

조선시대 말기의 학자로 1793년에 태어나 1880년에 생을 마감한 유재건이 1862년에 펴낸 「이향견문록」에는 김정호에 대한 다음과 같은 기록이 남겨져 있다.

김정호는 스스로 고산자라 호를 지었는데 본래 기교한 재예가 있고, 특히 여지학(지리학)에 열중하였다. 널리 이 방면의 옛 것을 연구하고 또 널리 자료를 수집하여 일찌기 「지구도」를 만들고 또 「대동여지도」를 제작하여 손수 판각, 세상에 인포하였다. 그 상세하고 정밀함이 고금에 견줄 데가 없다. 나도 그 가운데 하나를 얻고 보니 참으로 보배가 되겠다. 그는 또 「동국여지도」, 「대동지지 」 열권을 편집하였는데, 미처 탈고하지 못하고 죽으니 매우 애석한 일이다.

이 글에서 「지구도」를 김정호가 만들었다고 했는데, 사실은 최한기가 중국의 「지구도」 탑본을 다시 박아 낸 것이며, 이것을 새기거나 도와주었던 사람이 김정호라는 것을 기록한 문헌이 보인다. 당대의 석학인 이규경의 「만국경위지구도 변증설」이 그것이다.

김정호에 관한 당대의 믿을 수 있는 기록은 이상에서 든 문헌 이외에 더 알려진 것이 없다. 일제 강점 치하와 해방 공간 그리고 요즈음에 이르러서야 그이에 관한 본격적인 연구가 이루어졌고, 여러 가지 다른 이야기들도 널리 퍼지게 되었다. 문일평, 최남선, 정인보, 이병도, 홍이섭, 정형우 들의 연구와 전기가 나와 있고, 요즈음에는 적지 않은 지리학자와 지도연구가 이우형 씨의 연구에 주목하는 사람들이 많다. 이상의 여러 연구와 전기를 종합하여 학계에 드러나 있는 김정호의 생애를 정리해 보자.

그이의 본관은 오산, 지금의 경상북도 청도이며 자는 백원, 황해도에서 태어났다고 한다. 서울로 옮겨 와서는 남대문 밖 만리재(만리동)와 서대문 밖 공덕리(공덕동)에서 살았다고 전해진다. 어릴 때부터 최한기와 가깝게 지냈는데 최한기는 실학을 공부하면서 서울에서 책을 가장 많이 지니고 있는 사람으로 알려졌다. 불우하고 가난한 생활 속에서 오직 지도 제작과 지지 편찬에 온 정성을 쏟다 1834년인 순조 34년에 「청구도」 두 책을 만들었다. 1861년인 철종 12년에는 혼자 힘으로 「대동여지도」 22첩을 판각 · 간행하였으며, 3년 뒤인 1864년에는 모두 32편 15책의 「대동지지」를 완성하였다. 이 책은 「청구도」와 「대동여지도」의 자매편으로 「여지승람」의 잘못을 고치고 보완한 본격적인 지리지라 할 수 있다. 이 밖에도 최성환과 함께 편술한 20권의 「여도비지」는 조선 후기 지리지의 발달에 중요한 업적을 남겼다. 그이의 가족 관계나 후손들에 관계되는 기록은 어디에서고 찾아볼 수가 없다.

그렇다면 내가 초등학교 시절에 배운 그 이야기들은 모두 어디에서 비롯되는 것일까. 산에 다니면서부터 나는 고산자 혼자서 팔도를 모두 걸어다니며 실제로 측량하고 확인하여 「대동여지도」를 만들었다는 이야기가 어딘가 과장되게만 느껴졌다. 그보다는 차라리 그이가 그때까지 나온 모든 지도와 지지 관계 자료를 정리하고, 기왕의 잘못된 지도와 지지는 현지 답사하여 보다 정확하고 정밀하게, 「대동여지도」에 반영시켰을 것이라고 믿고 싶었다. 이와 같은 나의 궁금증은 다음과 같은 이우형 씨의 글을 통해 곧 풀리게 되었다.

…날조된 김정호에 관한 이야기, 즉 답사설, 옥사설 들의 잔원은 1934년에 초간된 조선총독부 발행「조선어독본」제 5권 제4과 '김정호' 단원에 있다. 그 의도는 물론 김정호를 평지 돌출의 위인 으로 만들어 조선인의 정치 능력과 문화 능력 없음을 강조, 식민지 지배를 합리화하기 위한 것이다. 김정호는 지도 제작을 위한 답사를 하지 않았다. 아니 할 수 없었다. 김정호가 태어난 지 100년쯤 뒤인 1907년에 프랑스의 〈르 쁘띠 주르날〉 지에 동판화로 된 호환(虎患)* 광경이 실릴 정도로 조선은 호랑이가 우글거리는 땅이었는데 어떻게 백두산을 올라간단 말인가. 갈 필요도 없었다.

「청구도」,「대동여지도」* 같은 중축적 지도의 제작은 예나 지금이나 실측으로 하는 것이 아니라 대축적의 실측 지도를 편집하여 이루어진다는 것이 지도 업계의 상식이다. 그러니까 일체의「조선어독본」은 김정호에 대해 허구의 이야기를 만들어 수록한 것이며, 이 이야기는 해방 뒤 우리말로 된 국어 교과서에 그대로 직역하여 실렸고, 수십 년 동안 대다수 국민들이 그리 알도록 하는 데 이바지했다고 할 수 있겠다.

불과 120여 년 앞 사람인 김정호에 관해 그 가계나 후손, 생몰년이 명확하지 않다는 것은 그이 자신의 불우한 계급과 가난한 환경, 남의 눈에 띄지 않는 외길 인생을 걸어온 삶과 결코 무관하지 않았을 것이다. 그이가 가령 지체 높고 부유한 집안에서 태어나 그와 같은 위업을 이룩했다면 그이의 생애에 관한 전기가 왜 남아 있지 않겠는가. 바로 이러한 까닭으로 김정호의 생애는 얼마든지 왜곡되거나 과장될 수도 있었을 것이다. 어린이들이 보는 여러 위인전 속의 김정호, 또 요즈음에 나온 그이에 대한 여러 소설들 역시 조선총독부 발

---

* 필자가 연구한 바로는 21만 6천분의1 지도
* 사람이 호랑이에 물려 죽음

행의 「조선어독본」 이야기를 기본 뼈대로 삼아 역사상 실제의 인물을 신비의 인물로 그리고 있는 셈이다.

김정호의 답사설과 옥사설에 관해서는 이미 육십년대에 이병도에 의해서 명쾌하게 부정된 바 있다. 나는 이 글을 요즈음에야 찾아 읽었다.

…그가 국내 각처를 두루 찾아다니며 곳곳을 조사, 연구하고 백두산에도 여러 차례 올라간 일이 있다고 한다. 그러나 그 당시의 교통관계나 그의 생활 정도로 미루어 보아 간혹 미상한 곳에는 몰라도 전국을 편답했으리라고는 믿어지지 않는다. 따라서 여러 차례 백두산에 왕래하였다는 것은 더욱 믿기 어렵다. 또한 대원군 집정 때 그의 역작 가운데 하나인 「대동여지도」의 인본을 나라에 바쳤던 바, 도리어 본국의 기밀을 누설시킬 우려가 있다는 혐의로 판각을 압수, 소각당하고 김정호 자신도 영어의 몸이 되어 그 뒤 옥사하였다는 말도 있는데, 이것 역시 잘못 전해진 것이라고 생각된다. 만일 그러한 사실이 있었다면 「대동여지도」의 판각뿐만 아니라 그 인본이나 또는 전사본까지도 모두 압수당했을 것이며, 그 밖의 지도로서 이미 모사되어 널리 퍼진 「청구도」 역시 같은 운명에 처했을 것이다. 그러나 오늘에 이르기까지 「대동여지도」의 전후 두 차례에 걸친 인본과 전사본들이 아무런 수난을 겪은 흔적이 없이 여러 곳에서 잘 전해오는 것으로 미루어보아 이와 같은 이야기는 근거 없는 사실임을 짐작할 수 있다. 더구나 김정호의 옥사설은 얼토당토않은 구비로 돌릴 수밖에 없다. 아무리 쇄국을 고집한 위정자라 하더라도 다른 이유라면 몰라도 그런 이유로 그를 투옥까지 했다고 믿어지지 않는다(「인물 한국사」 제4권 〈정호의 대동여지도〉).

김정호가 전국을 직접 답사하지 않고 지도를 만들었다는 사실은

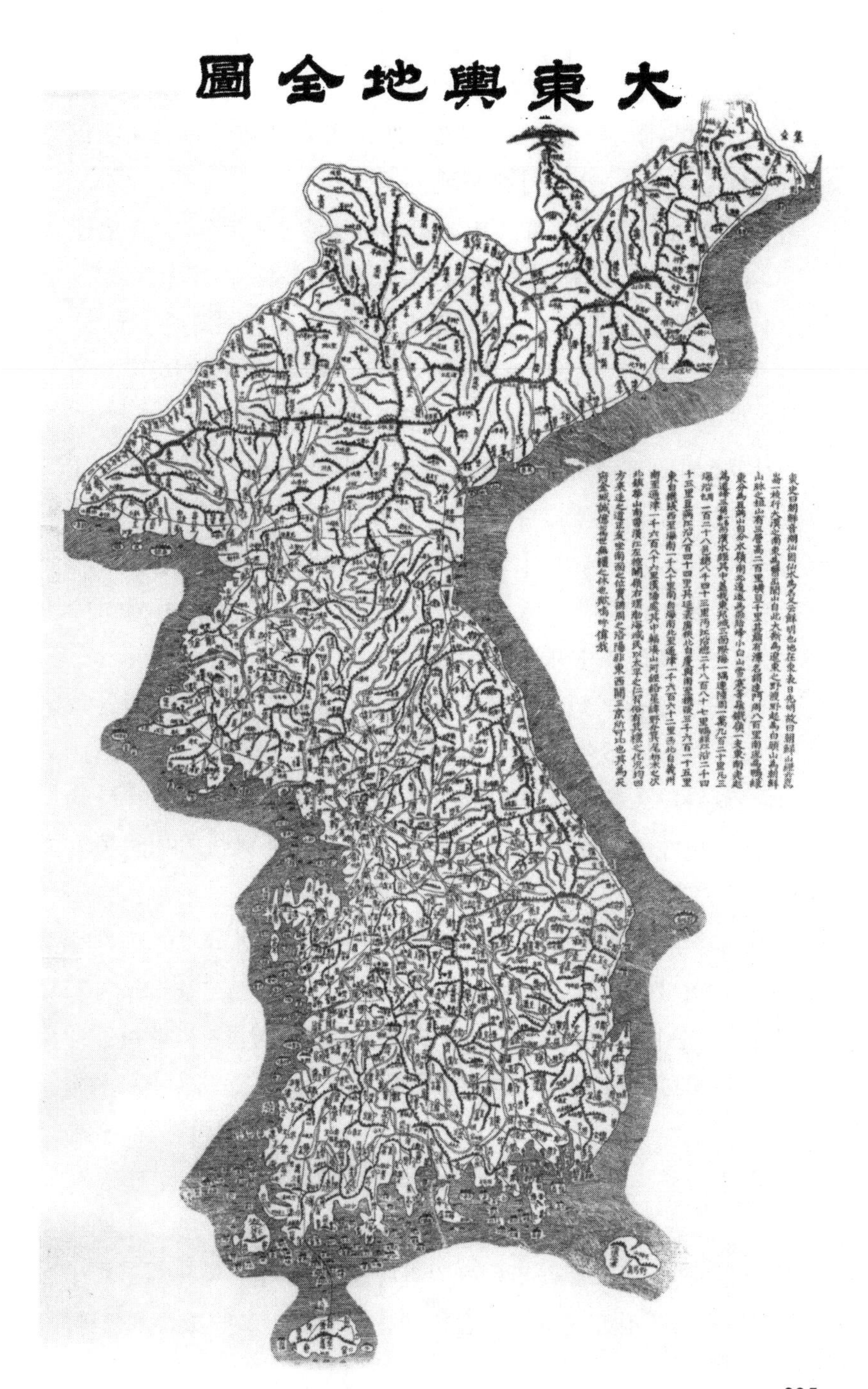
大東輿地全圖

앞서 인용한 최한기의 글과 유재건의 글, 그리고 김정호 자신의 글에서도 확인된다. 「청구도」 해제에서 "…모든 방법의 좋고 나쁨을 자세히 살피며, 매양 한가한 때에 사색을 하여…" 라든지, "…널리 이 방면의 옛 것을 연구하고 또 널리 자료를 수집하여…" 하고 언급한 것이 좋은 예이다. 김정호 자신은 「대동여지도」 범례에서 "…「신증동국여지승람」과 「동국문헌 비고」의 이전 기록이 서로 달라 혼란스러웠는데 이럴 경우 옛 지도의 기록을 우선하였다" 고 씀으로써 자신이 직접 측량하지 않았음을 나타내었다.

김정호의 생애에 관한 흔적은 지금 우리나라 땅 어디에서고 찾아볼 수 없다. 그이가 살았다고 하는 '만리재' (지금의 서울 만리동)에 '고산자 김정호 선생이 여기에서 살았다' 고 하는 집터 기념비가 서 있으나, 어떤 고증에 의해 세워졌는지 확인되지 않는다. 이 유허비는 1991년 문화부가 세웠다.

세움말－옛날 약현이라 불리던 여기는 고산자 김정호가 살았던 곳이다. 그는 삼십년 동안이나 전국을 걸어다니며 「대동여지도」와 「대동지지」를 만들었으니 이 땅 어느 곳에 그의 발자국이 찍히지 않은 데가 없었을 것이다. 그러나 그의 생애에 대한 기록은 물론 어디에도 표적은 남겨둔 곳이 없어… (후략)

이 세움말은 이곳이 김정호가 '살았던 곳' 이라는 규정하고 뒤에 가서는 "어디에도 그 표적을 남겨둔 곳이 없다"는 모순을 드러내고 있다. 또 하나의 기념물은 수원시 팔달구 원천동 국립지리원 마당에 있는 '김정호 선생 동상' 이다. 이 동상은 김정호가 등에 (아마도 지도를 그렸거나 그리기 위한) 종이 두루마리를 잔뜩 짊어진 채, 오른손에 '쇠' , 즉 지금의 나침반과 비슷한 것을 들고 왼쪽에 역시 종이 두루마리 한 개를 들고 서 있는 형상이다. 누가 보아도 나그네 차림이 분명하다. 이 조각을 만든 조각가나 동상 기획자 역시 김정호가 팔도강산을 직접 답사하는 모습을 생동감 있게 담고자 했을 것이다.

국립지리원안의 김정호 선생 동상

동상 아래 왼쪽 검은 돌에는 「대동여지도」를 판각하는 장면이 새겨져 있다. 김정호 한 사람이 아니라 여러 남자가 앉아 있거나 서 있거나 해서 일에 열중하는 모습이다. 오른쪽 돌에는 '고산자의 봄' 이라는 시가 새겨져 있다.

꿈에도
잠에서도
태백 소백 짚어 내려
어느 골 빈수 아래
돌을 베고 누웠어요
가슴은
창공에 올라 조감하고 섰었니라….

앞의 집터라는 곳에 새긴 글이나 동상에 새긴 기념시 모두 고산자가 우리나라 곳곳을 직접 답사했다는 점을 크게 강조하고 있다. 역사적 사실에 대한 검증 없이 잘못된 상식이 그대로 일반화되어 있는 현장들이기도 하다. (1998)

살아있는 시간 만들기

사람들은 산이 좋아서 산에 오른다. 좋은 사람은 항상 가까이에 두고 함께 있고 싶듯이, 산이 좋으니까 산 가까이에 있고 싶은 것이다. 산과 가까이에 있거나 산 속에 파묻히면 즐겁고 체력단련이 되고, 또 자기극복과 자기시련을 경험하게 됨은 물론이다. 그러나 산이 '좋다'는 것은 세속적인 즐거움이나 행복을 의미하는 것은 아니다. '좋음'은 오히려 '고통'을 동반하는 것이기에 훨씬 다른 경험으로 나에게 자리잡혀 있는지도 모른다. 그러므로 나는 등산을 추억 만들기, 또는 영원히 살아있는 시간 만들기로 해석하고 싶다.

시간은 언제나 흐르고, 또 흘러가 버리면 그만이다. 흐르는 시간을 붙잡아 둘 수는 없다. 그러나 그 흐르는 시간을 우리들의 뇌리 속에, 가슴 속에 붙잡아 둘 수가 있다. 사람의 내면(內面)에 붙잡아 두는 시간을 '추억'이나 '체험'이라고 말해도 좋을 것이다. 어떤 추억은 행복하고 또 어떤 추억은 슬프다. 아픈 추억도 있다. 인간적 삶의 여러 종류의 희노애락이 얽혀 있는 추억 가운데서도 등산이 만들어 주는 추억을 나는 사랑한다.

7, 8년 전 처음으로 지리산(智異山) 종주를 했었다. 평소 함께 산에 다니던 친구와 중학생이된 아들, 나, 이렇게 일행은 세 사람이었다. 11시 30분 서울역에서 떠난 야간열차가 전남 구례역에 도착한

지리산 산행의 한 기점이기도 한 노고단, 첫디딤이 마음속 깊이 남는다

것은 이튿날 새벽 5시쯤이었다. 야간열차에서 눈을 붙이긴 하였으나, 컨디션이 정상적일 수는 없었다 역전에서 해장국 한 그릇씩으로 아침을 먹고 택시에 승차, 화엄사로 향했다. 아침 6시. 날은 이미 밝아 있었고 우리는 산행을 시작했다. 화엄사~노고단까지의 10킬로미터는 지루하고 힘들기는 했으나 2시간 30여 분만에 올랐다. 노고단산장에서 간식과 함께 커피를 마셨다. 수통에 물을 채우고 곧 출발하였다. 우리의 목표는 당일로 세석산장에 도착하여 1박한 다음, 이튿날 새벽 천왕봉에 올랐다가 중산리로 하산, 그길로 상경한다는 계획이었다. 그러니까 1박2일의 종주인 셈인데, 아무래도 평소 등산을 하지 않았던 아들 녀석이 걱정되었다.

노고단~노루목(반야봉입구)까지는 비교적 평탄한 길이어서 예정시간대에 도착하였다. 노루목을 내려서서 화개재, 그리고 삼도봉(날라리봉), 토끼봉을 오르내리면서 아들이 심상치 않음을 발견했다. 얼굴이 창백해졌으며, 자꾸 물을 찾는 횟수가 많아졌다. 걷는 발걸음이 무겁게 보였고, 5분도 못가서 쉬어가자는 말만 되풀이했다. 평소 체력이 좋아 데리고 오기는 했지만 그 모습이 너무 안쓰러웠다. 녀석의 요구대로 그때마다 쉬어주고, 물을 주고, 할 수밖에 없었다. 이렇게 되면 처음의 계획을 수정해야만 한다.

오후 2시경 어렵사리 연하천산장에 도착했다. 녀석 때문에 오늘 산행은 여기서 그치기로 했다. 녀석을 산장의 2층 침상에 눕히고 우리는 서서히 취사준비를 했다. 1시간여가 지났을 때 녀석이 침상에서 내려왔다. 배가 고프다고 했다. 마침 버너에서는 김치찌개가 끓고 있었다. 녀석은 잘익은 불고기와 김치찌개, 그리고 밥을 맛있게 먹었다. 오후4시가 되었을 때, 녀석은 '이제 살았다'며 길을 떠나자는 것이 아닌가. 이것은 분명 새로운 감동이었다.

아들을 앞세우고 우리는 다시 출발했다. 해는 아직도 많이 남아 있었으며, 계획보다 늦어지긴 했으나 당일로 세석산장에 도착할 수 있을 것같았다. 언제 그랬더냐는 듯이 녀석은 앞장서서 잘 걸었다. 그런데 이번에는 친구가 자꾸 쳐지는 것이 아닌가. 함께 자주 쉬어주고, 물과 간식을 자주 하다보니 산행속도가 그만큼 느려질 수밖에 없었다.

금세 날이 어두워졌다. 준비해간 헤드랜턴을 각각 착용했으나, 친구의 랜턴이 고장나 사용할 수가 없었다. 아들의 랜턴을 친구에게 착용토록 하고, 나는 아들에게 바짝 뒤따를 것을 지시했다. 밤이 깊어지기 전에, 저 어슴프레한 능선으로 올라붙어야 한다. 저 능선에만 오르면 건너편으로 세석산장의 불빛이 보일 것이다. 자 힘을 내자! 아들은 나를 잘 따라와 주었다. 친구는 점차 뒤처지기 시작했다.

그러나 어쩔수 없는 노릇이다. 길이 외길이니 곧장 따라오면 낙오되거나 조난당할 염려는 없을 것 같았다. 밤 9시가 넘으면 산장마다 소등을 하게 돼있으므로 걸음을 빨리하여 산장의 위치를 확인해야만 했다. 우리는 불빛과 고함소리로 서로를 확인하며 사력을 다해 능선으로 올라갔다. 능선이라고 생각되는 지점에 올라섰으나, 웬걸 이번에는 더 큰 덩치의 능선이 앞을 가로막고 있지 않는가. 저 능선을 넘어야만이 산장일 터이다. 있는 힘을 다하여 오르고 또 올랐다. 먼 뒤에서 친구의 외침소리가 들려왔다. '함께 가자'는 것이었다. 아들에게 일렀다. '저 아저씨와 함께 오거라' 그리고는 나 혼자서 보다 빠른 걸음으로 능선을 향하였다. 뒤로 쳐진 아들이 어느 사이엔가 또 내 뒤로 바짝 붙어 따라오는 것이 아닌가. '왜 아저씨와 함께 오지 않구' '아저씨가 너무 지쳤어요. 답답해서 함께 올 수가 없어요.' 뒤에서 또다시 소리가 들려온다. '기다리라'는 것이다. '소등하기 전에 산장위치를 확인해야 한다'고 내가 고함을 쳤다. '죽어도 함께 죽자'고 친구가 소리쳤다. 난데없는 '산상(山上)격론'이 일어난 것이다. 그때 칠흑같은 숲속에서 아름다운 아가씨들의 목소리가 들려왔다. '다 왔어요. 이 아래가 산장이에요' 그 목소리는 마치 구세주의 복음이었다. 친구를 기다려서 함께 세석산장에 도착해 보니 밤 9시가 넘어 있었다. 새벽 6시부터 시작했으니 무려 15시간만에 세석산장에 도착한 것이다. 처음부터 무리한 강행군으로 짜여진 일정이었으나 계획대로 산행을 마쳤음은 물론이다. 그러나 이날 하루 15시간 산행은 지금도 나에게 소중한 시간으로 살아있다. 그 한 시간 한 시간의 변화, 산과 나무 숲과 하늘빛이 던져주던 변화의 순간들, 그리고 내가 겪어야 했던 육체적, 정신적 고통의 그래프가 지금도 생생하게 살아있는 것이다.

추억 만들기는 곧 살아있는 시간 만들기이다. 어렵고 아슬아슬한 산행일수록 추억의 이름으로 살아있다. 그것은 현재에도 또한 미래에도 살아있는 시간들이다.(1992)

태백산맥을 버리고 백두대간으로 바로잡아야

태백산맥, 소백산맥, 광주산맥, 노령산맥…. 초등학교에 다닐 때부터 수없이 듣고 배워 귀에 익은 이름들이다. 최근에는 「태백산맥」이라는 장편소설이 출간돼 베스트셀러가 되기도 하였다. 우리나라는 국토의 70퍼센트 이상이 산인 까닭에 산맥 구조선을 배우는 것은 매우 중요한 일일 터이다. 그 산줄기를 경계로 하여 이쪽 저쪽의 서로 다른 인문 지리적 특성을 이해하는 것은 우리네 삶의 뿌리와 역사를 인식하는 지름길이 되기 때문이다.

그런데 이 '산맥' 이라는 보통 명사 앞에 '태백' , '소백' , '광주' 들이 붙어 고유명사가 된 이름들은 크게 잘못된 것이라는 주장이 최근 십여년 동안 끊임없이 제기되고 있다. 이름뿐만 아니라 오랫동안 통용돼 온 산맥 개념과 산맥선 자체가 틀렸으므로 모든 교과서도 서둘러 고쳐야 한다는 것이다. 결론부터 말하자면 틀렸거나 잘못된 상식은 마땅히 바로잡혀야 한다.

우리나라에서 '태백산맥' , '노령산맥' 등 산맥이라는 말이 처음 사용되기 시작한 것은 1900년대 초부터 일본인들에 의해서였다. 그들은 우리나라 땅의 지하자원에 관심이 많았다. 몇몇 지리 · 지질학자들이 건너와 우리 국토의 지질을 조사해 갔으며, 이를 토대로 광권, 채굴권을 따내는 일본인들이 적지 않았다. 동경제국대학의 지질학자 고토 분지로가 1900년부터 1902년 사이 열네 달 동안 전국을 답사 연구하여 만들어 낸 것이 곧 지금까지도 널리 쓰이고 있는 무슨 무슨 산맥이라는 이름과 그 개념이다. 현재 각급 학교에서 사용하고 있는 여러 종류의 지리 부도, 사회과 부도를 비롯하여 많은 지리 서적, 백과사전, 국어사전들에 나오는 산맥은 명칭과 개요가 모두 고토 분지로의 '창작'을 그대로 따르고 있다.

그러나 이 일본인 학자의 산맥 분류는 실제 우리나라 산의 형세나 수계(水界)에 맞지 않는다. 산자분수령(山自分水嶺)이 아니라, 산줄기가 강을 건너 뛰기도 하는 억지를 부려 놓았다. 산줄기는 부드러운 곡선으로 축약된 게 아니라 거의 모두 직선으로 그어졌고, 토막토막 끊어져 있다. 산맥이 지질 구조선을 따르고 있기 때문이다.

이에 비해 우리나라의 예 지도인 「동국지도」(1463년 간행)와 「대동여지도」(1861년 간행)는 이미 수백 년전부터 우리나라 사람들에 의해 만들어진 실측 지형도임이 확인되었다. 당시 아무런 현대적인 지리 측정 장비나 기구 없이 두 발로 걸어서 만든 지형도가 지금 사용하는 등고선 지도와 큰 오차가 없다는 것은 놀라운 사실이다.

한편 조선 영조 때의 실학자 여암 신경준이 편찬한 것으로 알려진 「산경표」는 우리나라의 모든 산줄기를 실제 지형과 맞게 체계적으로 정리한 산의 '족보' 라고 할 수 있는 책인데, 이 책에서 산줄기 이름은 '대간' , '정간' , '정맥' 으로 나누어진다. 산맥이라는 표현은 어디에서도 찾아볼 수 없다. 물론 이 책은 신경준 혼자서 전국의 산을 모두 답사하여 만든 책이라기보다는, 그때까지 수백년 동안 수 많은 사람들에 의하여 실측 · 확인되고 또 이어져 내려온 우리나라의 산줄기 개념을 그가 정리해 놓은 것으로 여겨진다. '산자분수령' , 즉 강물은 결코 산을 넘지 못하며 산줄기는 스스로 물을 갈라 놓는다는 과학적 사실을 우리의 선조들은 까마득한 옛날부터 터득해 온 셈이다.

이렇듯 분명한 우리의 산줄기 이름과 지리서, 지도들을 두고도 일

백두대간을 우리의 고유 큰 산줄기로 주장한 이우형(右) 씨 백두대간 살리기 산삼 심기 행사에 참여하고 있다

제와 그를 따르는 무리들은 '산맥' 으로 '창씨 개명'을 시켰으며, 산줄기 구조를 왜곡시켜 왔다. 광복 후 53년이 지나도록 이것은 아무런 검증 없이 그대로 되풀이되고 있고, 지금도 우리의 앞날을 짊어지고 나갈 어린이와 젊은이들에게 그대로 가르쳐지고 있는 실정이다.

신경준의 「산경표」에 의하면 우리나라의 산줄기는 한 개의 '대간' 즉 '백두대간'에서 한 개의 '정간' 과 열세 개의 '정맥' 으로 갈라져 나간다. 백두대간은 백두산을 할아버지 산으로 삼고 남쪽으로 뻗어 두류산, 금강산, 설악산, 소백산, 속리산, 덕유산 등을 거쳐 지리산 천왕봉까지 이어지는 굵은 줄기다. 이 산줄기는 결코 강물로 인해 끊기는 법이 없다. '정간' 아니 '정맥' 도 마찬가지다. 그런데 일제의 '산맥' 은 실제 지형과 일치하지 않게 곳곳을 끊어 놓았으며 백두산을 애써 무시하고 산줄기의 무게 중심을 여러 곳으로 분산시켜, 결과적으로 우리의 지리 인식을 흐리게 만들었다. 이에 따라 우리의 역사나 문화 인식에서 혼란이 초래되었음은 말할 나위도 없다. 비단 산줄기 체계 뿐만이 아니라, 일제 강점시 일제에 의해 수없이 왜곡되고 굴절된 우리 역사와 문화를 되짚어 본다면 금세 이해가 가는 대목이다. 이렇게 잘못된 산줄기 인식을 「산경표」에 따라 '대간' , '정간' , '정맥' 들로 다시 회복해야 한다는 목소리가 일기 시작한 것은 엉뚱하게도 지리학자가 아닌 산악인들로부터였다.

지난 정월 17일 밤 열시.

서울 동대문 운동장 앞 공터에는 두툼한 등산복 차림의 젊은이들이 모여들었다. 더러는 오십대, 육십대 이상의 장년층과 노년층, 여자들도 보였다. '백두대간'을 구간 종주하기 위해 비가 내리는데도 아랑곳하지 않고 모여든 사람들이었다. '고산자 산악회'에서 지난해

---

* 눈이 쌓여 없어졌으므로 두 발로 길을 내는 일

말부터 1999년까지 2년여 동안 백두대간 남한 쪽 구간을 종주하겠다는 기획을 내놓자, 이에 호응한 일반 산행인들이 그날 세 번째 종주길에 오른 것이다. 나도 취재를 겸해서 원로 사진가 정범태씨와 함께 동행했다.

그 날의 구간 종주는 지리산 성삼재에서 시작하여 고리봉(전남), 만복대, 정령치, 고리봉(전북)을 거쳐 남원 고기리까지 이어지는 20킬로미터 가까운 산길을 걷는 일이었다. 국토를 받쳐 주는 뼈대 위를 걷는다는 흥분 때문인지 전세 버스를 다 메운 사람들은 모두 들떠 있는 것처럼 보였다. 저마다 산행에 관한 경험담들을 주고받느라 시간 가는 줄도 몰랐다. 고산자산악회의 구간 종주는 매월 첫째와 셋째 일요일에 무박산행으로 실시돼, 버스 안에서 어느 정도 눈을 붙여 두는 것이 다음날 산행을 위해 필요하다. 그러나 눈만 감고 있을 뿐, 그게 어디 잠자는 일이겠는가.

서울 광진구청에 근무하는 김철수씨는 왜 백두대간 종주를 시작했느냐는 질문에 "이 산타기는 곧 우리 자신을 돌아보는 일이다. 우리의 처음이 어디이고 끝이 어디인지, 우리는 또 무엇인지를 성찰케 한다"고 말했다. 그냥 자연에 탐닉하려는 단순한 산행이 아니라 우리와 나 스스로를 두 다리로 직접 탐색하는 데 뜻이 있다는 설명이다.

동행한 시인 강희산 씨는 백두대간 산행이 "오랜 꿈을 실현하는 일이다. 산에 오를 때마다 저 산줄기는 어디서 흘러와서 어디로 흘러갈까 하는 생각에 사로잡혀 왔는데, 이런 호기심과 상상의 꿈을 달성시키게 해준다" 고 했다. 시인의 상상 세계는 곧 천진무구한 어린이의 '마음' 이라고 했다. 그래서 시를 "사무사—생각에 그릇됨이 없다" 라고 하지 않았던가. 대간 산행이야말로 온갖 사사스러움을 털어 버리는 일이 될 터이다.

고산자산악회의 등반대장을 길춘일 씨로, 지난 1994년 여름에서 가을까지 백두대간을 혼자서 종주한 사람이다. 중간에 아무런 장비나 식량의 지원 없이, 71일 동안 지리산에서부터 휴전선 가까운 진부령까지 혼자 산 속에서 잠자며 산나물 따위로 연명하며 걸어왔다는 점에서 놀라지 않을 수가 없다.

"일본에 의해 왜곡된 조국의 산줄기를 배웠으나, 이것이 잘못된 것임을 알고 깨달은 바 있었습니다. 고유의 산줄기 개념인 백두대간을 따라 산악인이라면 한 번쯤 종주를 해야 한다고 마음 먹었지요. 그것도 느긋하게 지원 받아 가며 하는 것보다는 산나물과 열매, 뿌리를 뜯어먹으며 혼자 힘으로 대간을 종주해야겠다는 엉뚱한 모험심이 발동한 것입니다."

길 씨는 종주 뒤인 1996년에 「71일간의 백두대간」 (수문출판사)이라는 단독 종주기를 책으로 출간했다.

토요일 밤 열시 서울을 출발한 전세 버스는 이튿날인 일요일 새벽 세시 못 미쳐 지리산 달궁 위쪽에서 멈추고 말았다. 쌓이고 쌓인 눈이 미끄러워 더 이상 운행을 할 수 없었기 때문이다. 거기서 산행 들머리인 성삼재까지는 8킬로미터 거리, 자동차가 다니는 길을 사람들이 눈길을 헤치며 터벅터벅 걸어 올라가야만 했다. 종주대 일행 36명이 성삼재에 모두 모인 것은 새벽 다섯시, 그때부터 예정된 대간 산행으로 접어들었는데, 이미 자동차 길을 걸어 올라 오느라 많이들 지친 모습이었다.

길춘일 대장이 앞장서서 러셀*을 하며 나아갔다. 캄캄한 칠흑의 어둠 속, 그의 뒤를 따르는 랜턴 불빛이 길게 이어졌다. 쌓인 눈은 무릎 정도까지였으나 때로 허벅지와 허리께까지 빠질 때도 적지 않았다. 산 대나무와 싸리나무, 옷을 벗어버린 진달래나무와 철쭉나무들이 산에 오르는 사람들의 뺨을 때렸다. 고도를 높여 갈수록 나무들은 눈꽃 옷으로 단장하거나 얼음 옷을 입어, 그 찬란한 아름다움 때문에 잠시나마 헉헉거리는 사람들의 발걸음을 멈추게 하였다. 가장 견

백두산에서 지리산까지 물을 건너지 않고 이어 달리는 큰 산줄기를 백두대간이라 한다

디기 어려운 것은 바람이었다. 두 개의 고리봉에서도 만복대에서도 정령치 고개에서도, 칼바람은 몇 겹의 방한복을 파고들어 사람들을 못살게 만들었다. 두터운 장갑 속에서도 손가락들은 떨어져 나갈 듯 시리기만 했다. 이 어려운 산길을 사람들은 무엇하러 오르는 것일까.

백두대간이기 때문이다. 조국의 중심축인 대간의 마루금을 스스로 밟고 있다는 설렘과 자긍심을 갖기 때문이다. 문득 이 길을 맨 처음 걸었던 이는 누구일까 하고 생각해 보았다. 어쩌면 오랜 옛날부터 산짐승들이 터놓은 길일지도 모른다. 국토를 점령한 왜병들과 맞서 싸우기 위해 의병들이 달려가거나 쫓기던 길이었던 것도 같다.

이른바 빨치산과 토벌군도 이 길을 걸었을 것이다. 그러므로 이 길은 곧 역사 자체이자 오늘의 내가 있기까지를 확인케 하는 길이기도 하다. 이 길은 또한 오늘의 우리처럼 우리들의 후대가 영원히 두고 두고 걸어보아야 할 그 길이 아니던가.

햇새벽에 걷기를 시작한 종주대는 하오 세 시쯤 모두 산행을 마치고 고기리 마을 주차장에 집결했다. 한 명의 낙오자도 없이 전원이 다 해낸 것이다. 오직 산길을 걷기 위해서, 내일이면 그 산이 거기에서 없어지기라도 할 것처럼, 산에 욕심꾸러기로 태어난 사람들이었다.

일본인들이 만들어 놓은 '산맥'을 버리고 「산경표」에 의한 대간 · 정간 · 정맥을 회복시켜야 한다고 광복 뒤 처음 주장한 사람이 산악인 이우형 씨다. 신문기자 · KBS 성우를 거쳐 지도 제작자로 널리 알려진 그이는 1980년대 중반부터 여러 일간 신문과 등산 관계 잡지, 종합 잡지들에 우리 고유의 산줄기 개념에 관한 글들을 발표해 왔다. 또 여러군데의 산악 단체나 직장 등에서의 강연을 통해서도 「산경표」와 '백두대간' 의 중요성을 되풀이 강조했다.

그이는 직접 발로 걸어서 현장을 확인하고 산세를 살펴 지도를 제작했다. 그에게 '현대판 고산자 김정호' 라는 별칭이 붙은 것도 그 때문이다.

1980년대 말부터 소설가 박용수 씨도 「산경표」의 서지학적 측면과 그 의미를 체계화한 논문을 발표, 많은 사람들의 눈길을 끌었다. 그이는 1990년에 신경준의 「산경표」를 해설과 지도를 곁들여 영인본으로 펴냈다. 그이 역시 산악인이자 글쓰는 사람이었으므로, 산에 관한 많은 자료를 모으는 동안 이우형 씨의 글을 보고 다시 검토 작업에 들어갔다고 한다. 그이는 현재 백두문화연구소 소장으로 이 방면의 연구에 골몰하고 있다.

현재 광주직할시에서 하나소아과 원장으로 일하고 있는 의사 조석필 씨의 업적을 빼놓을 수 없다. 그이는 고교 재학 시절부터 산악부에 몸담은 것을 계기로 지금까지 산악 활동을 계속하고 있는데, 1992년 호남정맥을 종주 등반하면서 이 땅의 산줄기 원리에 눈뜨게 됐다. 1997년 호남 정맥 종주기를 겸한 「산경표를 위하여」를 펴냄으로써 우리나라의 많은 산악인들에게 백두대간의 중요성을 널리 알렸다. 1997년에는 「태백산맥은 없다-이 땅의 산줄기는 백두대간이다」를 책으로 출간했다. 이 책에도 「산경표」가 실려 있다.

백두대간 복원 운동에 앞장서고 있는 등산 전문지가 <사람과 산>이다. 이 잡지는 1989년부터 백두대간을 상세하게 연재하기 시작했으며, 최근에는 실제 산행인들의 길잡이가 되도록 달마다 취재팀을 파견, 구간 종주 현장을 특집으로 다루고 있다. 강원도 삼척 일대의 산악인들을 중심으로 한 '백두대간 보존회'의 활동도 만만치가 않다.

최근 이삼 년 사이에 백두대간 종주는 여러 산악회들 사이에 하나의 '붐'을 이루고 있다. 대체로 직장인들의 편의를 위해 '무박'으로 강행되거나 공휴일을 포함하여 이박삼일 정도 구간 종주를 하는 팀이 적지 않다. 산 좋아하는 사람들 사이에서 '백두대간'은 이미 복원된 셈이다. 그러나 각급 학교 교과서는 아직 그대로 '태백산맥'이며 전문 지리학자나 교과서 편찬자들도 잠잠한 편이다. 젊은 지리학자·학도들 가운데서 더러 '아무개 산맥' 개념에 이의를 제기하는 논문이 발표되는 것은 퍽 고무적인 일이 아닐 수 없다. 서울에서 발행되는 종합 일간지들도 백두대간이라는 용어를 많이 사용하고 있다. 이제부터 교과서에서의 백두대간 복원은 문교 정책 당국과 원로·중진 지리학자의 몫이라고 박용수 씨는 힘주어 말했다. (1998)

손장섭 화백과의 달빛 산행

나의 오랜 친구이자 서양화가인 손장섭은 반백(半百)이 넘는 나이를 살아오면서도 아직 소년같은 순진함과 호기심을 많이 간직하고 있는 사람이다. 소년처럼 제멋대로 행동하기를 좋아하고, 장난기와 모험심이 많고, 남에게 지기 싫어하는 오기도 지니고 있다.

20대 초반부터 나는 그를 지켜보았는데, 손장섭이야말로 우리 시대의 서민적 정서-이를테면 힘없는 사람들이 겪고 당해야 하는 삶의 정서를 풍부하게 지니고 있다는 생각을 갖게 한다. 10대 후반부터의 서울생활, 20대 초 월남전 참가, 제대 후의 좌절된 나날, 달동네에서의 결혼생활, 작업을 멀리한 채 출판사와 신문사 봉급생활자로서 겪어야 했던 갈등과 고뇌, 작품을 하기 위해 신문사를 박차고 나와 고생을 선택했던 용기, 유신과 군사독재하에서 민중미술을 이끌었던 집념과 끈기…. 참으로 바람 잘 날 없는 풍운의 길을 끊임없이 달려온 셈이다.

수년 전부터 손장섭은 뼈다귀가 풍부한 산(山)그림들을 즐겨 그리고 있다. 이 그림들도 물론 체험의 소산이다. 그는 먼발치로 산을 바라보면서 그림을 그리는 게 아니라, 산의 가장 깊은 곳까지, 가장 높은 곳까지 올라가 관찰함으로써 그 자신 만의 독특한 시각으로 산그림을 그려낸다. 이렇게 된 데에는 나의 무자비(?)한 산행(山行)이 그에게 좋은 동기를 부여한 계기가 되었다.

손장섭과 김춘진(서양화가), 그리고 박종순(사업), 나 4인의 설악산 등반은 네 사람 모두 평생동안 잊혀질 수가 없는 추억이고, 그 추억 때문에 손장섭과 김춘진은 산 그림을 열심히 그려내고 있다. 묵은 산행일기를 다음에 옮겨 적음으로써 손장섭의 기질의 한 단면을 살펴 볼 수 있을 것이다.

1991년 9월 22일, 23일 설악산 용아장성 능선. 추석날이라 차만 잘 빠지면 밝을 때 대청봉(大靑峰)으로 오르는 길에 이를 것이다. 서울에서 12시 출발이니 하오 4시 쯤이면 오색에 이르고, 곧 산행에 들어간다면 저녁 8시 이전에 대청봉 정상에 도착하지 않겠는가. 그러나 이 추측은 처음부터 어긋나기 시작했다. 세종문화회관에서 엘리트산악회 전세버스 2대가 출발한 것은 12시40분. 성묘객의 차량 대열에 밀려 버스는 오후 2시30분이 돼서야 서울을 벗어나기 시작했다. 오색에 도착한 것은 이미 어둠이 깔린 저녁 7시20분께였다.

이 코스를 처음 하는 장섭과 춘진이가 걱정되었다. 종순은 이 곳을 몇차례 올랐다고 하므로 괜찮았지만 아무래도 장섭 · 춘진으로서는 무리가 따를 것이라고 판단되었다. "처음부터 가파른 오르막길이니 무리하지 말고 자기 페이스대로 천천히 올라오라"고 당부하였다. 안내등반이기 때문에 후미 리더가 반드시 따르기 마련이므로, 그 리더의 지시대로 행동하라고 일렀다. 헤드랜턴에 길을 비추면서 박전무와 내가 선두그룹에 끼었다. 장섭과 춘진은 다른 회원들과 함께 중위그룹, 또는 후미그룹과 산행을 계속하도록 했다. 대청봉에 오르는 가장 빠른 코스인 이 길을 아마 나는 다섯 번째쯤 오르게 된 셈이다.

끝없는 오르막길 계단은 역시 이 코스를 찾을 때마다 초장부터 나를 힘들게 만들었다. 계단길의 연속은, 마치 산정으로 끊임없이 바윗돌을 밀어올리는 시지프스의 신화를 떠올리게 한다. 힘들지만 이제 비로소 시작인걸 어찌하랴. 우리는 힘들기 위해 산에 오르는 게 아니던가.

설악폭에서 수통물을 담고 5분간 휴식. 숲사이로 쏟아지는 대보름 달빛이 아름답다. 「달빛사냥」이라는 책제목을 본 적이 있는데 오늘밤의 '달빛 산행'도 썩 아름답다는 생각이다. 끝청(끝청봉)이 건너다 보이는 능선에 올라 잠시 숨을 돌린다. 이제부터 대청봉까지가 마지막 피크, 건너쪽 서북주능선이 달빛을 받아 완연하다. 이마의 헤드랜턴이 온통 땀에 젖었다. 랜턴을 목에 걸고, 이마에 동여 맨 수건을 풀어 땀을 짜낸다. 다시 수건을 매고 오르기 시작한다. 종순 역시 일정하게 나를 따르고 있다.

대청봉대피소에 이르니 밤 10시30분. 70명 일행 중에서 선두그룹을 형성하며 대청봉에 도착한 사람은 10여명에 불과하다. 백대장이 도착하고, 일행 20여명이 모였을 때 다시 출발한다. 대청 정상을 경유하여 중청봉(中靑峰)을 옆으로 끼고 돈다. 다시 소청봉에 올랐다가 숲길을 조금 내려오면 소청산장이다. 11시30분이다. 잠든 산장주인을 깨워 잠자리를 점검한다. 이곳에서 우리들은 저녁을 해먹기로 예정했으나, 쌀은 장섭의 배낭에, 버너와 고기는 내 배낭에 있으므로 난감해진다. 장섭과 춘진이 언제쯤 도착할지도 모를 일이다. 나는 우선 캔맥주를 한 개씩 마시고, 버너를 작동시켜 고기를 굽기로 한다. 그러면서 기다리노라면 춘진과 장섭이 도착하겠지.

새벽 2시가 돼도 후미그룹이 도착하지 않는다. 백대장을 통해 무전연락을 취한 결과 후미 9명은 대청대피소에서 자고, 아침 7시까지 소청산장에 도착할 것이라고 한다. 이 9명 중에 두 친구가 있는지를 확인했더니, 두 친구는 조금 전 소청을 향해 출발했다는 것이다. 다행스런 일이다. 두 녀석은 이렇게 끈질긴 데가 있다. 춘진과 장섭이 도착한 것은 새벽 2시50분. 넷이서 모여앉아 고기를 구워 먹고 위스키 한병을 비웠다. 늦게 도착한 두 친구는 얼마나 고생을 했는지 고개를 절레절레 흔든다. '태어나서 이렇게 힘든 산행은 처음'이라고

손장섭의 유화 <山>

장섭이 말한다. 내일의 '진짜 어려운 산행'을 위해서 조금이라도 잠을 자두어야 한다. 새벽 4시에 잠자리에 들었으나 쉽게 잠들지 못한다. 군대식의 비좁은 잠자리, 그저 눈만 감고 누워 있을 뿐이다.

23일 새벽 6시. 장섭은 일출을 담기 위해 카메라를 들고 나서고, 춘진은 아침을 짓겠다고 법석이다. 오늘 산행이 걱정된다. 이런 컨디션들로 어떻게 저 험한 용아장능선을 탈 것인가. 부랴부랴 아침을 지었으나 밥이 설어 잘 넘어가지 않는다. 그래도 먹어두어야 한다. 채 버너를 치우기도 전에 출발 5분 전을 알리는 신호다. 7시30분에 출발한다. 봉정암으로 내려왔다가 곧바로 용아장능선을 오른다. 30미터 직벽이 앞을 가로막는다.

'자신있는 사람은 용아릉을 타고, 자신없는 사람은 리더를 따라 계곡길로 내려가라'고 백대장이 지시한다. 나는 이번이 용아장능선을 두 번째 하게 되므로 종순과 함께 능선을 타기로 하고, 장섭 · 춘진에게는 계곡길로 내려가기를 권유한다. 수궁이 가는 모양이다. 대장이 자일을 설치하는 동안 나는 맨손으로 직벽을 올라왔다. 이 벽은 북한산 만경대나 원효능선의 어떤 벼랑보다도 어렵지 않다는 느낌이다. 30미터 벽이 바위의 상태에 따라서는 10미터 보다도 쉬운 것이다. 벽을 넘어와서 쉬고 있는데 한사람 두사람 줄을 잡고 올라온 사람들이 내 곁에 주저앉는다. 조금 있으니 장섭이가 와서 털썩 주저앉는 것이 아닌가! "아니, 계곡길로 가지 않고 여길 올라오면 어떡해"하고 소리쳤으나 이미 엎질러진 물이다. 춘진은 계곡길로 내려가고 "나는 용아능선을 타겠다"는 것이다. "이런 오기만 남은 엉터리야"어쩌고 하면서 우리는 길을 재촉하기 시작했다. 손장섭이가 '독종(毒種)'이라는 것이 또 한차례 확인된 셈이다.

등산 좋아하는 사람들 가운데서 '용아장능선'은 누구나 한번쯤은 해보고 싶은 코스다. 체력소모가 많고 위험한 바위를 돌파해야 할 때가 많아, 유능한 리더가 없는 초행자에게는 터부시되는 곳이기도 하다. 그러나 천길 낭떠러지 위를 걷는 아슬아슬함과 역시 낭떠러지 위를 기어가야 하는 짜릿한 맛 때문에, 다시 찾는 산꾼들도 적지 않다. 평소 바위타기에 익숙한 사람들로서는 장비 없이도 잘 오르내리지만 대부분 안내등산을 따라가는 사람들에게는 자일을 걸고 돌파하는 속칭 '개구멍 바위'가 악명이 높다. 뿐만 아니라 봉정암에서 수렴동대피소까지는 20여개의 산봉우리를 오르락내리락해야 하며, 소요시간도 보통 7, 8시간을 잡아야 하므로 이만저만한 체력소모가 아니다.

마의 그 개구멍바위를 통과하고 나서 뒷사람들이 건너오기를 기다린다. 종순이 건너온다. '손선생과 함께 오다가 자꾸 먼저 가라고 해서 먼저 왔다'는 것이다. 장섭은 능선상에서 건너쪽의 공룡능선을 촬영하기도 하고, 그림이 될 만한 이것저것을 찍고 오는 중이라고 했다. 고정된 50미터 자일에 몸을 연결시켜 한사람 두 사람 안전한 개구멍바위를 건너오는 것을 보면서 선두그룹은 다시 출발했다. 물론 뒤에는 3명의 리더가 남아 있으므로 마음이 놓였다. 70명 전원이 이곳을 통과할 때까지 기다릴 필요는 없었다.

다시 또 수없이 많은 봉우리들을 오르내린다. 왼쪽 낭떠러지 아래는 구곡담계곡일 것이고 오른편 낭떠러지 아래로는 가야동 계곡이 흐를 터이다. 다리에 힘이 빠지고 허기가 온다. 배낭에는 아무 것도 먹을 것이 하나도 없다. 사과 한 알 남은 것은 이미 깎아 먹은지 오래다. 갈증도 온다. 수통의 물도 이미 떨어졌다. 장섭을 생각한다. 그에게도 먹을 것이 없을텐데…. 거의 다 내려왔다 싶은데 앞에 산봉우리가 버티고 있다. 또 오르막길이다. 이것을 몇 번이나 되풀이해야 하는가.

수렴동대피소 도착이 하오 1시40분. 백대장이 리드하는 선두그룹보다 5명이 훨씬 먼저 도착했다. 우선 등산화 끈을 풀고 계곡물에 발을 담근다. 이제 살 것 같다. 땀에 절은 이마의 수건을 빨고, 젖은 내의를 갈아 입는다. 종순과 함께 캔맥주와 라면을 먹는다. 이제부터는 거의 평지나 다름없는 길로 1시간여 걸으면 백담사다. 속보로 백담사까지 내달았다. 백담사에서 우리를 싣고 온 버스2대가 기다리고 있는 용대리까지는 8킬로미터쯤 된다. 지긋지긋한 자동차 도로다. 산길 이십리라면 지루한 줄을 모르지만 시멘트 길을 걷는다는 것은 억울하기만 하다. 전 전대통령 때문에 이 길이 포장되고, 백담사주차장이 용대리까지 내려오게 됐다고 누군가가 말한다. 쓴웃음이 나온다.

용대리 주차장 도착 하오 4시 10분. 구곡담 계곡길로 내려온 춘진이 반갑게 나를 맞이 한다. 1시간쯤 후에 10여명의 회원들이 도착한다. 아직 백대장이나 다른 리더들은 보이지 않는다. "앞으로 5~6시간은 걸려야 후미들이 도착할 것"이라고 그들은 말한다. 그 후미에 장섭도 끼어 있을 것이다. 나와 춘진, 종순이 용대리 마을로 걸어나갔다. 저녁을 먹기 위해서다. 된장찌개와 소주를 곁들여 저녁을 먹는다. 목이 걸린다. 허기진 장섭의 모습이 자꾸 어른거린다. 과연 무사히 내려올 것인가. 우리는 늦게 도착할 장섭을 위해 참치캔, 육포,

소주를 마련하여 버스로 돌아왔다. 그리고 잠이 들었다.

밤 9시가 조금 넘어서 후미그룹을 이끌고 백대장이 도착했다.

"이부장님, 친구분은 어디 계십니까?"

"뭐라고? 아니 같이 오지 않았나?"

후미그룹을 아무리 둘러보아도 장섭이 없다. 오직 한사람이 보이지 않는다. 아니 이럴 수가! 이럴 수는 없다!

목격자들의 말로는, 그 키작고, 흰머리 곱슬곱슬한, 목에 카메라를 든 아저씨가 '개구멍바위'를 통과하는 것은 보았는데 그 다음 봉우리들(7~8개 정도)에서는 볼 수 없었다는 것이다. 그 다음 봉우리들은 역시 양쪽이 낭떠러지인 바위능선이 아니던가. 이건 있을 수가 없는 노릇이다. 체력이 약한 그로서는 중간 어디 쯤에서 조난당했음에 틀림없다. 이러고 있을 때가 아니다! 백대장에게 말한다. "빨리 조난신고를 하고 구조대를 풀어서 찾아야 한다"고. 그 바위 낭떠러지 어딘가에서 죽어가고 있을지도 모르는 친구를 생각한다. 눈물이 흐른다. 그의 아내와 딸들의 얼굴이 떠오른다. 이러고 있을 수가 없다. 백대장은 고개를 파묻고 고요하다. 다시 내가 말한다. "다시 몇 사람이라도 수렴동대피소로 가야 합니다. 그 봉우리들을 뒤져야 합니다. 그는 우리나라의 저명한 화가입니다. 그가 죽어서는 안됩니다."

백대장과 몇 사람의 리더가 주차장 전화통으로 달려가 수렴동대피소와 백담산장으로 전화를 건다. "거기 머리가 하얗고 곱슬곱슬하고 키가 작은 50대 남자 오지 않았습니까? 목에 카메라를 메고, 빨강색 배낭을 졌습니다" 수렴동에서 그런 사람은 오지 않았다고 한다. 백담산장에서도 그런 사람을 볼 수 없었다는 대답이다. 나와 춘진은 용대리 일대의 민박집을 뒤지기 시작한다. 이리 뛰고 저리 뛰고 20여곳의 민박촌은 물론 근처 식당까지 모두 확인한다. 한 집의 주인 아줌마가 장섭과 같은 차림의 한 아저씨가 조금 전 다녀갔다고 한

손장섭 화백의 유화 '신목'

다. "그 아저씨가 지금 서울 가는 버스가 있겠느냐고 물었어요. 아마 없을거라고 했어요. 그랬더니 한번 버스정류장에 가보고 차편이 끊어졌으면 돌아와 자고 가겠다고 했어요. 안오시는걸 보니 차타고 가셨나 봐요." 일단 안심은 되나 그래도 마음이 놓이지 않는다. 몇 번씩이나 자세히 그 아주머니에게서 대답을 듣고 주차장으로 돌아온다. 버스로 돌아왔더니 백대장이 반갑게 우리를 맞는다.

"그 아저씨를 백담사에서 본 사람이 있습니다. 우리 일행 중에 있습니다."

장섭을 보았다는 사람은 일단의 젊은 남녀들이었다. 그들은 도착하자마자 버스에서 지쳐 잠을 자다가 뒤늦게 실종자가 있다는 사실을 알았으며, 자신들과 같이 산행을 했던 목에 카메라를 멘 그 키 작은 아저씨가 실종되었다는 것은 있을 수 없는 일이라고 말했다. 그들은 분명 백담사에서 그 아저씨를 보았으며 백담사 이후로는 자동차 길이기에 실종이나 조난은 있을 수 없다는 것이다. 비로소 안심이 된다. 그들의 설명을 자세히 들어보니 장섭임에 틀림이 없다. 산행 중 일행인줄 알고 혼자 가는 장섭에게 떡을 권했으나 사양한 채 부지런히 내려가더라는 이야기도 덧붙인다(엘리트산악회는 낯모르는 사람일지라도 한팀임을 식별하기 위해 가슴에 산악회 뱃지를 단다. 물론 장섭도 달았다.)

만약 장섭이 전세버스를 찾지 못하고 이곳 어딘가에서 숙박하게 됐다면 분명 서울 집으로 전화를 했을 것이다. 다시 전화박스로 달려가 장섭의 집으로 시외전화를 한다. 발신음이 들리고 장섭의 딸 수현의 목소리가 들린다. "아빠에게서 연락이 오지 않았느냐","아니 오지 않았는데요". "우리 아빠하고 함께 계시지 않아요?" , "우리 아빠 어떻게 된거지요?","곧 들어가시게 될거다." 안심시키고 버스로 돌아온다.

밤 10시30분. 전세버스가 출발한다. 마음은 역시 불안하고 착잡하다. 일행들은 모두 산행의 피로가 겹쳐 잠들어 있다. 나는 눈만 말똥말똥한 채 불안해서 견딜 수가 없다. 단숨에 달려온 전세버스가 서울로 들어왔다. 새벽 1시30분이다. 춘진, 종순 등이 미리 동대문에서 하차하자고 한다. 한시 바삐 장섭의 집으로 전화를 해봐야 한다. 집에 돌아와 있든지, 어디서 잔다면 전화라도 와 있을 것이다. 이도 저도 아니라면 그는 산중 고혼이 돼 있을 수밖에 없다. 공중전화박스. 춘진에게 "네가 전화하라"고 말한다. "아냐 네가 해라" 고 한다. 다이얼을 돌린다. 가슴이 두방망이질을 한다. "네"하는 장섭의 목소리다. "망할 자식, 개새끼" 욕설이 먼저 튀어 나온다. 반가움과 안도와 원망이 섞인 욕설이다. 장섭의 설명을 듣자니 기가 막힌다. 그는 자신이 분명 중간 그룹으로 알고 산행을 계속했으나, 수렴동대피소에서 자신이 맨뒤로 처졌다고 생각했다는 것이다. 앞서가는 일행들이 중간그룹인 것을 그는 후미그룹으로 착각했던 것이다. 그래서 부랴부랴 걸음을 재촉해서 백담사에 도착하고, 아무리 일행들을 찾아보았으나 찾을 수가 없었다. 백담사에서 용대리주차장까지 8킬로미터를 더 걸어야 한다니 기가 막혔다. 마침 백담사-용대리를 운행하는 신도용 봉고차를 발견하고, 통사정한 끝에 이 차를 타고 용대리에서 내렸다. 그런데 기다리고 있어야 할 전세버스가 보이지 않더라는 것이다(그때 중간 그룹은 아마 소등을 하고 버스내에서 잠들어 있었거나, 근처 식당에 있었을 것이다). 캄캄한 밤, 그 넓은 주차장 한 끝에 막 출발하려는 다른 산악회 버스가 보였다. 장섭이 달려가 "엘리트산악회 버스가 어디 있느냐"고 물었다. "엘리트는 이미 출발했다"고 했다. (2대 중 1대는 미리 출발시켰으므로)큰일났다 싶은 장섭이 그 산악회에 또 한번 통사정해 그 버스를 타고 서울로 돌아온 것이다. 장섭은 장섭대로 화가나 집에 도착하자마자 나와 춘진의 집에 전화를 걸었음은 물론이다. 그러나 당연히 집에 돌아와 있어야 할 두 사람이 아직 도착하지 않았으니 그도 적이 당황했을 것이다. 그래서 심야에 혼자서 소주를 마시는 중이라고 했다. 괘씸한 녀석이다.

이 산행에서 우리는 화가 손장섭의 일단의 기질과 성품을 읽게 된다. 첫째 그는 호기심 · 모험심이 많고 두려움을 모른다. 안전한 길로 내려가라 했는데도 기어이 용아장능선의 어려운 코스를 택했다는 점에서 그의 용기와 무모함을 함께 읽게 된다. 그의 일상적 삶이나 화가의 길에서도 나는 이 점을 자주 보게 된다. 둘째 그는 오기와 집념의 덩어리이다. 그는 결코 누구에게 지고 싶은 성품이 아니다. 가령 몇사람 가까운 친구끼리 해수욕장엘 갔을 때도 그는 달리기 경주를 하자거나, 넓이뛰기 경기를 하자는 식으로 도전과 오기를 번뜩인다. 유아독존이다. 이것들은 그의 삶과 작품에 매우 긍정적으로 작용하고 있다. 셋째 그에게서 타협을 모르는 대쪽같은 성품을 읽게 된다. 배가 고프면서도 남이 건네는 떡 한 조각을 사양하지 않았던가. 아무튼 어떻게 해볼 도리가 없는 꽉 막힌 녀석임에 틀림없다.
(1994)

서울에서 산삼을 캔 증산 · 효경산

공휴일의 서울 삼각산 산행은 항상 사람들로 북적거린다. 구기동이나 우이동, 정릉 들머리에서부터 산길은 등산객들로 연이어져 마치 자동차 길의 정체 현상을 연상시킨다. 호젓하게 조용한 산행을 즐기려는 이들에게는 찾을 곳이 못된다. 이런 사람들을 위해 삼각산 줄기이면서도 쾌적하게 산에 안길 수 있는 곳을 소개한다.

서울의 서쪽 끝자락에 은평구 수색동이 있다. 수색동 뒷산에서부터 시작해 증산에 오르고, 나지막한 봉우리 7, 8개를 편안하게 오르내리면 서오릉 고개로 떨어진다. 수색에서 서오릉 고개까지 1시간 30분~2시간이 소요된다. 다시 자동차 길을 건너 북서쪽으로 흐르는 효경산 능선에 올라 역시 낮은 봉우리 다섯 개를 오르내리면 경기도 고양시 동산동에 이르게 된다. 여기서 지하철 3호선 지축역까지는 20분을 걸으면 닿는다. 서오릉 고개에서 지축역까지 소요되는 시간도 1시간 30분~2시간 정도 걸린다.

그러므로 수색-서오릉-지축까지의 전체 산행시간이 4시간이면 충분하다. 일요일인데도 이 산길에는 사람이 많지 않다. 드문드문 혼자서 걷는 사람을 만나거나, 두 세 사람이 함께 걷는 경우를 가끔 볼 수 있을 뿐이다. 산이 높지 않아(산봉우리는 대부분 3백미터 이하) 체력소모가 적고, 급경사가 없어 조금도 위험하지 않다. 그래도 요즘같은 겨울철 혹한기에는 방한장갑, 방한모, 이이젠들을 준비해야 한다.

전체 산행거리는 15킬로미터 쯤 된다. 거리는 길지만 평편한 길이 많으므로, 가족 산행이나 체력이 약한 사람들이 시도해 볼 만하다. 또 이 길에서는 체력에 문제가 있거나, 어떤 급한 사정이 생길 경우 쉽게 시내로 내려올 수 있는 길들이 많다. 수색-서오릉까지는 오른쪽으로 증산동 · 신사동 · 구산동으로 내려가는 길들이 있다. 서오릉-동산리 구간에서는 역시 오른쪽으로 갈현동 · 구파발로 내려갈 수 있는 길이 뚫려 있다. 이 산에서 지난해 산삼 다섯뿌리를 캤다는 보도가 나왔다. 그만큼 때가 묻지 않은 산이다.

수색에서의 산행 들머리는 수색초등학교와 수색 소방서 앞이다. 수색초등학교 정문에서 오른쪽 길을 따라 비좁은 주택지 골목을 오르면 이내 산이 나타난다. 차가 다닐 만한 시멘트길을 5분여쯤 오르면 왼쪽으로 '수색산악회' 팻말이 보이고 산길이 시작된다. 이 산길에 들어 계속 올라가기만 하면 능선에 닿는다. 동네 주민들을 위한 운동 기구들이 능선상에 마련되어 있다. 이곳에서부터 오른쪽으로 능선을 따라 걷는다. 수색 소방서에서는 역시 주택가 뒤쪽의 산을 짐작하여 골목길을 올라가야 한다.

어느 곳에서든 주민들에게 산길 들머리를 물어 찾아야 할 일이다.

일단 능선에 오르면 되도록 길이 크게 난 곳을 따라 북진하면 된다. 능선에 붙어 10분여 쯤 가다보면 왼쪽으로 여섯 기의 무덤이 있다. 이 곳에서 갈림 길이 나타나는데, 오른쪽 큰길을 버리고 왼쪽 좁은 길로 내려서야 한다. 오른쪽은 증산동으로 내려가는 길이다. 능선길을 1시간쯤 오르내리다 보면 군부대 출입금지 철조망이 나타나고, 길은 왼쪽 오른쪽 두 갈래로 나누어진다. 어느쪽으로 가든 상관 없으나, 길이 거미줄처럼 얽혀 있어, 자칫 시내로 떨어지기 쉽다. 오른쪽 길을 택해 조금 내려가다 왼쪽으로 돌아 다시 갈림길에서 왼쪽 오르막길로 올라야 한다. 통나무로 다져진 길에 오르면 역시 운동

삼각산의 한자락인 갈현동의 효경산

기구들이 있는 능선에 이른다. 다시 북진하여 능선길로만 나아가면 서오릉 자동차 도로에 떨어진다. 자동차 도로를 건너 서오릉 쪽으로 조금 내려가다 탱크 저지선 오른쪽 약수터 길로 들어간다. 약수를 한잔 마시고, 곧장 오르막길로 나아가면 철조망이 나타나고, 철조망을 왼쪽에 끼고 난 길을 따라 오르기만 하면 된다. 서오릉-동산리 구간은 계속해서 왼쪽으로 철조망을 따라가는 길이지만, 이 능선에서 바라보는 북한산의 조망이 너무 아름답고 웅장하다.

효경산 정상에는 철탑과 막사같은 건축물이 있다. 정상 평편한 길에서는 역시 왼쪽 철조망길을 따라가야 한다. 오른쪽길은 구파발쪽으로 가는 길이다. 철조망이 끝나는 곳에서는 오른쪽(직진)길을 통해 내려가 동산리에 이른다. 동산리에서는 큰 자동차 길과 다리를 건너 지축역에 닿는다. 서울 시내에 이런 산길이 있다니 놀라운 일이다. (2000)

겨울 산행의 복병들

겨울철 산행에는 항상 위험 요소가 따른다. 영하 20, 30도까지 내려가는 추위, 세찬 바람과 눈보라, 안개, 미끄러운 빙판 길, 눈 쌓인 길…. 자칫 잘못하다가는 큰 부상을 입거나 목숨마저 잃게 되는 경우가 적지 않다. 언제나 사신(邪神)이 따라다닌다는 마음가짐으로 치밀하게 계획을 세우고, 빈틈없이 장비를 준비해야 한다. 또 적설기, 혹한기 산행중의 보행 요령과, 동상 예방 수칙, 독도법들을 숙지해 두는 것도 필요하다. 이런 것들을 모두 갖추었을 때, 우리는 겨울 산의 아름다움과 즐거움을 마음껏 누릴 수 있을 것이다.

겨울 산행에는 첫 번째로 중요한 것이 장비 준비라고 할 수 있다. 손, 발, 귀, 얼굴을 동상으로부터 예방하기 위해 털장갑, 방수 장갑, 모양말 2켤레, 방수 등산화, 행전(스패츠), 방한 모자, 벙거지 모자(눈만 뚫려 머리 전체를 감싸는 모자)들은 필수적으로 갖추어야 한다. 또한 모자가 달린 파커나 윈드자켓, 땀 배출이 좋은 내의, 지팡이(피켈), 아이젠 들도 반드시 준비해야 할 장비이며, 큰 산이나 먼 거리 산행일 경우 지도와 나침반을 챙겨 넣는 것도 잊지 말아야 한다. 보온병에 넣은 끓인 물, 과일, 간식들도 물론 챙겨야 한다.

보행 요령 또한 숙지해 둘 일이다. 눈 쌓인 경사면을 오를 때, 피켈은 몸의 밸런스를 잡아주는 장비이므로, 지나치게 체중을 실어서는 안된다. 걸음은 경사면을 수평으로 차듯이 (축구에서 발끝으로 공을 차듯)걷는다. 비탈진 면을 수평으로 참으로써 약간의 발판이 만

혹한기 산행모습. 준비를 착실히 해야 자신을 지킬 수 있다

들어져 미끄럼을 방지해 준다. 이같은 걸음걸이를 킥스텝이라고 한다. 반대로 경사면을 내려오는 경우에는 발뒤꿈치로 뒤쪽을 차거나, 등산화 바닥을 수평으로 다지면서 내려간다. 이 역시 발판을 만들어 주는 효과가 있다. 경사면을 횡단(트레버스)할 때는 피켈을 산 위쪽으로 짚으면서 이동한다. 급경사의 경우 산 위쪽 손으로 피켈의 중간 어름을 잡고, 다른 한 손으로 끝을 잡아 사면에 직각이 되도록 짚어나간다. 이때 겁이 난다고 몸을 너무 산 위쪽으로 기울이면 밸런스가 깨져 더 위험해진다. 몸은 수직이 되도록 하고, 등산화 옆부분으로 산 위쪽에 킥스텝을 만들면서 나아간다.

눈이 많이 쌓여 있을수록 산행은 더디고 어려워진다. 쌓인 눈이 길을 덮어 무릎 이상 빠지게 되면 체력 소모가 커 금세 지치게 된다. 따라서 쌓인 눈을 꿰뚫거나 다지며 갈 때(러셀)는 여러 사람이 교대로 선두에 서서 간다. 눈속에서는 보폭을 크게 하거나 급하게 해서는 안된다. 체력 소모가 크고 몸의 밸런스가 깨지기 때문이다. 자연스러운 걸음걸이로 천천히 움직여 나아가야 한다.

적설기 산행에서는 한번 지치면 회복하는 데 오랜 시간이 걸린다. 지치기 전에 휴식을 취하고 에너지를 보충해야 한다. 호주머니에 항상 사탕이나 초콜릿 같은 것을 넣고 다니면서 틈틈이 먹는 여유가 있으면 좋겠다.

산속에서의 매서운 추위는 동상, 저체온증, 나아가 죽음이라는 복병을 불러온다. 산행을 시작하기 전 평지에서의 기온이 영하 10도라고 할 때, 고도를 높여 갈수록 기온은 더욱 더 떨어지기 마련이다. 높이 1백미터 당 기온이 0.6도씩 떨어지므로 지리산 천왕봉(높이 1915m)에 올랐을 때에는 영하 22도가 된다. 평지 기온의 두배가 더 춥다는 셈이다. 여기다가 세찬 바람까지 몰아친다면 체감온도는 더더욱 떨어질 것이다. 출발할 때는 포근한 날씨였다가도 정상에 가까워질수록 혹한을 만나게 되는 것이 우리나라 겨울 산의 특징이다.

겨울철이라고는 하지만 배낭을 짊어지고 오르는 길이기 때문에 땀이 나기 마련이다. 이때는 겉옷(파카나 윈드자켓)을 벗어 배낭에 넣고 산행하며, 중간 중간 쉴 때마다 다시 꺼내어 입는다. 동상과 저체온증을 막기 위해 열거한 장비가 절대적으로 필요하다.

모든 준비와 장비가 다 갖추어졌다 하더라도, 겨울 산행은 반드시 경험자(최소5년 이상)와 함께 하는 것이 바람직하다. 또 경험자가 괜찮을 것이라는 생각으로, 초보자나 장비를 갖추지 않은 사람을 동반하는 것 역시 위험을 초래하는 계기가 될 수 있다. 심한 안개와 폭설이 내릴 경우 산행 자체를 포기하는 지혜도 필요하다. 가능한 한 일찍 산행을 시작하여 하오 4시까지는 하산을 완료해야 한다. (2000)

시산제의 의미

설(음력 1월1일)을 지내고 나면 여러 산악 단체나 직장 산악회, 친목 산악회에서 시산제를 올린다. '올해에도 무사하고 건강하게 산행을 할 수 있도록 도와주십시요'라는 기원을 담은, 일종의 산신제라고 할 수 있다.

이름 그대로 산행을 시작하는 제사이므로, 대부분 음력 1월달에 치러진다. 걷기 산행을 주로 하는 산악회는 산제, 또는 시산제라 하고, 암벽과 빙벽을 주로 하는 단체에서는 시등제라고도 한다 (시등제의 등字는 등반을 말한다. 등산과 등반이 어떻게 다르냐고 할 때, 등산은 워킹 중심으로, 등반은 암 · 빙벽이나 해외 고산을 오르는 것으로 해석하면 된다).

시산제 행사가 언제부터 이렇게 일반화되었는지에 대해서는 정확한 기록이 없어 알지 못한다. 다만 1950년대 이후 산악 단체들이 생겨나면서 이런 의식이 있었을 것이고, 등산 인구가 불어나면서 일반화되었다고 미루어 짐작할 뿐이다. 그러나 산신(山神)께 기원하는 내용은 다르지만, 산제(山祭)는 먼 옛날 고조선 시대나 그 이전부터 우리 겨레의 기복(祈福) 신앙의 의식으로 이어져 내려왔다고 할 수 있다. 나라에 전쟁이나 어려움이 닥쳤을 때, 우리 겨레는 고대로부터 산신의 도움을 받기 위해 산제를 올리고 기원하였기 때문이다.

시산제는 보통 근교의 나지막한 산에서 이루어진다. 비록 어떤 마을 뒷동산이라 할지라도, 산줄기는 모두 할아버지 산인 백두산으로 연결되므로, 어떤 산에서든 시산제가 가능하다. 그러나 사람들로 바글거리는 서울의 북한산이나 지리산, 설악산 등 높은 명산에서 시산제를 지낸다면 꼴불견이 된다. 시산제는 평상시의 산행 목표보다 낮은 데서 지내는 것이 상식이다.

시산제도 '제사'이므로, 일부 기독교 신자들은 절을 안하거나 아예 참가 자체를 거부하는 경우도 있다. 이것도 미신이나 우상숭배라고 생각하기 때문일까. 산이 좋아 산을 오르는 사람들의 한 해 한 번뿐인 행사에, 종교적 태도가 개입됨은 잘못이라는 생각이다.

산은 기독교인이건 불교인이건 유교인이건 무종교인이건 모든 사람들을 포용한다. 산이 곧 하늘이고 땅이고 물이고 신이다.

시산제는 제사이면서도 '축제' 의 뜻이 더 깊다. 엄숙함과 함께 신명이 따르고 동지애를 결속시킨다. 직장 일이나 개인 사정에 따라 오랫동안 산행에 참가하지 못했던 회원들이 이 날만은 참석하는 경우가 많다. 시산제는 각 산악회마다 지내는 방법 및 절차가 조금씩 다르다. 그러나 대체로 국민의례(국기에 대한 경례, 애국가 봉창, 순국선열에 대한 묵념)에 이어 회장의 인사말, 모범 회원의 표창, 손님 소개, 공지 사항 알리기를 마치고 제례에 들어간다. 돼지머리나 떡, 3가지 빛깔의 과일, 북어들을 차려 놓고, 제주로는 반드시 막걸리를 준비해야 한다.

시산제도 가정에서의 제사와 마찬가지로 강신부터 시작된다. 초헌관으로 지명된 산악인이 신위 앞에서 무릎을 꿇고 앉아 향불을 피운다. 이어 잔에 술을 부어 두 손으로 들고 향불 위에 세 번 돌린 다음 모사 그릇에 조금씩 세 번 붓는다. 빈 잔을 집사에게 다시 건네주고 일어나서 두 번 절한다. 다음에는 참신 순서 · 참가자 전원이 모자를 벗고 복장을 단정히 하여 두 번 절을 한다.

참신 다음에는 초헌. 산신에게 처음 잔을 올리는 이 절차는 대개 제주인 산악회 회장의 몫이다. 술은 한잔을 따르며 두 번 절을 한다. 초

시산제는 회장 주도로 경건한 마음으로 일년 무사산행을 기원한다

헌 다음에는 독축. 회장이 축문을 통해 그동안 안전하게 산행을 하게 된 데 대해 산신께 감사하고 앞으로의 바램 등을 밝힌다.

독축 뒤에는 아헌. 산신에게 두 번째 잔을 올리는 것으로, 산악회의 부회장이나 유공 회원, 고령 회원 등이 행한다. 다음엔 종헌. 마지막 잔을 올리는 것으로, 참가자 전원이 차례로 돌아가며 술잔과 절을 올린다. 이때 돼지머리에 축의금을 꽂기도 한다. 종헌과 헌작이 끝나면 상을 물려(철상), 참가자 전원이 한자리에 앉아 제수를 나누어 먹는다(음복).

산제를 올리는 시간은 대체로 산행 전과 산행 후로 구분된다. 많은 회원이 참가하는 산제는 먼저 산행을 끝낸 다음 산제 장소로 모이고, 몇 사람 만으로 산제를 올리는 경우엔 먼저 산제를 끝낸 다음 산행을 하는 것이 일반적이다.

어떤 경우이든 시산제 장소에 쓰레기가 남거나 그 흔적이 남아서는 안된다. 또 축제 분위기라고 해서 여러 사람이 크게 떠들거나 노래를 부르는 등 소란스러워도 안되겠다. (2000)

봄에도 눈에 파묻히는 화악산 · 명지산

국내에서 산악 지대를 꼽으라면 누구나 강원도를 떠올린다. 그러나 경기도의 가평군과 포천군 일대에도 강원도 못지 않은 명산과 심산 유곡이 많다. 경기도 내에서 가장 높은 화악산(1,468m)과 두 번째로 높은 명지산(1,267m)이 동 · 서로 솟아 있고, 북쪽으로 민둥산, 국망봉, 백운산, 광덕산 등 1천미터급 이상의 산들이 연이어져 있기 때문이다. 남서쪽으로는 또 청계산, 운악산, 주금산이 뻗어 내려 장관을 이룬다.

이 산줄기는 국토의 척추인 백두대간에서 갈라져 나온 한북정맥으로 남서쪽으로 불곡산, 도봉산, 삼각산을 거쳐 고양시 쪽의 한강으로 떨어진다. '정맥' 이라는 산줄기 이름에 걸맞게, 경기 북부의 깊은 산악지대라고 할 수 있다.

화악산은 그 높이 만큼이나 산의 덩치가 크고 골이 깊다. 현재 정상 부근은 출입금지 지역이어서 중봉(1,446m)까지만 산행이 가능하다. 서울에서 그리 멀지 않은 곳이지만, 일요일에도 이 산을 찾는 등산객은 많지 않은 편이다. 특히 겨울철에는 단체나 안내 산악회가 드문드문 찾아들 뿐 단독으로 오르는 사람은 드물다. 그만큼 산세가 만만치 않고 기상 변화가 심하며 눈이 많이 쌓여 있기 때문이다. 이 산에서는 삼월 하순께까지도 눈을 볼 수 있다.

내가 이 산을 처음 오른 것이 1980년대 후반 무렵인데, 2월 하순께였다. 눈을 보기 위해서는 태백산이나 소백산을 가야 하는 것이 정

서울 근교에서 시원한 숲과 청정한 물을 자랑하는 명지산 정상

석처럼 되어 있으나 가까운 경기도에서도 그에 못지 않게 적설량이 많다고 해서 이 산을 찾았었다. 가평군 북면 관청리에서부터 산행을 시작했는데, 산길로 들어서자마자 쌓인 눈 때문에 땀을 흘려야 했다. 이 산에 오른 적이 있는 경험자를 포함해서 일행이 다섯명이었지만, 무릎까지 빠지는 눈을 헤치며 나아가는 일이 그토록 어렵다는 것을 처음 알았었다. 눈 위의 다져진 발자국만 어림하여 길을 찾아 올라갔는데, 거의 러셀을 하다시피 4시간이 걸려서야 중봉에 도착할 수 있었다. 탈진과 피로가 일행 모두에게 엄습해 왔음은 물론이다. 이 산보다 훨씬 높은 지리산이나 설악산의 적설기 산행에서도 경험하지 못한, 힘들고 어려운 산행이었다.

그뒤 여름철에도 이 산을 찾았는데 그때는 가평군 북면 화악리 중간말에서 시작하여 계곡길과 능선길로 중봉에 올랐다. 크고 작은 폭포와 소가 연이어져 태고의 신비를 보는 것만 같았다. 지리산에서나 볼 수 있는 고사목들이 이 산의 주능선에서도 드문드문 나타났다. 중봉까지 3시간이 걸렸다. 이 산에 가기 위해서는 서울 상봉터미널에서 목동행 직행버스를 타고, 목동에서 다시 화악리행 버스로 갈아타야 한다. 청량리역에서 기차로 가평까지 갔다가 화악리행 버스를 타도 된다.

명지산 또한 화악산 못지 않게 눈이 많은 산이다. 3월에도 하얀 산을 즐길 수 있다. 따라서 봄이라고 장비 준비를 소홀히 해서는 안된다. 아이젠, 스패츠, 방수 등산화, 윈드자켓, 방수 장갑, 털모자 등 겨울 장비를 챙겨서 가야 한다. 1천미터가 넘는 주능선은 바람이 세차고 안개가 낄 때가 많다.

명지산은 동쪽의 가평군 익근리, 서쪽의 포천군 상판리, 남쪽의 가평군 백둔리, 북쪽의 가평군 적목리에서 각각 오를 수 있다. 어느쪽에서 오르든 표고차 1천미터를 극복해야 하는 힘겨운 산이다. 익근리, 상판리, 백둔리, 적목리의 산행 들머리가 모두 해발 2백미터~3백미터이므로 정상까지 비록 직선거리는 4~6킬로미터 정도에 불과하나 가파른 오름길을 3시간 정도 계속해야 한다. 1천미터의 산행 표고차는 경기도의 다른 산에서 찾기 힘들고, 강원도에서도 1천5백미터 이상의 산에서나 경험할 수 있는 표고차이다.

이렇게 힘들 수 밖에 없는 명지산 산행은 그 처음과 마지막이 계곡으로 이어져 시원함을 배가시켜 준다. 주능선상에서 마음 놓고 눈을 구경하다가, 계곡으로 내려오면 얼음이 풀린 맑은 계곡물에 손과 발을 담그고 싶어진다. 특히 익근리 골짜기의 암반 계류가 가장 아름답다.

명지산에 가기 위해서는 일단 버스나 기차편으로 가평까지 간다. 가평 시외버스 터미널에서 다시 적목리행 버스를 타고 가다가 중간 익근리에서 내린다. 익근리에서 명지산 정상까지는 안내 표지판이 잘돼 있어 길을 잃을 염려는 없다. 그러나 워낙 힘이 들고 깊은 산인

데다 기상 변화가 심하므로 이 산에 오른 적이 있는 경험자와 동행하는 것이 좋다. (2000)

휴대폰을 믿지 마세요

1995년 2월 하순께 강원도 계방산(1,577m) 골짜기에서 젊은 등산객의 시체 한 구가 발견되었다. 그는 서울의 모 회사 사원으로 신원이 밝혀졌다. 평소 산을 좋아하고, 산행 경험도 풍부한 터여서, 곧잘 단독 산행을 하곤 했다고 유족들은 전했다.

그는 아마도 계방산을 올랐던 경험이 있었거나, 아니면 독도법을 터득하고 있었기에 그 산을 혼자서 올랐을 것이다. 그가 집을 떠나 산에 오르던 날의 날씨는 바람이 몹시 불고 눈보라가 쳤다.

그런 기상 조건이라면 그는 단독 산행을 중지하고 하산하는 용기를 선택했어야 옳았다. 아마도 산꾼으로서의 자존심이 허락지 않아, 악천후 속에서도 감행하다가 변을 당했을지도 모른다. 그의 소지품 가운데는 전지가 다 닳은 휴대폰이 있었다고 한다.

단독 산행을 좋아하는 사람들은 대체로 산에 대한 자신감이 넘치고, 오랜 경험이 있으며, 남다른 정신력과 지구력을 갖춘 경우가 대부분이다. 이런 사람들 가운데서 뜻밖에 부상을 입거나 조난사를 당하는 경우가 종종 있으니 놀라운 일이 아닐 수 없다.

나의 생각으로는 이 자신감과 경험이라는 것이, 어떤 돌발적 위기 상황의 대처 능력과는 다르다는 것이다. 물론 경험이 많은 산악인이라면 악천후 속에서 어떻게 행동해야 하는가를 잘 알고 있을 터이다. 잘 알고 있는 것을 침착하게 실천에 옮기는 일이, 산에서의 어떤 상황에서는 그렇게 쉽지만은 않다. 계방산에 들어간 그 젊은이는 끊

전국에서 제일 높은 고개 운두령에서 시작하는 겨울산행 종주대

임없이 내리는 눈보라와 바람 때문에 힘겨운 체력 소모가 있었을 것이다. 어쩌면 사람의 발자국을 덮어 버린 눈 때문에 길을 잃었을지도 모른다. 또 신설에 의해 미끄러져 어딘가를 다치고, 그래서 운신이 불가능해졌을 수도 있다. 미끄러져 추락했을 가능성도 배제할 수 없다. 만약 그가 다리를 다쳐 걸을 수 없게 되었다면, 누군가가 구조해 주지 않는 한 죽음에 이를 수밖에 없다. 눈보라와 안개로 말미암아 앞이 잘 보이지 않을 경우 링반데룽(Ringwanderung)이라고도 불리는 환상방황은, 산에서의 특정지역 한군데만 계속적으로 돌고 도는 현상을 가리킨다. 결국은 탈출로를 찾지 못한 채 지쳐 쓰러지는 경우가 많다. 눈보라와 추위 속에 쓰러진다면 머지않아 저체온 현상(하이포서미아)이 오고, 곧 동사에 이르게 된다. 그는 아마도 가지고 있던 휴대폰으로 119를 불렀을 것이다. 그러나 높고 험준한 산에서 휴대폰은 터지지 않는 경우가 훨씬 더 많다. 어줍잖은 자신

감과 악천후 속에서의 무모한 단독 산행이 화를 자초한 결과라고 할 수 있다.

이런 사고를 가리켜 많은 사람들은 흔히 '날씨 탓'으로 돌린다. 그러나 날씨, 환경 조건 등 외부의 요인보다도 산행인 스스로의 내부 요인에 문제가 없었는가를 꼼꼼히 짚어 보아야 한다. 가령 산행 당일 몸의 컨디션이 정상이었는가, 만에 하나 있을 수도 있는 돌발 상황에 대한 스스로의 대처 준비가 되어 있었는가, 악천후 속에서 단독행을 강행할 만큼 나의 산행 역량은 믿을만한 것인가….

산에서의 사고는 외부적 요인보다는, 산행인 자신의 내부적 요인에 의해 일어나는 일이 더 많다는 것을 항상 염두에 두어야 한다. 요즘은 단체 산행에서조차 무전기를 휴대하고 다니는 팀을 보기가 어렵다.

대부분 휴대폰을 사용한다. 그러나 휴대폰은 산에서 믿을 것이 못된다. 어떤 지역에서는 터지고, 어떤 지역에서는 감감 무소식이다. 나의 경험으로는 3대7 정도로 안터지는 경우가 훨씬 더 많다고 생각한다. 더군다나 경기, 강원 일대의 깊은 산중이나, 험준한 산에서는 거의 모두 터지지 않는다고 보아야 한다.

20명 또는 30명 이상이 단체로 높은 산(1천 급 이상)에 오를 경우 무전기 3대는 필수적이다. 선두 그룹, 중간 그룹, 후미 그룹에 각각 1명씩의 리더를 두고, 이들이 각각 무전기를 휴대해야 한다. 무전기는 산행에 나서기 이전에 충전 여부를 확인하고, 성능에 이상이 없는지 시험한 다음 사용할 일이다.

무전기가 무겁다고 해서 사용하지 않거나, 휴대폰으로도 얼마든지 산행중 연락이 가능하다고 생각하는 것은 스스로 화를 불러 오는 일이라는 것을 명심해야 한다. (2000)

두타산 - 청옥산 종주 33킬로미터

백두산에서 시작한 백두대간이 남쪽으로 뻗어 허항령, 두류산, 금강산, 설악산, 오대산, 점봉산을 거쳐, 청옥산(1,403m)과 두타산(1,353m)을 일구고 태백산, 소백산으로 내달린다. 강원도 동해시와 삼척군에 걸쳐 있는 청옥산과 두타산은 정상과 정상간의 거리가 7.5킬로미터여서 언뜻 한 개의 산으로 보기 쉽다. 대간 줄기에 나란히 솟아 있으면서도, 모양과 성격이 다른 두 개의 산이다.

두타가 피라미드 형의 골(骨)산이라면 청옥은 둥그스레 완만한 봉우리를 이루어 육(肉)산이다. 그래서 두타를 아버지 산이라고도 하고, 청옥을 어머니 산이라고도 한다. 두 산의 골짜기 골짜기마다에서 발원한 물줄기가, 북동쪽으로 흘러 모아 아름다운 긴 계곡을 만들었으니, 이름하여 무릉계곡이다. '무릉반'이라고도 하고, '무릉반석 계곡'이라고도 한다.

청옥이든 두타든, 산행 들머리는 보통 무릉계곡 매표소에서부터 잡는다. 매표소에서 잘 닦여진 길을 20분쯤 오르면 갈림길이다. 왼쪽으로 '두타산성' 표지판이 나온다. 곧장 넓은 길로 가면 무릉계곡의 상류가 되겠지만 두타산을 오르기 위해서는 이 왼쪽 소로(小路)로 들어가야 한다. 낮은 경사와, 이리저리 도는 오름길과, 조금쯤은 경사가 급한 곳을 오르다 보면 산성 바위에 닿게 된다. 전망이 좋다. 건너편으로 백두대간의 마루금이 장엄하고, 아래쪽 위쪽 할 것 없이, 바위로 된 낭떠러지들이 예쁘고 아름답다. 갈림길에서 올라온지

30분쯤 걸렸다. 여기에서부터 약간 편안한 길도 잠시, 계속 오르막길이 시작된다. 처음에는 경사 급한 흙길을 오르다가, 이내 돌밭길을 올라가야 한다. 능선에 오르자마자 앞으로(남서쪽) 멀리 백두대간 마루금에, 넓게 솟은 청옥산 봉우리가 시야에 뛰어든다. 능선길엔 몇백년은 될 것같은 큰 소나무들이 즐비하다. 가끔 지리산에서나 볼 수 있는 고사목들도 그 아름다움과 처연함을 드러내고 서 있다.

산성 터에 이르러 잠시 숨을 고른다. 크고 높은 산이 모두 그러하듯, 하늘을 가린 숲과 아름들이 나무들이 뿜어 내는 내음 상쾌하기 이를 데 없다. 물과 과일, 초콜릿 등으로 간식을 취한 다음 천천히 다시 오름길에 들어선다. '쉰움산'에서 올라오는 능선길과 만나는 삼거리에서 잠시 또 쉬어야 한다. 정상이 바라다 보이는데, 그 앞을 가로 막는 높은 봉우리가 사람의 기를 죽이는 것만 같다. 장다름을 넘지 않으면 안된다.

"태산이 높다 하되 하늘 아래 뫼이로다

오르고 또 오르면 못 오를 리 없건마는…" 이라는 시조를 떠올리며 마냥 올라갈 수밖에 없다. 산정으로 큰 바위를 밀어올리는 일을 되풀이해야 하는 희랍신화의 운명도 이런 것일까 하고 생각해 본다. 끝없는 깔딱고개의 연속이다.

매표소를 떠난지 3, 4시간이면 두타산 정상에 선다. 도상거리 10.2킬로미터를 올라왔다. 정상은 널찍하여 헬리콥터도 내릴 수 있을 만하다. 정상 표지석 옆에 한 기의 무덤이 파란 잔디에 덮여 있다. 상석도 없고 비석도 없는 무덤이다. 이 높은 곳까지 올라와 누가, 왜 묻혔을까 하고 생각해 본다. 서쪽으로 멀리 청옥산의 우람한 봉우리가 솟아 있다. 청옥에 이르는 능선과 크고작은 봉우리들이 한눈에 들어온다. 저곳까지 7.5킬로미터라는 표지판이 두타산 정상에 서 있다. 이미 지친 몸이지만, 쉬면서 간식으로 힘을 만들어 두어야 한다.

청옥산을 향하여 내리막길을 내려간다. 고도 4백미터 쯤은 내려간

두타산에서 건너다 본 웅장한 청옥산

것 같다. 이번에는 다시 원만한 오름 길을 올라, 경사가 급하지 않은 능선길을 하염없이 걷는다. 취 · 고사리 · 곰취 · 청옥나물이 등산로 주변에 지천이다. 이름모를 꽃들도 예쁜 이마를 드러내 미소를 머금고 있다. 이 능선길에서는 굴참나무, 소나무, 철쭉, 산죽이 군락을 이루었다. 두타산 정상을 떠난지 한시간여가 지나면서부터 다시 가파른 오르막길이 시작된다. 청옥산 정상까지의 깔딱고개다. 30여분을 계속 오르다보면 시야가 탁 트인 청옥산 정상이다. 하산길은 서북쪽 능선으로 '연칠성령' 까지 갔다가 오른쪽 골짜기로 떨어져야 한다.

고개에 방향 표지판이 서 있다. 청옥산 정상에서 등산 시발점인 무릉계곡 매표소까지의 거리가 15.8킬로미터. 급경사와 돌밭길을 내려가야 하므로 조심스럽게 마냥 걷는다. 너무 많이 걸었기에, 발과 무릎이 불쌍해진다. 그러나 이 하산 길은 아름다운 계곡과 암반, 칠성폭포와 용추폭포 등이 연이어 나타나 몸의 피로를 씻어주기에 안

백두대간 마루금에는 큰 소나무가 즐비하다. 마음 또한 넓어짐은 무슨 이유일까

성맞춤이다. 등산화와 양말을 벗고, 계곡물에 열 받은 발을 담근다. 하산 길에 소요된 시간은 3시간, 청옥-두타를 하루에 해냈다는 자부심으로 마음은 날아갈 듯하다. (2000)

해명산 - 낙가산 - 상봉산

경기 강화군 석모도에는 3개의 나지막한 산이 연이어져 있다. 해명산(327), 낙가산(246), 상봉산(316)이다. 한 개의 산이름으로 불러도 무방할이 만큼, 높이와 규모에 있어 크고 깊지 않은 산이다. 석모도 전체가 이 산들로 이루어졌다고 할 수 있다.

최근 등산인들 사이에 이 산이 각광을 받게 된 것은 주능선에서의 경관이 아름답고 하산 길에 고찰 보문사를 구경할 수 있으며, 이곳에서 많이 나는 밴뎅이, 병어, 농어 등의 싱싱한 회 맛을 볼 수 있기 때문이다. 특히 주능선을 걸으며 좌우로 내려다보이는 서해 바다는, 마치 바다 위를 걷는 것같은 착각을 불러일으킬 정도다. 3, 4시간이 걸리는 산행이지만, 높거나 험하지 않아 중년과 노년의 사람들이 자주 찾는다. 요즘(5월과 6월) 한창 밴뎅이가 많이 잡히고, 서울에서 하루 산행이 가능하므로, 이 산의 매력을 아는 사람들이 즐겨 찾는다.

서울의 신촌(로타리에서 서강 쪽) 강화행 버스터미널에서 강화 외포리행 시외버스를 탄다. 승용차로 갈 경우에는 외포리에 차를 주차해 놓거나, 카페리에 태워 석모도까지 들어갈 수도 있다. 자가 운전자라면 차를 세워 놓고 등산을 시작, 반대편으로 내려가야 하므로, 외포리에 주차해 놓는 것이 좋다.

외포리에서 카페리를 타고 10분이면 석모도 석포리의 선착장에 닿는다. 짧은 뱃길이지만 끼욱끼욱 갈매기들이 뱃전을 맴돈다. 사람들이 던져주는 새우깡 따위의 과자들을 받아먹기 위해서이다. 석포리에서는 보문사로 가는 마을버스를 탄다. 10분쯤 달리다 전득이고개(등산 시발점)에서 하차한다. 오른쪽으로 등산로가 시작된다. 20여분쯤 오르면 주능선에 닿는다. 서북쪽으로 길게 뻗은 능선에 해명산, 낙가산, 상봉산으로 어림되는 여러개의 봉우리들이 한 눈에 들어온다. 주능선을 걷는 길이 편안하다. 거의 평지와 다름없는 길이고, 고만고만한 산봉우리를 오르락내리락 하다 보면 해명산 정상이다.

서남쪽으로 바다와 염전, 갯벌이 펼쳐져 있는게 내려다보인다. 염전 너머로 한가로운 어촌에 고깃배도 서너 척 떠 있다. 이번에는 해명산을 한참 내려가야 한다. 고개에 이르러 다시 오르막길이 시작된다. 봉우리가 높지 않으므로 부담이 되지 않는다. 평지와 오르내림을 두 세 번 하다 보면 낙가산이다. 낙가산 정상 못미친 봉우리의 암반 위에서 쉬어 갈 만하다. 30여명은 족히 앉아 간식을 취하고 쉴 수 있는 너른 암반이다.

다시 평지와 같은 내리막길을 한참 가면 왼편으로 보문사 가는 갈림길이 나온다. 직진하여 바위 위로 난 길을 따르면 상봉산 가는 길이다. 자그마한 봉우리 두 개를 넘으면 상봉산 정상에 이른다. 정상 일대는 바위들로 이루어져 동쪽과 북쪽을 제외하고는 모두 절벽이다.

하산길은 북쪽 능선을 따라 석모리로 내려가기도 하나, 올라왔던 길을 되내려가 보문사라 떨어지는 것이 좋다. 아까 올라왔던 보문사 갈림길에서 10여분 내려가면 비스듬한 큰 바위에 새겨진 해수관음상이 아름답다. 이곳에서 10분쯤 더 내려가면 보문사 대웅전에 이른다. 보문사는 양양 낙산사, 남해 금산의 보리암과 함께 3대 해수관음을 모신 큰 절이다.

절 아래 아낙들이 펼쳐 놓은 활기 넘치는 좌판의 강화 특산물들

절 아래로 내려가는 길에, 마을 아낙네들이 펼쳐 놓은 좌판이 인상적이다. 갖가지 산나물들과 강화 특산이라는 순무, 영지버섯, 새우젓, 밴뎅이젓 들을 팔고 있다. 저 아래로 식당과 민박집들이 많다.

봄과 여름 사이에 이곳에서 밴뎅이가 많이 잡히지만, 4월에 맛보는 밴뎅이회는 맛이 없다. 중국산이기 때문이다. 이곳에서 잡히는 고소한 밴뎅이회는 5월과 6월이라야 제철이다. 성급하고 속 좁은 사람을 흔히 "밴뎅이 속 같다" 고 하는데 밴뎅이는 성질이 급해 그물에 걸리자마자 죽고, 그 속(내장)이 거의 없다시피한 생선이기 때문일 것이다.

시간이 넉넉하다면 보문사 일대의 민박집이거나, 석포리 선착장의 민박집에서 1박을 하는 것이 추억에 남는다. 해질 무렵, 이곳에서 바라보는 서해 낙조의 장관과 아름다움은 평생 잊혀지지 않을 것이다. (2000)

산나물이 지천인 촉대봉

지난 2월의 마지막 일요일에 나는 35명의 산악회 회원들을 이끌고 경기도 가평군 촉대봉(1,125m)에 올랐다. 경기 가평군과 강원 춘성군을 가르는 능선상에 자리한 촉대봉은, 북서쪽으로 응봉, 화악산, 중봉으로 연결되고, 남동쪽으로 몽덕산, 가덕산, 북배산, 삼악산으로 뻗어 내려가는 큰 산줄기의 중심축이라고 할 수 있는 봉우리이다. 가평군 북면에서 춘성으로 넘어가는 홍적고개에서 시작하여 5시간쯤 걸어 화악2리로 내려와야 하는 코스다.

아침 8시, 서울 광화문에서 출발한 전세 버스가 홍적 고개에 도착한 때는 상오 10시 20분. 선두 · 중간 · 후미 그룹으로 나누어 3명의 리더를 두고, 3대의 무전기를 각자 휴대케 하여 올라갔다. 홍적고개 마루턱 왼쪽 나무 계단을 오르자마자, 산길은 눈에 쌓여 애매한 곳이 많았고, 무릎까지 빠지는 곳에서 러셀(선두가 눈에 길을 다지며 가는 일)을 해야 하는 경우도 적지 않았다. 나로서는 아직 한번도 오르지 못한 산이었으므로 등산 개념지도와 나침반 만으로 찾아가는 산길에 일말의 불안감이 따랐던 것은 당연한 일이었다.

홍적고개는 해발 400미터, 거기서 2백여미터를 오르자 첫 번째 봉우리에 이르렀다.

이곳에서부터 길은 완만하게 하강하다가 다시 오르막길이 시작되었다. 벌거벗은 나무와 갈대숲 사이사이에서 가시가 박힌 두릅나무가 여기저기 서 있었다. 자랄 대로 자라 말라빠진 고사리도 자주 눈에 띄었다.

"사월이 되면 나물 뜯으러 와야겠군" 일행 중의 누군가가 말했다. 그만큼 두릅나무와 고사리가 많았다. 취나물도 많을 것같다고 또 누군가가 말했다. 나침반이 가리키는 서북쪽 방향으로 능선길이 계속 이어졌고, 봉우리마다 오르락 내리락을 되풀이하는 길이었다. 앞을 가로막는 봉우리를 가까스로 올라가 보면 더 큰 봉우리가 또다시 나타나곤 하였다. 지금 힘들게 오르는 것은 머지않아 봉우리를 거쳐 편안하게 내려가는 것을 예고하는 것이다. 또 지금 편안하게 내려간다 하더라도 곧 다시 오르막길의 어려움을 만나게 될 것이다. 오르락내리락 일곱 개의 봉우리를 끝내고서야 촉대봉 정상에 도달했다. 북쪽으로 멀리 응봉(1,436m)의 거대한 봉우리가 솟아 있었다. 이번에는 방향을 바꿔 서쪽 능선을 타고 하산해야 할 차례다. 중간 그룹이 보이지 않았으므로 무전기를 켰다. 아무리 소리를 쳐보아도 응답이 없다.

후미 그룹 무전기와도 통화를 시도했으나 대답이 없기는 마찬가지였다. 나중에야 확인한 일이지만 두 대의 무전기는 축전기에 이상이 생겨 교체해야만 한다는 것이었다. 산행 전에 이것을 점검하지 못한 것이 실수였다.

20여분 쯤 후 중간 그룹이 도착하기를 기다려 함께 하산을 시작했다. 하산 길은 계속 내리는 눈으로 발자국이 모두 덮여져 길을 찾는데 애를 먹었다. 시간은 하오 1시 30분.

배가 고파 더 이상은 못 걷겠다고 아우성들이다. 점심을 먹을 만한 평편한 곳도 찾을 수 없었고 모두 눈쌓인 사면이어서 어디 앉기 좋은 자리도 없었다. 우리들은 경사 45도쯤 되는 곳에서 각자 나무에 기대어 서서 식사를 했다. 서서 먹는 밥도 꿀맛이었다.

다시 능선을 따라 하산하기 시작했다. 30여분을 내려가니 능선길이 두갈래로 나누어져 있었다. 마을이 있을 법한 위치를 가늠해 오른쪽 능선길을 택하기로 했다. 30여분을 더 내려가니 포장이 안된 임도가 나타났다. 지도에도 없는 길이었다. 오른쪽 내리막 임도를 따라가면 마을에 닿을 것이었다. 임도에서 내려다보면 띄엄띄엄 집들이 보이고 자동차도 보였다.

임도를 따라 2킬로미터 쯤 걸었을까? 이번에는 다시 완만한 오르막 길이다. 이상하다는 느낌이 들면서도 계속 걸을 수 밖에. 산굽이를 몇차례 돌면서 앞을 바라보니 눈에 익은 화악산 정상과 중봉이 멀지 않은 곳에 버티고 있지 않는가! 우리는 내려가는 길이 아니라 화악산 정상으로 가는 임도를 계속 걸어 올라왔던 것이다.

마을로 내려가는 길은 끝내 보이지 않았다. 우리는 마을쪽을 향해 무작정 산골짜기를 헤치고 내려갔다. 길이 아닌 곳을 내려가기란 그야말로 타잔의 곡예를 연상시켰다. 30여분을 그렇게 내려가니 차도가 나타났다. '건들내'라고도 부르는 화악2리다. 전세버스에 당도해 보니 후미 그룹이 먼저 도착해 있었다. 후미그룹은 아까 그 임도에서 곧바로 마을로 떨어지는 길을 찾아 내려왔기 때문이다. 무전기가 왜 필요한 것인지를 확인할 수 있었던 산행이었다. (2000)

스스로 신선이 되는 송추 북능선길

사람이 산을 찾는 까닭 가운데 하나는 되도록 사람을 만나지 않고 적요함을 즐기자는 데에 있다. 그런데 공휴일의 근교 산이나 유명한 산들은 이제 그런 고요함이나 외로움을 즐길 기회를 제공해 주지 못한다. 더군다나 요즘처럼 날씨가 풀린 봄철이나 가을철에는, 근교의 모든 산들이 사람들의 물결로 홍역을 치러야 한다. 산도 괴롭고 산을 찾는 사람도 괴롭다.

서울 도봉산 북쪽 끝자락에 솟은 사패산(562m)과 송추로 내려가는 송추 북능선이 일요일에도 사람이 붐비지 않는 곳이다.

사패산 정상에는 일요일일 경우 꽤 사람이 모여들지만, 송추북능선은 일요일에도 한적한 오솔길이어서 서울 근교 산 같지가 않다. 산에서 맡는 산내음이 다르고, 도봉산 · 삼각산을 뒤쪽(서북쪽)에서 바라보는 조망도 뛰어나, 스스로 신선이 된 듯한 느낌에 젖게 한다. 도봉산 포대능선이나 우이능선의 저 인산인해에 비한다면 이 곳은 가히 신선이 사람을 피해 살 만한 곳이기도하다.

송추 북능선에 들기 위해서는 지하철 1호선 회룡역에서부터 들머리를 삼는 것이 좋다. 대부분의 등산객들은 회룡역에 닿기 전인 도봉산역이나 망월사역에서 내려, 마치 썰물처럼 객차를 빠져나가기 마련이다. 회룡역에서 내리는 등산객은 전철 한번에 고작 5~10명 정도일 뿐이다. 전철역에서 도로를 따라 서쪽으로 나아가면 여러 채의 농가로 보이는 마을이 나타난다. 마을 앞 도로에 수령 3백여년 되는 커다란 회화나무 한그루가 서 있는데 의정부시의 보호수로 지정된 나무다.

매표소를 지나 널따란 길을 10여분쯤 걸으면 갈림길이다. 오른쪽 길은 석굴암, 왼쪽 길은 회룡사와 회룡 계곡으로 가는 길임을 알리는 팻말이 서 있다.

석굴암은 일제 때 김구 선생이 명성황후 살해범인 왜군 중위를 죽인 다음 탈옥하여 피신했던 곳이라고 한다. 석굴암을 거쳐서도 사패산에 오를 수 있으나, 회룡사와 회룡계곡을 따라 오르는 길이 더 아름답다.

회룡계곡은 10여년 전 엄청난 폭우와 산사태로, 집채 만한 바위들이 굴러내려와 계곡의 모습마저 바꿔 놓았다. 회룡사가 건너다보이는 곳에서 절 쪽으로 가지 말고 왼쪽 오솔길로 들어서야 한다. 계속 계곡을 따라 한시간쯤 오르면 포대능선 · 사패산 · 송추계곡으로 각각 갈리는 송추 고개에 이른다. 도봉산 주능선상의 북쪽 끝자락에 있는 고개다.

고개에서 오른쪽 오르막길이 사패산과 송추 북능선으로 가는 길이다. 왼쪽 길은 포대능선의 시발점인 649봉으로 오르는 길이며, 직진(서쪽)하면 송추계곡으로 떨어진다. 고개에서 오른쪽(북쪽)으로 10분쯤 오르면 갈림길이 나오는데, 왼쪽이 송추 북능선길, 직진해서 가면 사패산 정상이다. 사패산 정상의 널따란 바위에서 조망을 즐긴 다음, 오르던 길을 되내려와 송추 북능선길로 하산한다. 대부분의 등산객들은 송추 고개에서 송추계곡으로 하산하기 일쑤이다. 송추 북능선길은 등산 안내지도에도 등산로 표시가 되어 있지 않다. 그만큼 사람들이 잘 모르는 길이다. 능선길에 들어선지 얼마 되지 않아 곤란한 내리막 바위가 나타나는데, 고정 로프가 매달려 있어 그렇게 어렵지 않다. 고정 로프를 힘껏 당겨본 다음(끊어질 염려가 없는지 실험要), 몸을 뒤로 돌려 두손으로 로프를 잡으며 뒷걸음으로 천천

도봉산 북쪽의 회룡사에 운집한 사람들은?

히 내려오면 된다. 이곳만 통과하면 길은 송추까지 호젓한 오솔길로 이어진다.

이 능선길에서 바라보는 도봉산 주능선의 뒷모습(서쪽 사면)이 너무 아름답다. 포대능선의 바위들, 자운봉, 선인봉, 만장봉의 뒷모습과 오봉으로 어림되는 바위들이 저절로 탄성을 자아내게 한다. 이 능선길의 중간쯤에 자리잡은, 시야가 탁 트인 바위 위에서 조망하는 것이 좋다. 이 바위에는 또 잘 생긴 소나무들이 많아 약간 떨어져서 보면 신선도에서나 볼 수 있는 풍경을 느끼게 한다. 능선 끝자락에서 길은 두 갈래로 나뉘는데, 왼쪽으로 내려서면 송추 유원지 입구에 닿는 길이다. 송추 북능선 길에는 또한 진달래 나무가 지천이다. 진달래 꽃이 피는 4월께면 진달래 꽃터널 사이로 걷는 맛이 황홀하다. 연인끼리, 가족끼리, 또는 가까운 친구와 함께 이 길을 걷는다면 두고두고 잊혀지지 않는 추억이 될 것이다. 능선 초입에서 송추까지의 하산 시간은 한시간 남짓으로 잡으면 된다. (2000)

백두대간 따라 오르는 희양산

희양산(999.1m)은 충북 괴산군 연풍면과 경북 문경시 가은읍의 경계에 솟아있는 바위 봉우리이다. 백두대간이 문경 새재를 넘어 속리산쪽으로 몸을 일으켜 흐르다가, 그 중간 쯤에 솟구친 신령스런 산이다. 1970년대부터 이 산은 주로 록클라이밍(암벽등반)을 하는 사람들에게 각광을 받아 왔는데, 정상부 주능선의 사면이 거의 모두 급경사와 암벽으로 되어 있기 때문이다. 이 산은 또한 천년 고찰 봉암사를 남쪽 계곡에 품고 있다. 구산선문의 하나인 회양산파의 종찰인 봉암사는 신라 헌강왕 5년(서기879년)지증선사 지선이 개산한 이래 지금까지 선도장으로 일관해 온 절이다. 1980년대 초반부터 경북 가은에서 들어가는 봉암사 코스가 폐쇄되었다. 선도장인 봉암사와 희양산이, 일반 관광객과 바위꾼들에 의해 소란스러워진 것을 막아야겠다는 봉암사 측의 강경책 때문이었다.

따라서 희양산은 북쪽 기슭인 충청북도 괴산군 연풍면 은티마을을 기점으로 하여 지름티재-정상-희양산성-은티마을로 내려오는 코스가 일반화되었다.

봉암사 쪽 등산로가 폐쇄된 이후부터는 희양산 암벽등반도 금지되어 있다. 연풍읍에서 은티마을 까지는 승용차로 10여분이면 닿는다. 자동차길이 끝나는 곳, 은티마을 초입 가게집 앞에 남근석이 세워져 있어 눈길을 끈다. 마을의 위치가 여자의 은밀한 곳을 닮아 큰 비가 오면 물난리가 나기 때문에 그 기를 잠재우기 위해 남근석을 세웠다

희양산 들머리에 있는 봉암사. 사월 초파일은 일반인도 참여할 수 있다.
흰 연등으로 절 안이 온통 꽃을 피우고 있다

는 것이 주민들의 이야기이다.

남근석 앞을 지나 남쪽으로 다리를 건너, 경운기 길 같은 곳을 비스듬히 오르면 왼쪽으로 희양산, 오른쪽으로 구왕봉, 그 사이의 지름티재가 한 눈에 들어온다. 마치 병풍을 둘러 쳐 놓은 듯하다.

마을을 떠나 15분쯤 걸으면 갈림길인데 오른쪽 큰길을 버리고 곧장 숲길로 들어서서 계곡을 끼고 오른다. 1킬로미터 쯤 나지막한 경사를 오르다 보면 왼쪽(동쪽)으로 내려가는 갈림길이 나타난다.

왼쪽으로 내려가면 계곡을 건너 희양산 북능선 희양산성에 올라 남쪽 정상으로 향하는 길이다. 왼쪽으로 내려가지 않고 곧바로 오르면 채석장 앞을 지나 지름티재에 오른 후, 왼쪽(동쪽)으로 정상을 향해 오르는 길이다. 은티마을에서 지름티재까지는 한시간 안팎이면 오르게 된다. 640미터의 지름티재에는 돌무더기와 백두대간 표지기가 여럿 붙어 있다.

지름티재에서부터 정상까지의 오름길이 가파르고 어렵다. 이 길은 또한 백두대간의 구간 마루금이 된다. 30분 쯤을 오르면 거의 직벽에 가까운 급경사길 70여 가 나타나는데, 굵은 밧줄이 고정돼 있어 이걸 붙잡고 조심스럽게 올라야 한다. 뒤를 돌아보면 현기증이 날 정도의 낭떠러지이므로, 앞만 보고 발디딜 곳을 잘 찾아 한참 오르면 능선 마루턱에 이른다. 희양산 북능선이다. 정상은 오른쪽(서남쪽)으로 올라가야 한다.

곧 이어 갑자기 전망이 트이면서 하얀 암반 위로 나서게 되는데 더 이상 오를 곳이 없다. 그러나 이곳이 정상은 아니다. 남동쪽으로 10분쯤 암릉 위를 더 걸어야 정상이다. 정상에 서면 사위가 모두 첩첩산이다. 동쪽으로 백두대간의 마루금에 이만봉과 백화산 연릉이 펼쳐지고 그 뒤로 주흘산이 빼곡 고개를 내밀었다. 서쪽으로는 구왕봉에서 속리산 쪽으로 이어지는 대간 마루금이 가물가물하다. 북쪽으로 시루봉이 손에 잡힐 듯하고, 남쪽 절벽 아래로 봉암사 계곡이 한눈에 내려다보인다. 정상 북쪽 아래에 3, 4평은 됨직한 반석이 벼랑 위에 자리잡고 있어 내려가 쉬기에 안성맞춤이다. 사람이 콘크리트로 만들어 놓은 듯한 반석이다.

하산 길은 올라왔던 길을 되내려가 북능선 갈림길(지름티재에서 올라왔던 능선 마루턱)에서 능선으로 곧장 나아가면 된다. 아까 가파르게 올라왔던 길이 아니라 백두대간을 따라 시루봉으로 가는 길이다. 10분쯤 내려가면 돌로 쌓아 놓은 희양산성이 나타난다. 능선의 왼쪽 사면이 쌓아진 성이므로 오른쪽의 신라가 백제를 막기 위해 쌓은 것으로 짐작된다. 이 지역은 삼국시대 때 신라와 백제의 격전지로 알려져 있다.

산성이 끝나고 머지 않아 왼쪽으로 내려가는 길이 나온다. 이 길로 내려가도 은티마을에 이르지만 되도록 능선길을 북쪽으로 1킬로미터쯤 더 걸어 시루봉 직전 안부에서 왼쪽(서쪽)으로 내려가는 길이 아름답다. 깊고 오염이 안된 골짜기를 1시간쯤 내려가면 은티마을에 도달한다. (2000)

희양산 북쪽 들머리 은티마을 입구의 남근석

지리산을 한 눈에 볼 수 있는 백운산

우리나라에는 '백운산(白雲山)' 이라는 이름을 가진 산들이 많다. 서울에서 가까운 포천과 양평, 멀리로는 강원도 영월, 경남 밀양, 전북 장수, 경남 함양, 전남 광양 등에 각각 백운산이 있다. 모두 1천미터 안팎의 높이를 지니고 있고, 이보다 낮은 것까지 합치면 백운산은 20여개 쯤 된다. 이 가운데서 전라남도 광양 백운산(1,218m)과 전라북도 장수 · 경남 함양 경계에 있는 백운산(1,279m)에 산행 가치를 두고 싶다. 두 백운산 모두 지리산 줄기를 가운데 두고 남북으로 솟아 있어, 정상에 서면 지리산을 한눈에 조망할 수 있다.

광양 백운산은 백두대간에서 갈라져 나온 호남정맥이 내장산, 무등산을 일으키며 남진하다가, 장흥 사자산에 이르러 북동진, 조계산을 거쳐 마지막으로 일궈 놓은 산이다. 우리나라 대부분의 산줄기가 동에서 서로 뻗어나가 서해쪽 강으로 떨어지는 데 반해, 백운산에 이르는 이 줄기는 동진을 감행하면서 섬진강과 남해에서 멈추게 된다.

백운산에 오르기 위해서는 광양시에서 동곡리행 시내버스를 타야 한다. 승용차로 가는 경우 동곡까지 30분 쯤 걸린다.

동곡 포항제철 연수원과, 자동차 길을 더 올라가 묵방마을, 병암(진틀)마을 등이 각각 산행 기점이 된다. 병암, 묵방, 동곡에서 정상에만 올랐다가 내려올 경우 3, 4시간이 소요되는데, 기왕 여기까지 왔으니 억불봉(1,098m)을 거쳐 주능선을 타고 정상에 올랐다가, 병암

이른 봄 광양 백운산의 편안한 산길

마을로 하산하는 길을 권하고 싶다. 산행 시간은 5, 6시간. 지리산 동쪽 끝자락인 천왕봉 일대의 장쾌한 모습을 조망할 수 있고, 요즘 같으면 진달래 꽃터널을 이루는 6킬로미터의 능선길을 걷는 맛이 황홀하다.

산행 기점은 동곡리 포항제철 연수원 뒤. 연수원 건물 뒤로 난 길을 따라 동쪽으로 40여분쯤 오르면 노랭이재에 이른다. 군데군데 표지기들이 달려 있어 길 잃을 염려는 없다. 노랭이재는 곧 헬기장이다. 오른쪽으로 거대한 암괴를 이룬 억불봉이 가까이에 솟아 있다.

왼쪽으로 멀리 백운산 정상이 어림된다. 노랭이재에서 억불봉 정상까지는 20분이면 오른다. 억불봉에서 남쪽으로 내려다보이는 한려수도의 남해가 아름답다. 다시 올라왔던 길을 되내려가서 노랭이재를 통과, 북서쪽으로 뻗어 있는 능선길을 오른다. 경사가 완만한 억새밭을 지나 오르락 내리락을 계속하다 보면 995미터 봉이다.

이 능선길에는 여러 개의 봉우리가 있으나, 대부분 봉우리를 통과

하지 않고, 산허리를 돌아나가게 되어 있다. 따라서 힘이 덜 들고 편안하다.

995미터 봉에서부터는 능선길 좌우가 모두 진달래 밭이어서 꽃터널을 이룬다. 드문드문 바위들이 나타나지만 능선은 대부분 부드러운 흙길이다. 1,100미터 봉에 이르기 직전에, 왼쪽 백운사에서 올라오는 길과 만나게 되고, 곧장 나아가면 또 하나의 헬기장에 이른다. 이 곳에서 바라보이는 손에 잡힐 듯한 정상의 바위 봉우리가 마치 누에고치를 닮은 형상이다. 빤히 정상을 바라보며 20여분을 오르면 왼쪽으로 또 올라오는 길과 만나는 삼거리이다. 왼쪽 길은 병암마을에서 올라오는 길이다. 삼거리에 방향 표지판이 세워져 있다. 이곳에서 10분을 오르면 정상 암벽이다. 고정 로프를 잡고 암봉 위에 오르면 시야가 탁 트이면서 사위가 온통 첩첩산의 물결로 바라다 보인다.

북쪽으로 멀리 길게 펼쳐진 지리산 주능선이 장쾌하다. 오른쪽 끝의 천왕봉에서부터 제석봉, 연하봉, 촛대봉, 덕평봉, 삼각봉, 반야봉, 노고단에 이르는 1백20리 능선이 한눈에 들어온다. 겨울에 이곳 백운산 정상에 오른다면, 하얗게 눈을 뒤집어 쓴 지리산 주능선이 마치 다이아몬드 병풍처럼 빛나는 모습에서, 감격과 함께 신비로움을 느끼게 될 것이다. 그러나 이 감격과 신비로움은 안개가 끼지 않은 청명한 날이라야 맛볼 수 있다. 굽이굽이 휘돌아나가는 섬진강 물줄기가 내려다 보이고 남쪽으로 남해의 한려수도가 멀리 조망되는 것은 물론이다. 북서쪽으로는 멀리 무등산도 구름 위에 떠 있다.

하산은 바로 코 앞에 있는 신선대를 거쳐 왼쪽 병암(진틀)마을로 내려가야 한다. 오염되지 않은 청정계곡과, 경칩을 전후해서 채취하는 고로쇠나무 군락지대를 통과하여, 1시간 30분이면 자동차길로 나오게 된다. 자동차 길 아래로 흐르는 답곡십리 계곡의 경관이 그지없이 아름답다. (2000)

바위를 두려워하지 말자

온 산에 진달래가 활짝 피었다. 앙상한 나뭇가지에도 푸릇푸릇 새싹들이 돋아 신록의 향연을 예고하고 있다. 지난 겨울 동안 그토록 움추렸던 사람들의 마음도 봄눈 녹듯 녹아 흘러, 마냥 설렐 뿐이다. 그래서 봄에는 산을 찾는 사람들이 많아진다. 자연의 아름다운 변화를 눈으로 보고, 마음껏 숨쉬고 싶어서일 것이다. 자연의 아름다움은 곧 사람에게 감동을 준다. 사람도 자연의 한 부분이기 때문일까? 거기 그렇게 때가 되면 피어나는 소담한 꽃봉우리들, 살며시 삐져나온 푸른 이파리들에서, 생명의 리듬을 느끼고 그 숨소리마저 엿듣게 된다.

산의 정상에 오르기 위해서는 평지에서부터 걸어 점차 고도를 높여 가야 한다. 편안한 길을 걷기도 하고, 숨가쁜 오르막길을 헉헉거리며 올라가야 할 때도 있다. 때로는 위험한 바위를 기어 올라가기도 한다. 지리산이나 덕유산을 종주하는 산행에서는, 산 중에서 텐트를 치거나 산장에서 하루 이틀 밤 쯤은 묵어야 하는 강행군을 계속해야 한다. 이렇게 하여 높은 산 정상에 올랐을 때의 그 감동을 무엇에 비교할 수 있으랴. 많은 고생과 실패와 신산을 거듭한 끝에 성공한 사람의 인생이 아름답고 감동적이듯이, 오랜 시간의 체력 소모와 어려움을 겪고 난 다음의 등정은 평생동안 잊혀지지 않는 추억으로 정신을 풍요롭게 만든다.

산을 찾는 대부분의 사람들은 산과 자연이 나에게 안겨 주는 감동

바위가 있어 오르고 싶다. 어려움이 있기 때문에 더욱 오르고 싶다

에 만족한다. 아울러 자신의 정신적 · 육체적 건강에 안도하고, 함께 산행하는 사람들과의 우의를 더욱 동지적이게 만들기 마련이다. 그런데 이런 산행의 맛을 다 포함하면서도, 또 다른 것들을 추구하는 사람들이 적지 않다.

수직의 암벽을 기어오르고, 겨울철 빙벽을 찍으며 오르는 사람들이다. 이것도 모자라 알프스 · 히말라야 등 해외 고산을 찾는 사람들이다.

산행(보통의 걷기 산행)을 즐기는 사람들조차도 '왜 저런 위험한 짓을 할까?' , '저렇게 목숨을 담보하면서까지 그 봉우리에 올라야 하는 것일까?' 라는 말을 흔히 한다.

이런 말들을 하면서 항상 다니는 안전한 길로, 또 편안한 곳으로의 산행에만 자족하는 사람들은 결코 산의 참맛을 아는 경우라고 말하기가 어렵다. 산의 참맛은 더 어려운 곳으로 더 힘든 곳으로 그리고 남이 밟지 않은 길을 감으로써 더 큰 성취감과 자기 향상, 자기 발전, 자아 발견의, 법열과도 같은 경지에 이를 수 있기 때문이다. 이러한 기쁨과 행복을 나는 감동이 아닌 감격이라고 말하고 싶다.

산은 어차피 높은 곳에 있다. 높은 곳에 이르기 위해서는 반드시 바위를 넘어야 할 때가 있다. 물론 바위를 피해 돌아가는 길도 없지 않으나, 그 바위를 온몸으로 돌파하여 나아가는 것이 정신위생상 훨씬 좋다는 생각이다.

바위를 피해 돌아갔다면 어딘가 개운하지 못한 찌꺼기 같은 것이 마음에 남기 마련이다. 자신의 능력을 향상시키고, 자신감을 키우며, 자기성찰의 계기를 삼기 위해서 바위를 두려워 해서는 안된다. 여기서 말하는 능력이나 자신감은 산행의 경우에만 한정되는 것이 아니다. 그것은 우리들의 삶 자체와 연결되는 능력이고 자신감이기도 하다.

산행을 좋아하면서도 계속 바위를 피해 가는 사람들은 앞으로도

인수봉 정상의 산상음악회가 즐겁다

끝내 바위에 오르지 못한다. 그는 자기 향상의 계기를 스스로 포기한 까닭이다. 어렵지 않은 바위를 오르내린 사람들은, 다음에는 조금 더 어려운 바위를 오르내릴 것이고, 점차 바위에 익숙해져 보다 더 난이도가 높은 바위를 시도하게 된다. 바위는 이제 맨 처음에 쳐다보았던 그 두려움, 그 무서움의 대상이 아니다. 나와 한 몸이 되어 아우르고, 그 바위의 내면에서도 숨결 소리가 들리는 하나의 유기체일 뿐이다. 긴 겨울 동안 인수봉 암벽에 붙지 못했던 사람들이, 요즘 날씨가 따뜻해지자 많이 몰려들고 있다. 틈새기에 박혔던 얼음도 녹아 손가락과 주먹을 틀어 박기에 안성맞춤이다. 걷기 산행에만 만족하는 하이커들도, 저곳을 오르기 위해 바위에 친숙해져야 하고, 저 바위에 오르기 위한 공부와 훈련을 거듭해야 한다. 사람의 본질적 가치는 안일과 안정이 아니라, 발전과 변화와 향상임을 산에서 배운다. (2000)

발과 다리를 가꾸자

맑은 물이 졸졸 흐르는 계곡에서 등산화와 양말을 벗고 발을 담근다. 그 차가움이 발 끝에서부터 올라와 나의 오장육부를 시원하게 하고, 머리까지 개운하게 만든다. 물이 너무 차가와 오래 발을 담글 수가 없다. 반석 위에 발을 올려 놓고 이번에는 햇볕을 쬐인다.

보얗게 물 묻은 발은 햇볕을 받아 빛을 발한다. 몇시간 동안 나를 지탱해 주고, 험한 산길에서 나를 이동시켜 주며, 이처럼 무사히 하산하게끔 만든 발, 고맙기 짝이 없는 발이다.

산 좋아하는 사람들에게 있어 발은 최상의 자산이다. 건강한 발이 있기에 산을 오르내릴 수 있는 것이다. 암벽등반을 하는 경우에도 발로 오르는 것이지 손이나 장비로 오르는 것이 아니다. 따라서 발의 소중함은 다른 어떤 등산 장비나 등산 의류, 등산 기술에 앞서 다루어지고 보호되어야 한다는 생각이다. 수돗물 사정이 좋지 않았던 1960년대만 하더라도 외출했다 귀가하면 세수 대야에 물을 담아 얼굴을 씻고 그 물로 다시 손발을 씻었다.

지금처럼 집집마다 수세식 화장실이 있고 세면기와 샤워 시설이 갖춰진 시절의 이야기가 아니다. 겨울철이면 솥에다 물을 끓여 세수 대야에 부은 다음, 찬물을 알맞게 섞어 따뜻해진 물로 손을 씻고 얼굴을 씻고 발을 씻었다. 그러니까 손을 씻은 물로 발을 씻었던 셈이다. 손 씻은 물로 발을 씻을 수는 있었으나 발 씻은 물로 손을 씻을 수는 없었다. 손은 수건으로 닦고, 발은 발걸레로 닦았다.

그만큼 발은 사람의 신체 맨 아래에 붙어 천대를 받아 왔다고 할 수 있다. 아니면 손보다도 발이 더 더럽다고 여겨졌기 때문일지도 모른다. 옛 사람들은 가부좌를 틀고 앉을 때 발을 보이지 않게 감추는 것을 예의로 삼았다. 요즘 사람들도 남 앞에서 맨발 드러내기를 꺼려한다. 옛 중국의 귀족들은 처첩의 발을 동여매 걷지 못하게 함으로써 발의 성장을 억제시켰다. 큰 발을 가리켜 '쇠도둑놈 같은 발' 이라고도 한다. 이 모두가 발을 더럽게 생각하고 천시하는 데서 비롯된 일일 것이다.

그러나 발은 아름답고 사랑스럽다. 사람을 방 밖의 세계로 이동시켜 주며, 바깥 세상을 보고 만지며 지각(知覺)케 하는 동력(動力)의 첫 번째 수단이 발이 아니고 무엇인가. 발은 이제 더 이상 천대받아서는 안된다. 건강하고 아름답게 가꾸어야 하는 것이 어찌 산에 다니는 사람들만의 몫이랴.

언젠가 TV에서 교황이 아프리카 흑인의 발에 입맞추는 것을 보았다. 가슴이 뭉클해지는 감동이었다. 중동의 어떤 곳에서는 집을 찾아온 손님에게 발을 씻어줌으로써 대접이 시작된다고 한다. 사막의 먼 길을 걸어온 손님의 그 발에 경의를 표하기 위해서라는 것이다.

요즘 우리나라에서도 발 마사지, 발 건강관리, 발 건강 관리사라는 말들이 많이 들려온다. 손 건강 관리라는 말은 들리지 않는다. 그만큼 발의 중요성이 인식된 셈인데, 발은 곧 그 사람의 건강과 직결되는 부분이기도 하다. 옛 사람들은 상대편의 건강도를 가늠하기 위해 그 사람의 하체를 살폈다고 한다. 왕비를 간택하거나, 며느리를 삼고자 할 경우에도 하체가 튼튼한가를 먼저 가늠해 보았다는 것이다. 여자의 하체는 출산과 관계가 깊기 때문이다. 사람이 병들거나 늙어갈 때, 가장 먼저 마르기 시작하는 부분이 다리와 발이라고 한다. 다리와 발의 중요함, 그 가꿈은 이제 아무리 되풀이해도 지나침이 없다.

산의 오르내림은 오직 다리와 발의 안녕이 좌우한다. 항상 관심을 갖고 살펴야 한다

대중탕에 들어가자 마자 나는 대야에 물을 담아 발부터 씻는다. 발가락 마디마디, 발등, 발바닥, 발가락 사이, 복숭아 뼈 들을 비누로 깨끗이 씻은 다음, 샤워기를 틀고 전신을 씻는다. 그 다음에는 한증실에 들어가 땀을 흘린다. 한증실에서는 가만히 앉아 있는 것이 아니다. 발가락 마디마디를 꺾어 '둑' 소리가 나도록 한다. 두 발의 발가락들을 모두 이렇게 점검한 다음, 이번에는 한손으로 발목을 잡고, 다른 손으로 발가락 다섯 개를 움켜쥐어 좌로 열 번 우로 열 번 돌려준다. 발목 관절에 부드러움과 탄력을 배양하기 위해서이다. 다음에는 발목과 무릎 사이의 정강이뼈를 따라 뼈와 근육 사이를 두 손가락(엄지와 둘째손가락)으로 꼭꼭 눌러 준다. 일종의 지압이라고 할 수 있다. 이 일을 되풀이하다 보면 어느 사이에 온 몸이 땀에 젖는다. 산에 다니는 사람은 발이 곧 생명이나 다름없다. 맑은 계곡물에 발부터 먼저 담그고 그 다음에 얼굴과 손을 씻는다. 발 씻은 물로 얼굴과 손을 씻는 셈인데, 나는 그것이 싫지 않다. (2000)

걸음걸이의 요령과 리듬

산길을 가다 보면 빠르게 걷는 사람이 있고 느리게 걷는 사람이 있기 마련이다. 빨리 걷는 사람을 가리켜 흔히 '날아간다' , '축지법을 쓴다' , '선수다' 하는 소리를 하게 된다. 반대로 힘겨워 하거나, 뒤처지는 사람을 '목탄차' , '기어간다' , '흐느적거린다' 라고 비아냥거리기도 한다. 산길 빠르게 잘 가는 사람이 훌륭한 것도 아니고, 느리게 잘못 걷는 사람이 못난 것도 아니다. 누구든 자기의 체질, 체력, 능력에 알맞게 꾸준히 걸으면 그만이다. 그런데 이것이 그렇지가 못하다. 뒤처지는 사람은 빨리 걷는 사람을 부러워하고, 어떻게 하면 나도 저렇게 빨리 걸을 수 있을까 궁리하게 된다. 또 자신이 너무 느리기에 앞서 가는 사람에게 폐가 되지 않을까 걱정도 한다. 날이면 날마다 운동을 하고, 헬스장에 나가 단련을 해도, 산에서는 빠르게 오르는 일이 잘 되지 않는다. 땀이 줄줄 흐르고, 숨을 헉헉거리고, 심장이 터질 것 같아 그냥 주저앉아 버리고만 싶다. 그래도 올라가지 않으면 안된다. 저 사람은 어떻게 하여 저렇게 힘들이지 않고도 잘 올라가는 것일까?

결론으로 말하자면 힘들이지 않고 산을 오르는 방법은 없다. 건강한 사람이든 허약한 사람이든, 산에 오르는 일은 누구나 힘들고 땀 흘리게 하는 일이다. 오르막길은 빠르게 올라갈수록 금세 헉헉거려 속도가 떨어진다. 천천히 올라가면 헉헉거리지 않게 꾸준히 걸을 수는 있지만, 어느 세월에 저 높은 산 정상에 오르게 될지 막막해진다.

걷기의 리듬을 즐긴다

그래서 보행에 왕도(王道)는 없지만 경험이나 요령이 필요하고, 이것들이 어느 만큼 보행 능률을 높힐 수 있다는 것을 터득하게 되었다.

옛 사람들은 '걸음은 발로 걷는게 아니라 어깨로 걷는다' 라고 했다. 어깨로 걸음을 걷는다? 얼핏 어불성설같이 느껴지지만, 실험을 해 보면 이것이 아주 과학적인 사실이라는 것을 알게 된다.

TV 뉴스 시간 같은 데에서, 북한의 군인들이 행진하는 모습을 유심히 살펴보라. 팔을 앞뒤로 흔들며 걷는 것이 아니라 좌우로 흔들며 걷는다는 것을 확인할 수 있다. 패션쇼에서 늘씬한 모델이 걷는 것도 마찬가지이다. 두 팔을 좌우로 흔들고, 발을 일직선이 되게끔 떼어 놓는다. 두 팔의 좌우 흔들림에 의해 두 다리가 저절로 앞으로 나가게 되는데, 팔을 앞뒤로 흔드는 것보다 힘이 덜 들고, 속도는 더 빠르게 된다. 탄력도 있어 보인다.

이 원리는 사람이 물고기의 유영에서 배운 것이다. 물고기가 꼬리의 좌우 흔들림으로 앞으로 전진하고, 지느러미로 방향을 바꾸는 데서 사람이 이를 모방했다고 할 수 있다. 우리 겨레에겐 고조선 시대에서부터 팔과 어깨를 좌우로 흔드는 '속보법' 이라는 게 있었다고 한다. 사냥을 하거나 먼 길을 갈 때, 힘을 덜 들이고 걷는 요령이다.

산행에서의 걸음걸이는 또한 호흡과 보폭을 일치시켜 일정한 리듬을 갖는 것이 중요하다. 평지나 내리막 길에서도 이 리듬은 중요하지만, 특히 경사도가 높은 오르막길에서는 호흡과 발걸음의 리듬이야 말로 그날 산행의 성패를 가름하는 요인이 된다.

우선 오르막 길에서 숨이 가빠졌을 때, '후' 하고 숨을 뱉음과 동시에 한 발을 내디딘다. 저절로 다음 발걸음은 숨을 들이마실 때 이루어진다. 이런 발걸음의 리듬으로, '후' 하고 숨을 뱉을 때마다 왼쪽이든 오른쪽 발이든 어느 한쪽 발만이 앞으로 나가게 되고, 반대 쪽 발이 나가게 될 때는 숨을 들이마시는 경우가 된다. 경사도가 점차 급하게 되면 '후' 하고 숨을 내쉼과 동시에 왼발을 내디디고, 그 다음의 오른발 왼발까지에는 들이마시고, 다시 오른발을 디딜 때 '후' 하고 숨을 뱉는다. 호흡 한 번에 발자국 세 번을 찍는 셈이다. 이때 호흡의 리듬과 보폭이 일치해야 함은 물론이다. 터무니 없이 보폭을 넓게 잡으면 호흡과 일정한 리듬을 유지하기가 어렵다. 따라서 오르막길에서는 자신의 호흡과 맞게 보폭을 짧게 하는 것이 좋다. 힘을 덜 들이고 꾸준히 오르막길을 계속할 수 있는 요령인데, 경험과 산행시마다 되풀이해 봄으로써 얻게 되는 보행법이다. 오르막길에서는 또는 뒷짐을 지는 듯이 배낭 밑바닥을 두 손바닥으로 살짝 들어 올리고, 양쪽 어깨를 좌우로 조금씩 흔들어 주는 것도 능률적이다.

누구나 힘드는 것이 산에 오르는 일이다. 빨리 걷는 사람을 부러워할 것만 아니라, 스스로의 보행 요령과 리듬, 그리고 보행 스타일을 만들기 위해 연구하고 훈련해 볼 일이다. (2000)

천마산 - 철마산 18킬로미터 능선 종주

백두대간에서 갈라져 나온 한북정맥이 서남쪽으로 치닫다가 운악산을 이루고, 운악산을 지나 남쪽으로 한 지맥을 갈라 낸다. 이 지맥이 주금산(814m), 철마산(711m), 천마산(812m), 백봉(590m)으로 이어지며 덕소 부근에서 한강으로 떨어진다. 이 산줄기의 중심축이라 할 수 있는 천마산~철마산 종주 산행이 최근 산타는 사람들에게 각광을 받고 있다. 서울에서 가까우면서도, 삼각산이나 관악산처럼 사람들로 바글거리지 않아, 깊은 산내음을 마음껏 호흡할 수 있기 때문이다. 도상거리 18킬로미터에, 소요시간 6, 7시간이 걸리는 산행이므로, 웬만큼 체력에 자신이 있는 분이라면 시도해 볼 만하다.

천마산에 오르기 위해서는 경기도 미금시 호평동 쪽을 들머리로 삼는다. 경춘 국도의 마치고개에서 북쪽 능선을 타고 올라가도 된다. 호평동 버스 종점이나 경춘선 평내역에서 내려 북쪽으로 포장된 좁은 길을 따라 올라가면 상명학원 생활관 앞에 이른다. 매표소를 지나 포장된 좁은 길을 조금 오르다 보면 오른쪽으로 계곡을 건너 등산로가 시작된다. 등산로를 따라 가다가도 두 번의 좁은 차도를 만나게 되는데, 그때마다 차도를 건너 등산로로 들어가면 된다. 계곡과 함께 이어지는 길을 30분쯤 오르면 '천마의 집' 에 당도한다. 계곡이 끝나는 지점이다. '천마의 집' 은 몇 년전만 해도 커피 등 음료수를 팔았던 곳인데, 지금은 폐쇄되어 빈집이 되어 있다. 이곳에서부터 가파른 오름길이 계속된다. 통나무로 닦여진 계단 길과 낙엽 쌓인 급경사길을 40분쯤 힘겹게 올라가야 정상 옆의 돌탑에 이르게 된다. 돌탑에서 5분쯤 암릉길을 오르면 정상이다.

정상에서의 조망이 뛰어나다. 북쪽으로 괴라리봉을 넘어 연이어진 능선과, 그 뒤로 펼쳐진 철마산, 주금산 능선이 멀리 바라다 보인다. 남쪽으로는 발아래 천마산 스키장이 내려다보이고, 마치 고개 넘어 백봉이 건너다 보인다. 마석 일대의 마을도 내려다 보인다. 동쪽으로 솟은 795봉이 모두 암릉으로 돼 있어 퍽 위험스럽게 느껴진다.

정상에서 잠시 간식을 먹고 휴식을 취한 다음 북쪽으로 멀리 솟은 철마산을 향해 발길을 재촉한다. 정상 동쪽의 위험해 보이는 795봉 산허리를 돌아, 3개의 봉우리를 넘으면 631봉이다. 여기서 다시 3개의 봉우리를 오르내리면 괴라리봉 넘어 괴라리 고개에 이른다. 괴라리 고개에서 북진하던 산줄기는 서쪽으로 방향을 틀어 역시 크고 작은 봉우리 4개를 오르내리도록 만든다. 581봉에 오르기 전에 길이 갈린다. 곧장 가면 산봉우리, 오른쪽으로 가면 봉우리를 거치지 않고 질러가는 길이다. 이때 쯤이면 땀도 많이 흘렸고, 몸도 지칠 대로 지친 상태이기에 오른쪽 지름길로 들어선다. 낙엽이 많이 쌓여 있어 발목까지 빠질 정도이다.

편안하게 산허리를 감도는 길을 따라 가면 581봉에서 내려오는 길과 만나게 된다. 이제부터 철마산 주능선 길이 다시 북진한다. 여기서는 두 개의 봉우리를 넘어 서서 3번째 봉우리가 철마산 정상이다.

정상에 표지석이나 팻말이 없어 아쉽지만 조그만한 쇠판이 박혀 있다. 지금까지 걸어왔던 천마산 795봉~괴라리봉의 남쪽 능선이 멀리 갈 지(之)자 형으로 연이어져 있는 것이 장관이다. 저 많은 산봉우리들을 넘어 여기까지 왔다는 것이 믿어지지 않을 정도다.

하산길은 북쪽 능선으로 또 하나의 산봉우리를 넘어 안부 십자로에서 서쪽(왼쪽)길로 내려서야 한다. 십자로에서 북쪽으로 올라가면

780봉을 넘어 주금산으로 향하고 오른쪽(동쪽)으로 내려서면 수산리(가양초등학교)로 내려가는 길이다. 서쪽 길로 내려서서 1시간이면 진벌리 마을에 닿는다. 진벌리에서는 차도를 따라 30분쯤 걸어 광릉내 버스 정류장에 이른다.

천마산~철마산 종주 산행은 그 거리와 체력 소모가 만만치않은 만큼 몇가지 주의할 것이 있다. 첫째 식수 문제. 능선상에서는 샘이 없으므로 물을 평상시 당일 산행의 두배 쯤 준비해야 한다. 아울러 중간중간 쉼터에서 간식을 해야 하므로 과일, 야채, 초콜릿, 육포 따위를 챙기는 것이 좋다. 둘째 지도와 나침반을 준비하여 방향 감각을 잃지 않아야 한다. 안개(개스)가 낄 경우 갈림길에서 방향을 잘못 잡을 수도 있기 때문이다. (2000)

사람과 물 사이에

여름은 사람과 물이 잘 아우르는 계절이다. 사람들은 물을 찾고, 물은 사람들을 씻어준다. 사람의 육체를 씻어줄 뿐만 아니라 그 마음까지도 맑고 깨끗하게 걸러 낸다. 물은 사람에게 있어 하나의 은혜다. 물 가까이에서 사람은 비로소 자연이 된다. 맨 처음의, 때묻지 않은 그 영혼을 회복하는 것이다. 물은 그러므로 생명 그 자체이다.

인류의 역사가 물 가까이에서 시작되고, 문명의 발상이 모두 물과 더불어 이루어진 것은 결코 우연의 일이 아니다. 물을 확보하고 물을 잘 다스리는 일이야말로 인간 존재의 기본이었기 때문일 것이다. 그러나 시대가 변천하면서, 산업화와 과학화가 가속되면서 사람들은 물을 배반하기에 이른다. 물을 더럽히거나 물을 죽이는 일을 대수롭지 않게 여기는 세상이 되었다.

우라나라 땅의 7할이 산이다. 산이 있으면 골짜기가 패이고, 골짜기가 있는 곳에 계곡 물이 흐른다. 지리산 · 덕유산 · 설악산 등 큰 산에는 깊고 긴 골짜기가 많아 세사(世事)에 지친 사람들의 마음을 포근하게 감싸 준다. 바위 틈을 휘돌아 흐르는 차고 맑은 개울물에 발을 담그면 신선이 어디 따로 있으랴 싶을 만큼 행복해진다. 산이 많고 계곡이 많은 것도 우라나라 사람들의 복의 하나라는 생각이 든다. 그런데 이 맑은 물의 시작과 중도가 어떤 것인가를 한번 살펴보자. 오랫동안 산행을 하다보니, 계곡 길을 따라 정상에 오르거나 반대로 계곡을 따라 내려오는 수가 많다. 계곡물의 발원(發源)은 대체로 정상이나 주능선 부근의 샘터가 된다. 피서철과 방학철이 되면

산과 물과 사람의 만남, 계곡은 경관의 극치를 연출해 낸다

샘터 주변은 그야말로 인산인해로 뒤덮인다. 사람이 끓는 곳에 쓰레기가 쌓이기 마련이다. 샘터 주변엔 온갖 잡동사니 찌꺼기가 널려 있고 곳곳에서 나는 악취가 코를 찌른다. 물은 이미 발원지에서부터 오염된 것이다. 그런데 물이라는 것은 신비스럽게도 돌과 흙과 나무들 사이를 흘러 내려오는 동안 자정 능력을 발휘해 다시 깨끗해진다. 정상 샘터 부근의 그 혼탁했던 물이 십리, 이십리를 흘러내리는 동안 다른 골짜기들의 깨끗한 물과 뒤섞이고, 수없이 많은 돌과 모래 사이를 스쳐 흘러 옥수가 된다. 때로는 수십 길 폭포로 물보라를 일으키고, 때로는 소(沼)에 잠겨 고요하게 넘쳐 흐르기도 한다.

경관이 좋은 폭포나 소 주변 역시 사람들로 인한 오염을 어렵지 않게 발견할 수 있다. 담배 꽁초, 비닐 봉지, 음식물 찌꺼기는 물론이려니와, 비누로 머리를 감는 사람, 목욕하는 사람, 세탁을 하는 사람 등을 종종 보게 된다. 뿐만이 아니다. 어떤 산의 중턱에 자리한 논과 밭에서는 마스크를 하고 농약을 뿌리는 농부들도 있다. 또한 산중턱이나 높은 곳에 자리잡은 암자, 사찰, 산장 등의 사람들이 어떻게 세탁을 하고 어떻게 쓰레기와 사람의 배설물을 처리하는 지 나로서는 궁금하기 이를 데가 없다.

어찌됐든 그 계곡물은 흘러흘러 사람의 식수원이 되는 경우가 많다. 계곡 하류 쯤에는 대체로 음식점들이 줄지어 자리잡고 있다. 예컨대 북한산의 정릉 계곡, 북한산성 계곡, 구기동 계곡, 우이동 계곡, 송추 계곡 등엘 가보라. 음식점 마다 계곡을 구획하여 영업장소로 사용하고 있다. 시멘트로 편편하게 자리를 만들어 경관을 훼손하는 것은 물론이요 심지어는 철조망을 쳐 자기 구역을 지키기도 한다. 그 구역 안에서(국유지인 국립공원 안에서) 시민들은 어쩔 수 없이 자릿세 대신 음식을 시켜 먹어야 하고, 시민들의 사랑스런 자녀들은 결코 맑지 못한 그 물에서 물장구를 치며 놀아야 한다. 계곡의 발원에서부터 오염의 현장을 보며 내려온 나로서는 그 어린이들이 불쌍하고 억울하여 견딜 수가 없다.

계곡 물을 흐리게 하는 주범은 두말할 것도 없이 사람이다. 사람으로 하여 버려진 것들이 결국은 사람에게 폐해를 안겨 준다. 당연한 일이다. '뿌린대로 거두리라' 는 말은 틀림없는 진리이다. 또 그 우물물을 다시는 마시지 않을 것처럼 침 뱉고 떠나가지만 다시 마시게 된다는 우리나라 속담도 진리이다. '나 혼자서 버리는 것쯤이야…' 하고 슬그머니 쓰레기를 버린다. 나 혼자 뿐만이 아니라 수천 수만의 사람들이 다 같은 생각이라면 그 계곡은 어떻게 될 것인가.

물은 자비롭고 너그럽다. 스스로 스스로를 지켜 맑게 다스릴 줄을 안다. 그러나 물이 언제까지나 너그럽지만은 않다는 것을 이제 사람들이 깨달아야 할 때이다. 물이 스스로 살아 사람을 씻어주기 위해, 물과 사람 사이에는 깨끗한 정신의 다리가 놓여져야 한다. 상호보전의 다리, 신뢰의 다리, 쓰레기가 아닌 사랑의 다리를…(1997).

오화백의 백산전

한국과 북한이 동시에 유엔에 가입되던 날, 우리나라의 신문들은 일제히 유엔본부에 펄럭이는 태극기와 인공기(북한기) 사진을 실었다. 특히 칼라로 게재된 다음 날 조간의 사진에서 나는 마치 못볼 것을 다시 본 사람처럼 가슴이 울렁거렸다. 40여년 전 한국전쟁의 와중에서 처음 본 그 붉은 기를 태극기와 함께 다시 보게 되다니, 남북한 유엔 동시 가입이 당위이기는 하나, 새삼 함께 나부끼는 인공기는 나로서는 하나의 놀라움일 수밖에 없었다.

우리에게 가장 가깝고도 먼 곳이 북한 땅이라고들 한다. 이제 그 먼 곳이 점차 좁혀지고 있다는 느낌을 받는다. 통일까지에는 많은 시간과, 극복해야 할 많은 어려움들이 쌓여 있겠지만, 이제 남 · 북한이 지난 날의 적대에서 화해의 관계로 들어선 것은 분명 감동적인 일이다. 화해가 되면 서로를 이해하고 믿고 사랑하게 된다. 아울러 교류가 빈번해지며 서로의 동질성을 확인하기에 이른다. 이같은 통일의 큰 수순을 기대하는 것이 모든 동포의 한결같은 마음이다.

내가 아는 화가 한 분은 10여년 전부터 우리나라 곳곳의 명산을 현장 답사, 대형 화폭에 담아오고 있다. 중진 서양화가 오승우(吳承雨) 화백이다. 그는 우리나라의 산그림 1백점을 제작하여 불원간 1백명산전을 개최할 예정인데 이 일은 한 작가의 생애를 건 집념이자 우리 미술계의 기념비적 작업이 될 것으로 기대된다. 지난해 여름 오화백은 중국 땅을 거쳐 백두산 천지에 이르렀고, 여기서 여러 점의 백두산 스케치를 하고 돌아왔다. 남의 나라 땅을 돌아 백두산 그림을 완성시킨 그는 새삼 민족 분단의 통한을 몸으로 느꼈으며 새로운 창작 의욕에 불타게 된다. 북한 땅의 명산들까지 모두 화폭에 담아야겠다는 그 의욕이다. 금강산이나 묘향산에 올라 마음 놓고 스케치를 한다는 것이 결코 꿈이 아닌 현실로 다가오고 있음을 그는 막연하게나마 피부로 느끼고 있기 때문이다.

"우리나라는 국토의 7할이 산이라고 합니다. 우리나라 사람들이 태어나고 성장하고 그리하여 하나의 인격체를 지니기까지 산은 항상 가까이에서 우리에게 영향을 끼치고 있지요. 우리나라 사람들의 고향이자 모태라고도 할 수 있는 이 산들을 그림으로 기록하고 싶었습니다. 멀리서 바라보는 산 그림이 아니라, 산 속 깊이 들어가서 산과 내가 합일되는 그런 그림을 그리고 싶습니다."

오화백이 언잰가 나에가 들려준, 산 그림을 그리게 된 동기다.

따라서 그의 산행은 반드시 정상을 목표로 한 것이고 정상까지의 코스도 짧고 쉬운 길 보다는 어렵고 긴 길을 택할 때가 많다. 어려움과 고통 속에서 도달한 정상은 그만큼 확실하게 그 산의 깊이와 참모습을 획득시켜 주기 때문이다.

오화백이 지금까지 완성시킨 산 그림은 대작으로 모두 80점 쯤 된다. 휴전선 이남의 명산들은 많이 다녔다고 자부하지만 아직도 가야 할 명산들이 많다. 그는 북한쪽 명산들을 오를 수 있을 때까지 매주 쉬지 않고 산행을 계속할 것을 다짐한다. 체력 단련을 해두는 것만이 더 많이 늙어서일지라도 금강산이나 묘향산에 오를 수 있을 것이라는 생각 때문이다.

산이 크고 험난할수록 이 산을 오르는 사람들의 육체적 고통도 크다. 긴 시간 동안 땀을 흘려야 하고, 숨가쁘게 전진을 계속해야 한다. 오르락내리락을 수없이 되풀이하며, 때로는 위험스런 벼랑도 기어 올라가야 한다. 길고 긴 인내와 지구력을 요한 다음에야 도달하는 정상, 그 비경, 그것은 지상의 무엇과도 바꿀 수 없는 법열 자체이다.
남과 북의 통일도 아마 그렇게 올 것이다. 서로가 긴 어려움을 참아내지 않으면 안된다. 바위 벼랑에 붙어서도 바위와 내가 한몸이라는 믿음으로 기어 올라가야 한다. 바위의 몸에서도 피가 돌고 따뜻한 체온이 흐르고 있음을 확인해야 한다. 그것이 곧 사람의 깊이며 통일의 동력이라는 것을 잊어서는 안된다. 오화백의 1백명산 전이 어서 이루어졌으면 좋겠다. (1997)

봄이 오는 길목에서

'호랑이에게 물려 가도 정신만 차리면 산다' 는 말이 있다. 어떤 어려운 처지나 절망적인 상황에서도, 이를 극복하려는 의지와 정신력을 발휘한다면 결국 희망이 있다는 이야기일 터이다. 물론 사람은 호랑이처럼 용맹한 짐승을 이길 수 있는 체력을 가지고 있는 것은 아니다. 그러나 사람은 호랑이에게 없는 지혜와 정신력과 미래에 대한 희망이라는 무기가 있음으로써 호랑이보다 우위에 설 수 있는 것이다.

온 나라가 지금 IMF 한파에 휩쓸려 오들오들 떨고 있다. 누구의 잘잘못을 따지기도 전에, 왜 이모양 이 꼴이 되었는지 알아보기도 전에, 절망의 나락으로 떨어지는 사람들이 늘어나고 있다. 어떻게 하면 이 어려움을 이겨낼 수 있을 것인가. 어떻게 하면 이 고통을 헤치고 나와 바로 설 수 있을 것인가, 머리를 싸매고 궁리하기도 전에 자살자가 속출하고 온갖 자포자기식 범죄자가 날뛰는 세상이 되었다. 참으로 허약하고 슬픈 사회가 아닐 수 없다. 그렇다고 하더라도 우리는 여기서 그냥 주저앉아 버릴 수는 없다. 제자리에서 그대로 죽음을 맞이해서는 안된다. 삶이 있는 곳으로 희망이 있는 곳으로 우리의 몸을 어떻게든 움직여 가야 한다.

1996년 봄, 뉴질랜드 사람 로브 홀이 이끌었던 에베레스트 등반대의 조난사고는 우리에게 많은 교훈과 감동을 주었다. 특히 정상에 올랐다가 내려오는 동안 조난됐던 미국인 의사 백 웨스터의 초인적인 귀환 · 생존의 이야기는, 인간의 의지와 정신력이 새삼 얼마나 중요한가를 일깨운다. 그는 산소가 희박한 8천미터 고지에서, 앞이 안 보이는 설맹과 폭풍설 속에서 얼굴과 손발이 온통 동상에 걸린 상태에서 24시간의 사투 끝에 캠프로 돌아왔다. 열두 시간 동안은 쓰러진 채 완전한 무의식, 깨어난 뒤에는 오직 살아야 한다는 집념 하나로 만신창이가 된 몸을 이끌었다. 그는 훗날 그때의 일을 회고하여 "마침내 나는 내가 큰 곤경에 처해 있고, 구조대 같은 건 오지 않을 테니 스스로 뭔가를 해야 하리라는 것을 깨달을 만큼 정신을 차렸지요" 라고 말했다. 죽음을 앞 둔 상황 속에서 스스로의 힘으로 살게 된 사람의 이야기는 이밖에도 얼마든지 많다.

봄이 오고 있다. 가난한 사람에게도 부자에게도 똑같이 봄은 온다. 그러나 이 봄은 가난한 사람들에게 더욱 견디기 어려운 시련을 요구할 것이다. 크나 큰 어려움과 고통 속에서 피어나는 희망의 꽃 한송이는 얼마나 값진 것인가. '바람이 분다. 살아 보아야겠다' 는 희망은 의지와 정신력이 뒷받침된 사람들에게만 꽃을 피우게 된다. 우리는 사람 만이 가지고 있는 희망을 결코 버려서는 안된다. 그 희망은 또한 모든 어려운 사람들에게 스스로를 부단히 움직이게 만드는 활력이 될 것임에 틀림없다. (1997)

이 성부

1942년 전남 광주 출생
광주고·경희대 국문과 졸업
1961-1962년 <현대문학> 3회 추천 완료로 등단
1966년 동아일보 신춘문예 당선
시집·「이성부 시집」,「우리들의 양식」,「백제행」,「전야」,
「빈산 뒤에 두고」,「야간산행」,「지리산」
시선집·「평야」,「산에 내 몸을 비벼」,「깨끗한 나라」,
「너를 보내고」
문학선·「저 바위도 입을 열어」
산문집·산 길-시인의 산사랑 이야기
수상·1969년 현대문학상, 1977년 한국문학 작가상
2001년 대산문학상

산 길 -시인의 산사랑 이야기

초판인쇄 2002년 5월 15일
초판발행 2002년 5월 18일

지은이· 이성부
펴낸이· 이수용
펴낸곳·수문출판사
제판 인쇄·홍진프로세스

등록 1988년 2월 15일 제7-35호
주소 132-864 서울 도봉구 쌍문 3동 103-1
전화 904-4774, 994-2626·팩스 906-0707
e-mail : smmount@chollian.net

ISBN 89-7301-075-1-03980